A TEIA DA VIDA

UMA NOVA COMPREENSÃO CIENTÍFICA
DOS SISTEMAS VIVOS

Fritjof Capra

A TEIA DA VIDA

UMA NOVA COMPREENSÃO CIENTÍFICA
DOS SISTEMAS VIVOS

Tradução
NEWTON ROBERVAL EICHEMBERG

Editora
Cultrix
SÃO PAULO

Título original: *The Web of Life – A New Scientific Understanding of Living Systems*.

1ª edição 1997 (catalogação na fonte da 10ª reimpressão 2006).

17ª reimpressão 2021.

Dados Internacionais de Catalogação na Publicação (CIP)
(Câmara Brasileira do Livro, SP, Brasil)

Capra, Fritjof
A teia da vida : uma nova compreensão científica dos sistemas vivos / Fritjof Capra ; tradução Newton Roberval Eichemberg. -- São Paulo : Cultrix, 2006.

Título original : The web of life.
10ª reimpr. da 1ª ed. de 1997.
Bibliografia.
ISBN 978-85-316-0556-7

1. Sistemas biológicos 2. Teoria dos sistemas 3. Vida (Biologia) I. Título. II. Título: Uma nova compreensão dos sistems vivos.

06-7442 CDD-570.15

Índices para catálogo sistemático:

1. Sistemas vivos : compreensão científica : Ciências da vida 570.15

Direitos de tradução para o Brasil
adquiridos com exclusividade pela
EDITORA PENSAMENTO-CULTRIX LTDA.
Rua Dr. Mário Vicente, 368 – 04270-000 – São Paulo, SP – Fone: (11) 2066-9000
E-mail: atendimento@editoracultrix.com.br
http://www.editoracultrix.com.br
que se reserva a propriedade literária desta tradução.
Foi feito o depósito legal.

Impresso por : Graphium gráfica e editora

À memória de minha mãe,
Ingeborg Teuffenbach,
que me deu o dom e a disciplina da escrita.

Sumário

Isto sabemos.
Todas as coisas estão ligadas
como o sangue
que une uma família....

Tudo o que acontece com a Terra,
acontece com os filhos e filhas da Terra.
O homem não tece a teia da vida;
ele é apenas um fio.
Tudo o que faz à teia,
ele faz a si mesmo.

— TED PERRY, inspirado no Chefe Seattle

Agradecimentos

A síntese de concepções e de idéias apresentada neste livro demorou dez anos para amadurecer. Durante esse tempo, tive a fortuna de poder discutir a maior parte das teorias e dos modelos científicos subjacentes com seus autores e com outros cientistas que trabalham nesses campos. Sou especialmente grato

- a Ilya Prigogine, por duas conversas inspiradoras, mantidas no início da década de 80, a respeito das estruturas dissipativas;
- a Francisco Varela, por explicar-me a teoria de Santiago da autopoiese e da cognição em várias horas de discussões intensivas durante um período de retiro para esqui na Suíça, e por numerosas conversas iluminadoras ao longo dos últimos dez anos, sobre a ciência cognitiva e suas aplicações;
- a Humberto Maturana, por duas estimulantes conversas, em meados da década de 80, sobre cognição e consciência;
- a Ralph Abraham, por esclarecer numerosas questões referentes à nova matemática da complexidade;
- a Lynn Margulis, por um diálogo inspirador, em 1987, a respeito da hipótese de Gaia, e por encorajar-me a publicar minha síntese, que estava então apenas emergindo;
- a James Lovelock, por uma recente discussão enriquecedora sobre um amplo espectro de idéias científicas;
- a Heinz von Foerster, por várias conversas iluminadoras sobre a história da cibernética e a origem da concepção de auto-organização;
- a Candace Pert, por muitas discussões estimulantes a respeito de suas pesquisas sobre os peptídios;
- a Arne Naess, George Sessions, Warwick Fox e Harold Glasser, por discussões filosóficas inspiradoras, e a Douglas Tompkins, por estimular-me a me aprofundar na ecologia profunda;
- a Gail Fleischaker, por proveitosas correspondências e conversas telefônicas a respeito de vários aspectos da autopoiese;
- e a Ernest Callenbach, Ed Clark, Raymond Dassman, Leonard Duhl, Alan Miller, Stephanie Mills e John Ryan, por numerosas discussões e correspondência sobre os princípios da ecologia.

Nestes últimos anos, enquanto trabalhava neste livro, tive várias oportunidades valiosas para apresentar minhas idéias a colegas e estudantes para discussão crítica. Sou grato a Satish Kumar por convidar-me a oferecer cursos sobre "A Teia da Vida" no Schumacher College, na Inglaterra, durante três verões consecutivos, de 1992 a 1994; e aos meus alunos, nesses três cursos, por incontáveis questões críticas e sugestões úteis. Também sou grato a Stephan Harding pelos seus seminários sobre a teoria de Gaia, proferidos durante meus cursos, e por sua generosa ajuda em numerosas questões a respeito de biologia e de ecologia. A assistência em pesquisas, oferecida por dois dos meus alunos do Schumacher, William Holloway e Morten Flatau, é também reconhecida com gratidão.

No decorrer do meu trabalho no Center for Ecoliteracy, em Berkeley, tive ampla oportunidade para discutir as características do pensamento sistêmico e os princípios da ecologia com professores e educadores que me ajudaram muito a aprimorar minha apresentação dessas concepções e idéias. Quero agradecer especialmente a Zenobia Barlow por organizar uma série de diálogos sobre ecoalfabetização, durante os quais ocorreu a maior parte dessas conversas.

Também tive a oportunidade única de apresentar várias partes do livro para discussões críticas numa série regular de "reuniões sistêmicas" convocadas por Joanna Macy, de 1993 a 1995. Sou muito grato a Joanna, e aos meus colegas Tyrone Cashman e Brian Swimme, por discussões em profundidade sobre numerosas idéias nessas reuniões íntimas.

Quero agradecer ao meu agente literário, John Brockman, pelo seu encorajamento e por ajudar-me a formular o esboço inicial do livro, que ele apresentou aos meus editores.

Sou muito grato ao meu irmão, Bernt Capra, e a Trena Cleland, a Stephan Harding e a William Holloway por ler todo o manuscrito e me oferecer valiosa consultoria e orientação. Quero também agradecer a John Todd e a Raffi pelos seus comentários sobre vários capítulos.

Meus agradecimentos especiais vão para Julia Ponsonby pelos seus belos desenhos de linhas e por sua paciência com meus repetidos pedidos de alterações.

Sou grato ao meu editor Charles Conrad, da Anchor Books, pelo seu entusiasmo e por suas sugestões úteis.

Por último, mas não menos importante, quero expressar minha profunda gratidão à minha esposa, Elizabeth, e à minha filha, Juliette, pela sua compreensão e por sua paciência durante tantos anos, quando, repetidas vezes, deixei sua companhia para "subir ao andar de cima" e passar longas horas escrevendo.

Prefácio à Edição Brasileira

Oscar Motomura(*)

No início dos anos 90, convidamos Fritjof Capra a vir ao Brasil. O objetivo era provocar um diálogo entre ele e os executivos de empresas clientes sobre sua visão de mundo.

Desde meados dos anos 80, organizávamos diálogos semelhantes com renomados "futuristas" internacionais buscando fazer as conexões possíveis entre estratégia empresarial e a forma como o mundo estava "caminhando". Mais do que isso, a forma como a **vida** no planeta tenderia a evoluir, uma vez que procurávamos ir muito além das previsões **econômicas**, que ainda estavam muito associadas ao planejamento estratégico tradicional.

Capra, para nós, representava uma fase importante dessa nossa abordagem à estratégia e à gestão empresarial. Ele nos ajudaria a associar a busca de novas estratégias e o processo de criação do futuro com o **processo** de pensar e, conseqüentemente, de **perceber** o mundo em que vivemos – o todo, esse grande contexto em que a vida acontece.

Na realidade, descobrimos que a coisa ia até mais além, na medida em que constatávamos que não se tratava só de ver e perceber as coisas a partir de nossas premissas e teorias (paradigmas...), mas também de como nos **colocávamos** no mundo...

Ficamos muito surpresos com a quantidade de executivos e executivas que vieram ao evento com Capra. Acostumados a grupos menores – pois que estávamos sempre buscando os pensadores mais inovadores do mundo, os pioneiros, em sua maioria, pessoas desconhecidas do grande público – ficamos impressionados com a receptividade a Capra.

No auditório superlotado, Capra compartilhou suas idéias mais recentes. Interessante foi a reação do público presente.

De um lado, víamos pessoas maravilhadas pela possibilidade de conectar o que faziam em gestão/liderança com os conceitos trazidos à luz pela "Nova Ciência". De outro, víamos pessoas perplexas, imaginando se teriam vindo ao evento errado ou se Capra teria "errado de tema"...

A expectativa dessas pessoas, ao que parece, era de ouvir coisas mais **diretamente** ligadas à administração e, de preferência, muito práticas que pudessem ser aplicadas imediatamente ao trabalho atual.

Uma parte desse grupo era constituída de pessoas capazes tão-somente de trabalhar o concreto, o já manifesto em seus aspectos mais externos e, portanto, não preparadas para um pensar mais sutil. Outra parte, porém, era de pessoas perfeitamente capazes de pensar mais abstratamente, uma vez que isso é exigido no trabalho de qualquer executivo. Neste grupo, o problema era outro.

O problema era de **percepção**. Exatamente a questão central trabalhada por Capra. Os executivos em questão – por mais boa vontade que pudessem ter e por mais esforço que viessem a fazer – não estavam com seus respectivos "modelos mentais" adequadamente preparados para enxergar as conexões entre a vida empresarial e os conceitos da "Nova Ciência".

Estamos, na realidade, ainda muito presos ao arcabouço de pensamento criado pela ciência do início do século. A equação que temos de resolver, não só nas empresas mas também na sociedade como um todo, parece simples: "como podemos atualizar nossa forma de pensar e enxergar o mundo em que vivemos com base em **novos** arcabouços, em linha com o que a ciência (no sentido lato) do limiar do século XXI está trazendo à tona?" Em outras palavras, se quisermos considerar a administração como ciência (ou seria arte?) e buscamos praticar a chamada "administração científica", não deveríamos pelo menos atualizar nossos referenciais, alinhando-nos às descobertas da ciência deste final de século (ao invés de continuarmos presos aos princípios científicos do **começo** do século)?

Em conversas recentes com Capra, uma de suas colocações que mais me impactou foi sobre como nossas **percepções** são interrompidas pelo "reconhecimento". Muitas vezes, quando estamos tentando perceber algo à nossa frente, o processo é interrompido por um "enquadramento" daquilo em relação a alguma coisa que já está armazenada em nosso atual arcabouço mental. Nesse momento, nosso processo "neutro" de percepção é interrompido e "rotulamos" a coisa como algo já conhecido, poupando-nos o trabalho de desvendar o inédito...

E se esse algo que observamos não se encaixar? Interrompemos também o processo através de julgamentos rápidos? "Estranho..."; "Esquisito..."; "Não faz sentido..."; "Fora da realidade...".

Neste exato momento em que escrevo este prefácio, o que me vem com mais força à mente é esse intrigante fenômeno de **julgar** o que vemos ao nosso redor... Em nosso curso de pós-graduação "lato sensu" (o APG), trabalhamos essa questão com uma simples reflexão: "Nas várias formas de avaliação que fazemos na empresa – e obviamente na sociedade – **quem está avaliando o avaliador**?" Com que "réguas" o avaliador está julgando? Quais os seus referenciais, suas "verdades"?

Podemos sempre presumir que o avaliador será invariavelmente neutro, imparcial? Quanta perfeição isso exigiria? Não teríamos que ser conhecedores das verdades absolutas para podermos julgar?

Em nossa vida diária, vemos uma enorme quantidade de avaliações que poderíamos, no mínimo, classificar de "paradoxais". É o caso do "conservador" avaliando uma proposta "liberal". É o crítico literário agnóstico criticando, agressiva e impiedosamente, um romance escrito por um autor espiritualista. É o executivo cínico classificando toda proposta que visa ao bem comum como "romântica" e "fora da realidade".

Fora da realidade? A que realidade estamos nos referindo? À realidade percebida pelos nossos cinco sentidos? Não é verdade que um mesmo fato testemunhado por um grupo de pessoas pode ser percebido de forma diferente por diferentes pessoas?

E a realidade invisível, inaudível, intocável, não passível de percepção pelos nossos sentidos normais? E o intangível que não conseguimos demonstrar em nossos "balanços" e relatórios, quer se trate do país, da empresa ou mesmo de nossa vida pessoal?

Não seria a realidade visível um instantâneo do **processo** da vida? O que está ocorrendo neste exato momento não seria conseqüência de algo que já está em processo? E esse processo não irá continuar gerando ainda **outras** conseqüências, ou seja, uma sucessão de **outros** instantes, encadeados e conectados entre si?

Como nos referirmos à realidade do momento sem entender ou perceber o processo maior do qual aquele instante faz parte? De que "realidade" estamos falando quando julgamos a proposta ou ato de outrem como algo "fora da realidade"?

E se levarmos em conta a infinidade de processos que se interconectam na realidade maior? Não seria esse conjunto uma realidade "sistêmica", altamente complexa, que está fora da esfera de compreensão da maior parte de nós, humanos?

Onde situar o potencial do que nós, seres humanos, podemos **criar**, gerando um futuro que, pelo menos em parte, seja reflexo do que criamos em nossas mentes a partir de um número infinito de possibilidades existentes no universo?

De que realidade estamos falando em nosso dia-a-dia? A realidade do que já está acontecendo? A realidade de **um** processo do qual o que já vemos no plano concreto é **parte**? A realidade dos inúmeros processos que formam um todo sistemicamente interdependente? A realidade do que ainda está latente, do que ainda é possível, do que ainda podemos criar se quisermos?

Como executivos, profissionais das mais diferentes áreas, líderes governamentais, servidores públicos, artesãos, trabalhadores, donas de casa, mães, pais, todos nós nos posicionamos em relação à realidade à nossa volta. Na verdade, em relação à própria vida.

Na medida em que nossa vida é vivida a partir de uma perspectiva "especializada"/ fragmentada (como os executivos que ouviram as idéias de Capra pela perspectiva do "mundo empresarial tradicional", não conseguindo conectá-las com seu dia-a-dia) nos fechamos num mundo próprio como num grande "videogame". Só que a diferença é que todos os nossos atos gerados a partir dessa visão fragmentada têm conseqüências na realidade maior. Conseqüências que poderão afetar a vida de todo o planeta e até de futuras gerações...

Neste sentido, quais devem ser nossas prioridades não só como profissionais, mas também como seres humanos?

Será que existe outra prioridade que não seja a busca persistente de uma compreensão maior da **realidade**, em seu sentido mais amplo? Em outras palavras, o que superaria como prioridade a compreensão mais abrangente, refinada, **da própria vida**?

Como descobrir o sentido de nossas vidas sem compreender como a própria vida funciona?

Este livro de Capra, que é – em sua visão – a continuação de *O Ponto de Mutação*, sua obra mais conhecida, trata **do todo**. É uma grande reflexão sobre a vida usando os conhecimentos não só da chamada "Nova Ciência" mas ainda de outros campos – sempre numa tentativa de não sermos limitados por "muros artificiais" que impeçam nossa percepção do todo maior.

Capra considera *A Teia da Vida* seu principal trabalho. Suas futuras obras visarão a atualizar seu conteúdo, à medida que suas pesquisas conseguirem desvendar outros aspectos da vida.

A Teia da Vida é um livro de excepcional relevância para todos nós – independentemente de nossa atual atividade. Sua maior contribuição está no desafio que ele nos coloca na busca de uma compreensão maior da **realidade** em que vivemos. É um livro provocativo que nos desancora do fragmentário e do "mecânico". É um livro que nos impele adiante, em busca de novos níveis de consciência, e assim nos ajuda a enxergar, com mais clareza, o extraordinário potencial e o propósito da vida. E também a admitir a inexorabilidade de certos processos da vida, convivendo lado a lado com as infinitas possibilidades disponíveis, as quais encontram-se sempre à mercê de nossa competência em acessá-las.

Minha própria experiência é que quanto mais entendemos a grande realidade na qual vivemos, mais humildes nos tornamos. Adquirimos um respeito excepcional por todos os seres vivos – sem qualquer exclusão. Passamos a ter um relacionamento melhor com todos. Desenvolvemos uma nova ética, não nos deixando levar por falsos valores. Conseguimos viver sem ansiedades, com mais flexibilidade e tolerância.

Quanto melhor entendemos essa realidade, mais claramente enxergamos as formas de dar significado às nossas vidas, principalmente através do nosso dia-a-dia. Cada ato nosso, por mais simples que seja, passa a ser vivenciado com uma forte consciência de que ele está afetando a existência do todo em seus planos mais sutis.

Esta obra de Capra representa também um outro tipo de desafio para todos nós. Ela exige uma grande abertura de nossa parte. Uma abertura que só é possível quando abrimos mão de nossos arcabouços atuais de pensamento, nossas premissas, nossas teorias, nossa forma de ver a própria realidade, e nos dispomos a considerar uma outra forma de entender o mundo e a própria vida. O desafio maior está em mudar a nossa maneira de pensar...

Não é uma tarefa fácil. Não será algo rápido para muitos de nós. Mas se pensarmos bem, existe desafio maior do que entender como funcionamos e como a vida funciona?

Na verdade, Capra está numa longa jornada em busca das grandes verdades da vida. Ele humildemente se coloca "em transição", num estado permanente de busca, de descoberta, sempre procurando aprender, desaprender e reaprender.

Este livro é um grande convite para fazermos, juntos, essa jornada.

Uma jornada de vida.

(*) *Oscar Motomura é diretor geral do Grupo Amana-Key, um centro de excelência sediado em São Paulo, cujo propósito é formar, desenvolver, atualizar líderes de organizações públicas e privadas – em linha com os novos paradigmas/valores e com formas inéditas de pensar/fazer acontecer estrategicamente.*

Prefácio

Em 1944, o físico austríaco Erwin Schrödinger escreveu um livrinho intitulado *What Is Life?*, onde apresentou hipóteses lúcidas e irresistivelmente atraentes a respeito da estrutura molecular dos genes. Esse livro estimulou biólogos a pensar de uma nova maneira a respeito da genética, e, assim fazendo, abriu uma nova fronteira da ciência: a biologia molecular.

Nas décadas seguintes, esse novo campo gerou uma série de descobertas triunfantes, que culminaram na elucidação do código genético. Entretanto, esses avanços espetaculares não fizeram com que os biólogos estivessem mais perto de responder à pergunta formulada no título do livro de Schrödinger. Nem foram capazes de responder às muitas questões associadas que confundiram cientistas e filósofos durante centenas de anos: Como as estruturas complexas evoluem a partir de um conjunto aleatório de moléculas? Qual é a relação entre mente e cérebro? O que é consciência?

Os biólogos moleculares descobriram os blocos de construção fundamentais da vida, mas isso não os ajudou a entender as ações integrativas vitais dos organismos vivos. Há 25 anos, um dos principais biólogos moleculares, Sidney Brenner, fez os seguintes comentários reflexivos:

> Num certo sentido, vocês poderiam dizer que todos os trabalhos em engenharia genética e molecular dos últimos sessenta anos poderiam ser considerados um longo interlúdio. ... Agora que o programa foi completado, demos uma volta completa — retornando aos problemas que foram deixados para trás sem solução. Como um organismo machucado se regenera até readquirir exatamente a mesma estrutura que tinha antes? Como o ovo forma o organismo? ... Penso que, nos vinte e cinco anos seguintes, teremos de ensinar aos biólogos uma outra linguagem. ... Ainda não sei como ela é chamada, ninguém sabe... Pode ser errado acreditar que toda a lógica está no nível molecular. É possível que precisemos ir além dos mecanismos de relojoaria.[1]

Realmente, desde a época em que Brenner fez esses comentários, tem emergido uma nova linguagem voltada para o entendimento dos complexos e altamente integrativos sistemas da vida. Cada cientista deu a ela um nome diferente — "teoria dos sistemas dinâmicos", "teoria da complexidade", "dinâmica não-linear", "dinâmica de rede", e assim por diante. Atratores caóticos, fractais, estruturas dissipativas, auto-organização e redes autopoiéticas são algumas de suas concepções-chave.

Essa abordagem da compreensão da vida é seguida de perto por notáveis pesquisadores e por suas equipes ao redor do mundo — Ilya Prigogine, na Universidade de Bruxelas; Humberto Maturana, na Universidade do Chile, em Santiago; Francisco Varela, na École Polytechnique, em Paris; Lynn Margulis, na Universidade de Massachusetts; Benoît Mandelbrot, na Universidade de Yale; e Stuart Kauffman, no Santa Fe Institute, para citar apenas alguns nomes. Várias descobertas-chave desses cientistas, publicadas em livros e em artigos técnicos, foram saudadas como revolucionárias.

Entretanto, até hoje ninguém propôs uma síntese global que integre as novas descobertas num único contexto e, desse modo, permita aos leitores leigos compreendê-las de uma maneira coerente. É este o desafio e a promessa de *A Teia da Vida.*

A nova compreensão da vida pode ser vista como a linha de frente científica da mudança de paradigma de uma visão de mundo mecanicista para uma visão de mundo ecológica, que discuti no meu livro anterior, *O Ponto de Mutação.* O presente livro, num certo sentido, é uma continuação e uma expansão do capítulo "A Concepção Sistêmica da Vida", de *O Ponto de Mutação.*

A tradição intelectual do pensamento sistêmico, e os modelos e teorias sobre os sistemas vivos desenvolvidos nas primeiras décadas deste século, formam as raízes conceituais e históricas do arcabouço científico discutido neste livro. De fato, a síntese das teorias e dos modelos atuais que proponho aqui pode ser vista como um esboço de uma teoria emergente sobre os sistemas vivos, que oferece uma visão unificada de mente, matéria e vida.

O livro é destinado ao leitor em geral. Mantive uma linguagem que fosse a menos técnica possível, e defini todos os termos técnicos onde apareciam pela primeira vez. Entretanto, as idéias, os modelos e as teorias que discuti são complexos e, às vezes, senti que seria necessário entrar em alguns detalhes técnicos para transmitir sua substância. Isto se aplica particularmente a algumas passagens dos Capítulos 5 e 6, e à primeira parte do Capítulo 9. Os leitores que não estiverem interessados nos detalhes técnicos poderão simplesmente correr os olhos por essas passagens, e devem sentir-se livres para saltá-las sem medo de perder o fio principal do meu argumento.

O leitor também notará que o texto inclui não apenas numerosas referências à literatura, mas também uma profusão de referências cruzadas a outras páginas deste livro. Na minha luta para comunicar uma complexa rede de concepções e de idéias no âmbito das restrições lineares da linguagem escrita, senti que seria uma ajuda interligar o texto por meio de uma rede de notas de rodapé. Minha esperança é que o leitor descubra que, assim como a teia da vida, o próprio livro constitui um todo que é mais do que a soma de suas partes.

Berkeley, agosto de 1995 FRITJOF CAPRA

PARTE UM

O Contexto Cultural

1

Ecologia Profunda — Um Novo Paradigma

Este livro tem por tema uma nova compreensão científica da vida em todos os níveis dos sistemas vivos — organismos, sistemas sociais e ecossistemas. Baseia-se numa nova percepção da realidade, que tem profundas implicações não apenas para a ciência e para a filosofia, mas também para as atividades comerciais, a política, a assistência à saúde, a educação e a vida cotidiana. Portanto, é apropriado começar com um esboço do amplo contexto social e cultural da nova concepção de vida.

Crise de Percepção

À medida que o século se aproxima do fim, as preocupações com o meio ambiente adquirem suprema importância. Defrontamo-nos com toda uma série de problemas globais que estão danificando a biosfera e a vida humana de uma maneira alarmante, e que pode logo se tornar irreversível. Temos ampla documentação a respeito da extensão e da importância desses problemas.[1]

Quanto mais estudamos os principais problemas de nossa época, mais somos levados a perceber que eles não podem ser entendidos isoladamente. São problemas sistêmicos, o que significa que estão interligados e são interdependentes. Por exemplo, somente será possível estabilizar a população quando a pobreza for reduzida em âmbito mundial. A extinção de espécies animais e vegetais numa escala massiva continuará enquanto o Hemisfério Meridional estiver sob o fardo de enormes dívidas. A escassez dos recursos e a degradação do meio ambiente combinam-se com populações em rápida expansão, o que leva ao colapso das comunidades locais e à violência étnica e tribal que se tornou a característica mais importante da era pós-guerra fria.

Em última análise, esses problemas precisam ser vistos, exatamente, como diferentes facetas de uma única crise, que é, em grande medida, uma crise de percepção. Ela deriva do fato de que a maioria de nós, e em especial nossas grandes instituições sociais, concordam com os conceitos de uma visão de mundo obsoleta, uma percepção da realidade inadequada para lidarmos com nosso mundo superpovoado e globalmente interligado.

Há soluções para os principais problemas de nosso tempo, algumas delas até mesmo simples. Mas requerem uma mudança radical em nossas percepções, no nosso pensamento e nos nossos valores. E, de fato, estamos agora no princípio dessa mudança fundamental de visão do mundo na ciência e na sociedade, uma mudança de paradigma tão radical como o foi a revolução copernicana. Porém, essa compreensão ainda não despontou entre a maioria dos nossos líderes políticos. O reconhecimento de que é necessária uma profunda mudança de percepção e de pensamento para garantir a nossa sobrevivência ainda não atingiu a maioria dos líderes das nossas corporações, nem os administradores e os professores das nossas grandes universidades.

Nossos líderes não só deixam de reconhecer como diferentes problemas estão inter-relacionados; eles também se recusam a reconhecer como as suas assim chamadas soluções afetam as gerações futuras. A partir do ponto de vista sistêmico, as únicas soluções viáveis são as soluções "sustentáveis". O conceito de sustentabilidade adquiriu importância-chave no movimento ecológico e é realmente fundamental. Lester Brown, do Worldwatch Institute, deu uma definição simples, clara e bela: "Uma sociedade sustentável é aquela que satisfaz suas necessidades sem diminuir as perspectivas das gerações futuras."[2] Este, em resumo, é o grande desafio do nosso tempo: criar comunidades sustentáveis — isto é, ambientes sociais e culturais onde podemos satisfazer as nossas necessidades e aspirações sem diminuir as chances das gerações futuras.

A Mudança de Paradigma

Na minha vida de físico, meu principal interesse tem sido a dramática mudança de concepções e de idéias que ocorreu na física durante as três primeiras décadas deste século, e ainda está sendo elaborada em nossas atuais teorias da matéria. As novas concepções da física têm gerado uma profunda mudança em nossas visões de mundo; da visão de mundo mecanicista de Descartes e de Newton para uma visão holística, ecológica.

A nova visão da realidade não era, em absoluto, fácil de ser aceita pelos físicos no começo do século. A exploração dos mundos atômico e subatômico colocou-os em contato com uma realidade estranha e inesperada. Em seus esforços para apreender essa nova realidade, os cientistas ficaram dolorosamente conscientes de que suas concepções básicas, sua linguagem e todo o seu modo de pensar eram inadequados para descrever os fenômenos atômicos. Seus problemas não eram meramente intelectuais, mas alcançavam as proporções de uma intensa crise emocional e, poder-se-ia dizer, até mesmo existencial. Eles precisaram de um longo tempo para superar essa crise, mas, no fim, foram recompensados por profundas introvisões sobre a natureza da matéria e de sua relação com a mente humana.[3]

As dramáticas mudanças de pensamento que ocorreram na física no princípio deste século têm sido amplamente discutidas por físicos e filósofos durante mais de cinqüenta anos. Elas levaram Thomas Kuhn à noção de um "paradigma" científico, definido como "uma constelação de realizações — concepções, valores, técnicas, etc. — compartilhada por uma comunidade científica e utilizada por essa comunidade para definir problemas e soluções legítimos".[4] Mudanças de paradigmas, de acordo com Kuhn, ocorrem sob a forma de rupturas descontínuas e revolucionárias denominadas "mudanças de paradigma".

Hoje, vinte e cinco anos depois da análise de Kuhn, reconhecemos a mudança de paradigma em física como parte integral de uma transformação cultural muito mais ampla. A crise intelectual dos físicos quânticos na década de 20 espelha-se hoje numa crise cultural semelhante, porém muito mais ampla. Conseqüentemente, o que estamos vendo é uma mudança de paradigmas que está ocorrendo não apenas no âmbito da ciência, mas também na arena social, em proporções ainda mais amplas.[5] Para analisar essa transformação cultural, generalizei a definição de Kuhn de um paradigma científico até obter um paradigma social, que defino como "uma constelação de concepções, de valores, de percepções e de práticas compartilhados por uma comunidade, que dá forma a uma visão particular da realidade, a qual constitui a base da maneira como a comunidade se organiza".[6]

O paradigma que está agora retrocedendo dominou a nossa cultura por várias centenas de anos, durante as quais modelou nossa moderna sociedade ocidental e influenciou significativamente o restante do mundo. Esse paradigma consiste em várias idéias e valores entrincheirados, entre os quais a visão do universo como um sistema mecânico composto de blocos de construção elementares, a visão do corpo humano como uma máquina, a visão da vida em sociedade como uma luta competitiva pela existência, a crença no progresso material ilimitado, a ser obtido por intermédio de crescimento econômico e tecnológico, e — por fim, mas não menos importante — a crença em que uma sociedade na qual a mulher é, por toda a parte, classificada em posição inferior à do homem é uma sociedade que segue uma lei básica da natureza. Todas essas suposições têm sido decisivamente desafiadas por eventos recentes. E, na verdade, está ocorrendo, na atualidade, uma revisão radical dessas suposições.

Ecologia Profunda

O novo paradigma pode ser chamado de uma visão de mundo holística, que concebe o mundo como um todo integrado, e não como uma coleção de partes dissociadas. Pode também ser denominado visão ecológica, se o termo "ecológica" for empregado num sentido muito mais amplo e mais profundo que o usual. A percepção ecológica profunda reconhece a interdependência fundamental de todos os fenômenos, e o fato de que, enquanto indivíduos e sociedades, estamos todos encaixados nos processos cíclicos da natureza (e, em última análise, somos dependentes desses processos).

Os dois termos, "holístico" e "ecológico", diferem ligeiramente em seus significados, e parece que "holístico" é um pouco menos apropriado para descrever o novo paradigma. Uma visão holística, digamos, de uma bicicleta significa ver a bicicleta como um todo funcional e compreender, em conformidade com isso, as interdependências das suas partes. Uma visão ecológica da bicicleta inclui isso, mas acrescenta-lhe a percepção de como a bicicleta está encaixada no seu ambiente natural e social — de onde vêm as matérias-primas que entram nela, como foi fabricada, como seu uso afeta o meio ambiente natural e a comunidade pela qual ela é usada, e assim por diante. Essa distinção entre "holístico" e "ecológico" é ainda mais importante quando falamos sobre sistemas vivos, para os quais as conexões com o meio ambiente são muito mais vitais.

O sentido em que eu uso o termo "ecológico" está associado com uma escola filosófica específica e, além disso, com um movimento popular global conhecido como "ecologia profunda", que está, rapidamente, adquirindo proeminência.[7] A escola filosófica foi fundada pelo filósofo norueguês Arne Naess, no início da década de 70, com sua distinção entre "ecologia rasa" e "ecologia profunda". Esta distinção é hoje amplamente aceita como um termo muito útil para se referir a uma das principais divisões dentro do pensamento ambientalista contemporâneo.

A ecologia rasa é antropocêntrica, ou centralizada no ser humano. Ela vê os seres humanos como situados acima ou fora da natureza, como a fonte de todos os valores, e atribui apenas um valor instrumental, ou de "uso", à natureza. A ecologia profunda não separa seres humanos — ou qualquer outra coisa — do meio ambiente natural. Ela vê o mundo não como uma coleção de objetos isolados, mas como uma rede de fenômenos que estão fundamentalmente interconectados e são interdependentes. A ecologia profunda reconhece o valor intrínseco de todos os seres vivos e concebe os seres humanos apenas como um fio particular na teia da vida.

Em última análise, a percepção da ecologia profunda é percepção espiritual ou religiosa. Quando a concepção de espírito humano é entendida como o modo de consciência no qual o indivíduo tem uma sensação de pertinência, de conexidade, com o cosmos como um todo, torna-se claro que a percepção ecológica é espiritual na sua essência mais profunda. Não é, pois, de se surpreender o fato de que a nova visão emergente da realidade baseada na percepção ecológica profunda é consistente com a chamada filosofia perene das tradições espirituais, quer falemos a respeito da espiritualidade dos místicos cristãos, da dos budistas, ou da filosofia e cosmologia subjacentes às tradições nativas norte-americanas.[8]

Há outro modo pelo qual Arne Naess caracterizou a ecologia profunda. "A essência da ecologia profunda", diz ele, "consiste em formular questões mais profundas."[9] É também essa a essência de uma mudança de paradigma. Precisamos estar preparados para questionar cada aspecto isolado do velho paradigma. Eventualmente, não precisaremos nos desfazer de tudo, mas antes de sabermos isso, devemos estar dispostos a questionar tudo. Portanto, a ecologia profunda faz perguntas profundas a respeito dos próprios fundamentos da nossa visão de mundo e do nosso modo de vida modernos, científicos, industriais, orientados para o crescimento e materialistas. Ela questiona todo esse paradigma com base numa perspectiva ecológica: a partir da perspectiva de nossos relacionamentos uns com os outros, com as gerações futuras e com a teia da vida da qual somos parte.

Ecologia Social e Ecofeminismo

Além da ecologia profunda, há duas importantes escolas filosóficas de ecologia, a ecologia social e a ecologia feminista, ou "ecofeminismo". Em anos recentes, tem havido um vivo debate, em periódicos dedicados à filosofia, a respeito dos méritos relativos da ecologia profunda, da ecologia social e do ecofeminismo.[10] Parece-me que cada uma das três escolas aborda aspectos importantes do paradigma ecológico e, em vez de competir uns com os outros, seus proponentes deveriam tentar integrar suas abordagens numa visão ecológica coerente.

A percepção ecológica profunda parece fornecer a base filosófica e espiritual ideal para um estilo de vida ecológico e para o ativismo ambientalista. No entanto, não nos diz muito a respeito das características e dos padrões culturais de organização social que produziram a atual crise ecológica. É esse o foco da ecologia social.[11]

O solo comum das várias escolas de ecologia social é o reconhecimento de que a natureza fundamentalmente antiecológica de muitas de nossas estruturas sociais e econômicas está arraigada naquilo que Riane Eisler chamou de "sistema do dominador" de organização social.[12] 0 patriarcado, o imperialismo, o capitalismo e o racismo são exemplos de dominação exploradora e antiecológica. Dentre as diferentes escolas de ecologia social, há vários grupos marxistas e anarquistas que utilizam seus respectivos arcabouços conceituais para analisar diferentes padrões de dominação social.

O ecofeminismo poderia ser encarado como uma escola especial de ecologia social, uma vez que também ele aborda a dinâmica básica de dominação social dentro do contexto do patriarcado. Entretanto, sua análise cultural das muitas facetas do patriarcado e das ligações entre feminismo e ecologia vai muito além do arcabouço da ecologia social. Os ecofeministas vêem a dominação patriarcal de mulheres por homens como o protótipo de todas as formas de dominação e exploração: hierárquica, militarista, capitalista e industrialista. Eles mostram que a exploração da natureza, em particular, tem marchado de mãos dadas com a das mulheres, que têm sido identificadas com a natureza através dos séculos. Essa antiga associação entre mulher e natureza liga a história das mulheres com a história do meio ambiente, e é a fonte de um parentesco natural entre feminismo e ecologia.[13] Conseqüentemente, os ecofeministas vêem o conhecimento vivencial feminino como uma das fontes principais de uma visão ecológica da realidade.[14]

Novos valores

Neste breve esboço do paradigma ecológico emergente, enfatizei até agora as mudanças nas percepções e nas maneiras de pensar. Se isso fosse tudo o que é necessário, a transição para um novo paradigma seria muito mais fácil. Há, no movimento da ecologia profunda, um número suficiente de pensadores articulados e eloqüentes que poderiam convencer nossos líderes políticos e corporativos acerca dos méritos do novo pensamento. Mas isto é somente parte da história. A mudança de paradigmas requer uma expansão não apenas de nossas percepções e maneiras de pensar, mas também de nossos valores.

É interessante notar aqui a notável conexão nas mudanças entre pensamento e valores. Ambas podem ser vistas como mudanças da auto-afirmação para a integração. Essas duas tendências — a auto-afirmativa e a integrativa — são, ambas, aspectos essenciais de todos os sistemas vivos.[15] Nenhuma delas é, intrinsecamente, boa ou má. O que é bom, ou saudável, é um equilíbrio dinâmico; o que é mau, ou insalubre, é o desequilíbrio — a ênfase excessiva em uma das tendências em detrimento da outra. Agora, se olharmos para a nossa cultura industrial ocidental, veremos que enfatizamos em excesso as tendências auto-afirmativas e negligenciamos as integrativas. Isso é evidente tanto no nosso pensamento como nos nossos valores, e é muito instrutivo colocar essas tendências opostas lado a lado.

Pensamento		***Valores***	
Auto-afirmativo	*Integrativo*	*Auto-afirmativo*	*Integrativo*
racional	intuitivo	expansão	conservação
análise	síntese	competição	cooperação
reducionista	holístico	quantidade	qualidade
linear	não-linear	dominação	parceria

Uma das coisas que notamos quando examinamos esta tabela é que os valores auto-afirmativos — competição, expansão, dominação — estão geralmente associados com homens. De fato, na sociedade patriarcal, eles não apenas são favorecidos como também recebem recompensas econômicas e poder político. Essa é uma das razões pelas quais a mudança para um sistema de valores mais equilibrados é tão difícil para a maioria das pessoas, e especialmente para os homens.

O poder, no sentido de dominação sobre outros, é auto-afirmação excessiva. A estrutura social na qual é exercida de maneira mais efetiva é a hierarquia. De fato, nossas estruturas políticas, militares e corporativas são hierarquicamente ordenadas, com os homens geralmente ocupando os níveis superiores, e as mulheres, os níveis inferiores. A maioria desses homens, e algumas mulheres, chegaram a considerar sua posição na hierarquia como parte de sua identidade, e, desse modo, a mudança para um diferente sistema de valores gera neles medo existencial.

No entanto, há um outro tipo de poder, um poder que é mais apropriado para o novo paradigma — poder como influência de outros. A estrutura ideal para exercer esse tipo de poder não é a hierarquia mas a rede, que, como veremos, é também a metáfora central da ecologia.[16] A mudança de paradigma inclui, dessa maneira, uma mudança na organização social, uma mudança de hierarquias para redes.

Ética

Toda a questão dos valores é fundamental para a ecologia profunda; é, de fato, sua característica definidora central. Enquanto que o velho paradigma está baseado em valores antropocêntricos (centralizados no ser humano), a ecologia profunda está alicerçada em valores ecocêntricos (centralizados na Terra). É uma visão de mundo que reconhece o valor inerente da vida não-humana. Todos os seres vivos são membros de comunidades ecológicas ligadas umas às outras numa rede de interdependências. Quando essa percepção ecológica profunda torna-se parte de nossa consciência cotidiana, emerge um sistema de ética radicalmente novo.

Essa ética ecológica profunda é urgentemente necessária nos dias de hoje, e especialmente na ciência, uma vez que a maior parte daquilo que os cientistas fazem não atua no sentido de promover a vida nem de preservar a vida, mas sim no sentido de destruir a vida. Com os físicos projetando sistemas de armamentos que ameaçam eliminar a vida do planeta, com os químicos contaminando o meio ambiente global, com os biólogos pondo à solta tipos novos e desconhecidos de microorganismos sem saber as conseqüências, com psicólogos e outros cientistas torturando animais em nome do progresso científico — com todas essas atividades em andamento, parece da máxima urgência introduzir padrões "ecoéticos" na ciência.

Geralmente, não se reconhece que os valores não são periféricos à ciência e à tecnologia, mas constituem sua própria base e força motriz. Durante a revolução científica no século XVII, os valores eram separados dos fatos, e desde essa época tendemos a acreditar que os fatos científicos são independentes daquilo que fazemos, e são, portanto, independentes dos nossos valores. Na realidade, os fatos científicos emergem de toda uma constelação de percepções, valores e ações humanos — em uma palavra, emergem de um paradigma — dos quais não podem ser separados. Embora grande parte das pesquisas detalhadas possa não depender explicitamente do sistema de valores do cientista, o paradigma mais amplo, em cujo âmbito essa pesquisa é desenvolvida, nunca será livre de valores. Portanto, os cientistas são responsáveis pelas suas pesquisas não apenas intelectual mas também moralmente. Dentro do contexto da ecologia profunda, a visão segundo a qual esses valores são inerentes a toda a natureza viva está alicerçada na experiência profunda, ecológica ou espiritual, de que a natureza e o eu são um só. Essa expansão do eu até a identificação com a natureza é a instrução básica da ecologia profunda, como Arne Naess claramente reconhece:

> O cuidado flui naturalmente se o "eu" é ampliado e aprofundado de modo que a proteção da Natureza livre seja sentida e concebida como proteção de nós mesmos. ... Assim como não precisamos de nenhuma moralidade para nos fazer respirar... [da mesma forma] se o seu "eu", no sentido amplo dessa palavra, abraça um outro ser, você não precisa de advertências morais para demonstrar cuidado e afeição... você o faz por si mesmo, sem sentir nenhuma pressão moral para fazê-lo. ... Se a realidade é como é experimentada pelo eu ecológico, nosso comportamento, de maneira *natural* e bela, segue normas de estrita ética ambientalista.[17]

O que isto implica é o fato de que o vínculo entre uma percepção ecológica do mundo e o comportamento correspondente não é uma conexão lógica, mas psicológica.[18] A lógica não nos persuade de que deveríamos viver respeitando certas normas, uma vez que somos parte integral da teia da vida. No entanto, se temos a percepção, ou a experiência, ecológica profunda de sermos parte da teia da vida, então *estaremos* (em oposição a *deveríamos estar*) inclinados a cuidar de toda a natureza viva. De fato, mal podemos deixar de responder dessa maneira.

O vínculo entre ecologia e psicologia, que é estabelecido pela concepção de eu ecológico, tem sido recentemente explorado por vários autores. A ecologista profunda Joanna Macy escreve a respeito do "reverdecimento do eu";[19] o filósofo Warwick Fox cunhou o termo "ecologia transpessoal";[20] e o historiador cultural Theodore Roszak utiliza o termo "ecopsicologia"[21] para expressar a conexão profunda entre esses dois campos, os quais, até muito recentemente, eram completamente separados.

Mudança da Física para as Ciências da Vida

Chamando a nova visão emergente da realidade de "ecológica" no sentido da ecologia profunda, enfatizamos que a vida se encontra em seu próprio cerne. Este é um ponto importante para a ciência, pois, no velho paradigma, a física foi o modelo e a fonte de metáforas para todas as outras ciências. "Toda a filosofia é como uma árvore", escreveu Descartes. "As raízes são a metafísica, o tronco é a física e os ramos são todas as outras ciências."[22]

A ecologia profunda superou essa metáfora cartesiana. Mesmo que a mudança de paradigma em física ainda seja de especial interesse porque foi a primeira a ocorrer na ciência moderna, a física perdeu o seu papel como a ciência que fornece a descrição mais fundamental da realidade. Entretanto, hoje, isto ainda não é geralmente reconhecido. Cientistas, bem como não-cientistas, freqüentemente retêm a crença popular segundo a qual "se você quer realmente saber a explicação última, terá de perguntar a um físico", o que é claramente uma falácia cartesiana. Hoje, a mudança de paradigma na ciência, em seu nível mais profundo, implica uma mudança da física para as ciências da vida.

PARTE DOIS

A Ascensão do Pensamento Sistêmico

2

Das Partes para o Todo

Durante este século, a mudança do paradigma mecanicista para o ecológico tem ocorrido em diferentes formas e com diferentes velocidades nos vários campos científicos. Não se trata de uma mudança uniforme. Ela envolve revoluções científicas, retrocessos bruscos e balanços pendulares. Um pêndulo caótico, no sentido da teoria do caos[1] — oscilações que quase se repetem, porém não perfeitamente, aleatórias na aparência e, não obstante, formando um padrão complexo e altamente organizado — seria talvez a metáfora contemporânea mais apropriada.

A tensão básica é a tensão entre as partes e o todo. A ênfase nas partes tem sido chamada de mecanicista, reducionista ou atomística; a ênfase no todo, de holística, organísmica ou ecológica. Na ciência do século XX, a perspectiva holística tornou-se conhecida como "sistêmica", e a maneira de pensar que ela implica passou a ser conhecida como "pensamento sistêmico". Neste livro, usarei "ecológico" e "sistêmico" como sinônimos, sendo que "sistêmico" é apenas o termo científico mais técnico.

A principal característica do pensamento sistêmico emergiu simultaneamente em várias disciplinas na primeira metade do século, especialmente na década de 20. Os pioneiros do pensamento sistêmico foram os biólogos, que enfatizavam a concepção dos organismos vivos como totalidades integradas. Foi posteriormente enriquecido pela psicologia da Gestalt e pela nova ciência da ecologia, e exerceu talvez os efeitos mais dramáticos na física quântica. Uma vez que a idéia central do novo paradigma refere-se à natureza da vida, vamos nos voltar primeiro para a biologia.

Substância e Forma

A tensão entre mecanicismo e holismo tem sido um tema recorrente ao longo de toda a história da biologia. É uma conseqüência inevitável da antiga dicotomia entre substância (matéria, estrutura, quantidade) e forma (padrão, ordem, qualidade). A forma (*form*) biológica é mais do que um molde (*shape*), mais do que uma configuração estática de componentes num todo. Há um fluxo contínuo de matéria através de um organismo vivo, embora sua forma seja mantida. Há desenvolvimento, e há evolução. Desse modo, o entendimento da forma biológica está inextricavelmente ligado ao entendimento de processos metabólicos e associados ao desenvolvimento.

Nos primórdios da filosofia e da ciência ocidentais, os pitagóricos distinguiam "número", ou padrão, de substância, ou matéria, concebendo-o como algo que limita a matéria e lhe dá forma (*shape*). Como se expressa Gregory Bateson:

O argumento tomou a forma de "Você pergunta de que é feito — terra, fogo, água, etc.?" Ou pergunta: "Qual é o seu *padrão*?" Os pitagóricos queriam dizer com isso investigar o padrão e não investigar a substância.[2]

Aristóteles, o primeiro biólogo da tradição ocidental, também distinguia entre matéria e forma, porém, ao mesmo tempo, ligava ambas por meio de um processo de desenvolvimento.[3] Ao contrário de Platão, Aristóteles acreditava que a forma não tinha existência separada, mas era imanente à matéria. Nem poderia a matéria existir separadamente da forma. A matéria, de acordo com Aristóteles, contém a natureza essencial de todas as coisas, mas apenas como potencialidade. Por meio da forma, essa essência torna-se real, ou efetiva. O processo de auto-realização da essência nos fenômenos efetivos é chamado por Aristóteles de *enteléquia* ("autocompletude"). É um processo de desenvolvimento, um impulso em direção à auto-realização plena. Matéria e forma são os dois lados desse processo, apenas separáveis por meio da abstração.

Aristóteles criou um sistema de lógica formal e um conjunto de concepções unificadoras, que aplicou às principais disciplinas de sua época — biologia, física, metafísica, ética e política. Sua filosofia e sua ciência dominaram o pensamento ocidental ao longo de dois mil anos depois de sua morte, durante os quais sua autoridade tornou-se quase tão inquestionável quanto a da Igreja.

Mecanicismo Cartesiano

Nos séculos XVI e XVII, a visão de mundo medieval, baseada na filosofia aristotélica e na teologia cristã, mudou radicalmente. A noção de um universo orgânico, vivo e espiritual foi substituída pela noção do mundo como uma máquina, e a máquina do mundo tornou-se a metáfora dominante da era moderna. Essa mudança radical foi realizada pelas novas descobertas em física, astronomia e matemática, conhecidas como Revolução Científica e associadas aos nomes de Copérnico, Galileu, Descartes, Bacon e Newton.[4]

Galileu Galilei expulsou a qualidade da ciência, restringindo esta última ao estudo dos fenômenos que podiam ser medidos e quantificados. Esta tem sido uma estratégia muito bem-sucedida ao longo de toda a ciência moderna, mas a nossa obsessão com a quantificação e com a medição também nos tem cobrado uma pesada taxa. Como o psiquiatra R.D. Laing afirma enfaticamente:

> O programa de Galileu oferece-nos um mundo morto: extinguem-se a visão, o som, o sabor, o tato e o olfato, e junto com eles vão-se também as sensibilidades estética e ética, os valores, a qualidade, a alma, a consciência, o espírito. A experiência como tal é expulsa do domínio do discurso científico. É improvável que algo tenha mudado mais o mundo nos últimos quatrocentos anos do que o audacioso programa de Galileu. Tivemos de destruir o mundo em teoria antes que pudéssemos destruí-lo na prática.[5]

René Descartes criou o método do pensamento analítico, que consiste em quebrar fenômenos complexos em pedaços a fim de compreender o comportamento do todo a partir das propriedades das suas partes. Descartes baseou sua concepção da natureza na divisão fundamental de dois domínios independentes e separados — o da mente e o da matéria. O universo material, incluindo os organismos vivos, era uma máquina para Descartes, e poderia, em princípio, ser entendido completamente analisando-o em termos de suas menores partes.

O arcabouço conceitual criado por Galileu e Descartes — o mundo como uma máquina perfeita governada por leis matemáticas exatas — foi completado de maneira triunfal por Isaac Newton, cuja grande síntese, a mecânica newtoniana, foi a realização que coroou a ciência do século XVII. Na biologia, o maior sucesso do modelo mecanicista de Descartes foi a sua aplicação ao fenômeno da circulação sanguínea, por William Harvey. Inspirados pelo sucesso de Harvey, os fisiologistas de sua época tentaram aplicar o modelo mecanicista para descrever outras funções somáticas, tais como a digestão e o metabolismo. No entanto, essas tentativas foram desanimadores malogros, pois os fenômenos que os fisiologistas tentaram explicar envolviam processos químicos que eram desconhecidos na época e não podiam ser descritos em termos mecânicos. A situação mudou significativamente no século XVIII, quando Antoine Lavoisier, o "pai da química moderna", demonstrou que a respiração é uma forma especial de oxidação e, desse modo, confirmou a relevância dos processos químicos para o funcionamento dos organismos vivos.

À luz da nova ciência da química, os modelos mecânicos simplistas de organismos vivos foram, em grande medida, abandonados, mas a essência da idéia cartesiana sobreviveu. Os animais ainda eram máquinas, embora fossem muito mais complicados do que mecanismos de relojoaria mecânicos, envolvendo complexos processos químicos. Portanto, o mecanicismo cartesiano foi expresso no dogma segundo o qual as leis da biologia podem, em última análise, ser reduzidas às da física e às da química. Ao mesmo tempo, a fisiologia rigidamente mecanicista encontrou sua expressão mais forte e elaborada num polêmico tratado, *O Homem uma Máquina*, de Julien de La Mettrie, que continuou famoso muito além do século XVIII, e gerou muitos debates e controvérsias, alguns dos quais alcançaram até mesmo o século XX.[6]

O Movimento Romântico

A primeira forte oposição ao paradigma cartesiano mecanicista veio do movimento romântico na arte, na literatura e na filosofia, no final do século XVIII e no século XIX. William Blake, o grande poeta e pintor místico que exerceu uma forte influência sobre o romantismo inglês, era um crítico apaixonado em sua oposição a Newton. Ele resumiu sua crítica nestas célebres linhas:

> Possa Deus nos proteger
> da visão única e do sono de Newton.[7]

Os poetas e filósofos românticos alemães retornaram à tradição aristotélica concentrando-se na natureza da forma orgânica. Goethe, a figura central desse movimento, foi um dos primeiros a usar o termo "morfologia" para o estudo da forma biológica a partir de um ponto de vista dinâmico, desenvolvente. Ele admirava a "ordem móvel" (*bewegliche Ordnung*) da natureza e concebia a forma como um padrão de relações dentro de um todo organizado — concepção que está na linha de frente do pensamento sistêmico contemporâneo. "Cada criatura", escreveu Goethe, "é apenas uma gradação padronizada (*Schattierung*) de um grande todo harmonioso."[8] Os artistas românticos estavam preocupados principalmente com um entendimento qualitativo de padrões, e, portanto, colocavam grande ênfase na explicação das propriedades básicas da vida em termos de formas visualizadas. Goethe, em particular, sentia que a percepção visual era a porta para o entendimento da forma orgânica.[9]

O entendimento da forma orgânica também desempenhou um importante papel na filosofia de Immanuel Kant, que é freqüentemente considerado o maior dos filósofos modernos. Idealista, Kant separava o mundo fenomênico de um mundo de "coisas-em-si". Ele acreditava que a ciência só podia oferecer explicações mecânicas, mas afirmava que em áreas onde tais explicações eram inadequadas, o conhecimento científico precisava ser suplementado considerando-se a natureza como sendo dotada de propósito. A mais importante dessas áreas, de acordo com Kant, é a compreensão da vida.[10]

Em sua *Crítica do Juízo*, Kant discutiu a natureza dos organismos vivos. Argumentou que os organismos, ao contrário das máquinas, são totalidades auto-reprodutoras e auto-organizadoras. De acordo com Kant, numa máquina, as partes apenas existem uma *para* a outra, no sentido de suportar a outra no âmbito de um todo funcional. Num organismo, as partes também existem *por meio de* cada outra, no sentido de produzirem uma outra.[11] "Devemos pensar em cada parte como um órgão", escreveu Kant, "que produz as outras partes (de modo que cada uma, reciprocamente, produz a outra). ... Devido a isso, [o organismo] será tanto um ser organizado como auto-organizador."[12] Com esta afirmação, Kant tornou-se não apenas o primeiro a utilizar o termo "auto-organização" para definir a natureza dos organismos vivos, como também o utilizou de uma maneira notavelmente semelhante a algumas concepções contemporâneas.[13]

A visão romântica da natureza como "um grande todo harmonioso", na expressão de Goethe, levou alguns cientistas daquele período a estender sua busca de totalidade a todo o planeta, e a ver a Terra como um todo integrado, um ser vivo. Essa visão da Terra como estando viva tinha, naturalmente, uma longa tradição. Imagens míticas da Terra Mãe estão entre as mais antigas da história religiosa humana. Gaia, a Deusa Terra, era cultuada como a divindade suprema na Grécia antiga, pré-helênica.[14] Em épocas ainda mais remotas, desde o neolítico e passando pela Idade de Bronze, as sociedades da "velha Europa" adoravam numerosas divindades femininas como encarnações da Mãe Terra.[15]

A idéia da Terra como um ser vivo, espiritual, continuou a florescer ao longo de toda a Idade Média e a Renascença, até que toda a perspectiva medieval foi substituída pela imagem cartesiana do mundo como uma máquina. Portanto, quando os cientistas do século XVIII começaram a visualizar a Terra como um ser vivo, eles reviveram uma antiga tradição, que esteve adormecida por um período relativamente breve.

Mais recentemente, a idéia de um planeta vivo foi formulada em linguagem científica moderna como a chamada hipótese de Gaia, e é interessante que as concepções da Terra viva, desenvolvidas por cientistas do século XVIII, contenham alguns elementos-chave da nossa teoria contemporânea.[16] O geólogo escocês James Hutton sustentava que os processos biológicos e geológicos estão todos interligados, e comparava as águas da Terra ao sistema circulatório de um animal. O naturalista e explorador alemão Alexander von Humboldt, um dos maiores pensadores unificadores dos séculos XVIII e XIX, levou essa idéia ainda mais longe. Seu "hábito de ver o Globo como um grande todo" levou Humboldt a identificar o clima como uma força global unificadora e a reconhecer a co-evolução dos sistemas vivos, do clima e da crosta da Terra, o que quase resume a contemporânea hipótese de Gaia.[17]

No final do século XVIII e princípio do XIX, a influência do movimento romântico era tão forte que a preocupação básica dos biólogos era o problema da forma biológica, e as questões da composição material eram secundárias. Isso era especialmente verdadeiro para as grandes escolas francesas de anatomia comparativa, ou "morfologia", das quais Georges Cuvier foi pioneiro, e que criaram um sistema de classificação biológica baseado em semelhanças de relações estruturais.[18]

O Mecanicismo do Século XIX

Na segunda metade do século XIX, o pêndulo oscilou de volta para o mecanicismo, quando o recém-aperfeiçoado microscópio levou a muitos avanços notáveis em biologia.[19] O século XIX é mais bem-conhecido pelo estabelecimento do pensamento evolucionista, mas também viu a formulação da teoria das células, o começo da moderna embriologia, a ascensão da microbiologia e a descoberta das leis da hereditariedade. Essas novas descobertas alicerçaram firmemente a biologia na física e na química, e os cientistas renovaram seus esforços para procurar explicações físico-químicas da vida.

Quando Rudolf Virchow formulou a teoria das células em sua forma moderna, o foco dos biólogos mudou de organismos para células. As funções biológicas, em vez de refletirem a organização do organismo como um todo, eram agora concebidas como resultados de interações entre os blocos de construção celulares.

As pesquisas em microbiologia — um novo campo que revelou uma riqueza e uma complexidade insuspeitadas de organismos microscópicos vivos — foram dominadas por Louis Pasteur, cujas penetrantes introvisões e claras formulações produziram um impacto duradouro na química, na biologia e na medicina. Pasteur foi capaz de estabelecer o papel das bactérias em certos processos químicos, assentando, desse modo, os fundamentos da nova ciência da bioquímica, e demonstrou que há uma correlação definida entre "germes" (microorganismos) e doenças.

As descobertas de Pasteur levaram a uma "teoria microbiana das doenças", na qual as bactérias eram vistas como a única causa da doença. Essa visão reducionista eclipsou uma teoria alternativa, que fora professada alguns anos antes por Claude Bernard, o fundador da moderna medicina experimental. Bernard insistiu na estreita e íntima relação entre um organismo e o seu meio ambiente, e foi o primeiro a assinalar que cada organismo também tem um meio ambiente interno, no qual vivem seus órgãos e tecidos. Bernard observou que, num organismo saudável, esse meio ambiente interno permanece essencialmente constante, mesmo quando o meio ambiente externo flutua consideravelmente. Seu conceito de constância do meio ambiente interno antecipou a importante noção de homeostase, desenvolvida por Walter Cannon na década de 20.

A nova ciência da bioquímica progrediu constantemente e estabeleceu, entre os biólogos, a firme crença em que todas as propriedades e funções dos organismos vivos seriam finalmente explicadas em termos de leis químicas e físicas. Essa crença foi mais claramente expressa por Jacques Loeb em *A Concepção Mecanicista da Vida*, que exerceu uma influência tremenda sobre o pensamento biológico de sua época.

Vitalismo

Os triunfos da biologia do século XIX — teoria das células, embriologia e microbiologia — estabeleceram a concepção mecanicista da vida como um firme dogma entre os biólogos. Não obstante, eles traziam dentro de si as sementes da nova onda de oposição, a escola conhecida como biologia organísmica, ou "organicismo". Embora a biologia celular fizesse enormes progressos na compreensão das estruturas e das funções de muitas das subunidades, ela permaneceu, em grande medida, ignorante das atividades coordenadoras que integram essas operações no funcionamento da célula como um todo.

As limitações do modelo reducionista foram evidenciadas de maneira ainda mais dramática pelos problemas do desenvolvimento e da diferenciação. Nos primeiros estágios do desenvolvimento dos organismos superiores, o número de suas células aumenta de um para dois, para quatro, e assim por diante, duplicando a cada passo. Uma vez que a informação genética é idêntica em cada célula, como podem estas se especializarem de diferentes maneiras, tornando-se musculares, sanguíneas, ósseas, nervosas e assim por diante? O problema básico do desenvolvimento, que aparece em muitas variações por toda a biologia, foge claramente diante da concepção mecanicista da vida.

Antes que o organicismo tivesse nascido, muitos biólogos proeminentes passaram por uma fase de vitalismo, e durante muitos anos a disputa entre mecanicismo e holismo estava enquadrada como uma disputa entre mecanicismo e vitalismo.[20] Um claro entendimento da idéia vitalista é muito útil, uma vez que ela se mantém em nítido contraste com a concepção sistêmica da vida, que iria emergir da biologia organísmica no século XX.

Tanto o vitalismo como o organicismo opõem-se à redução da biologia à física e à química. Ambas as escolas afirmam que, embora as leis da física e da química sejam aplicáveis aos organismos, elas são insuficientes para uma plena compreensão do fenômeno da vida. O comportamento de um organismo vivo como um todo integrado não pode ser entendido somente a partir do estudo de suas partes. Como os teóricos sistêmicos enunciariam várias décadas mais tarde, o todo é mais do que a soma de suas partes.

Os vitalistas e os biólogos organísmicos diferem nitidamente em suas respostas à pergunta: "Em que sentido exatamente o todo é mais que a soma de suas partes?" Os vitalistas afirmam que alguma entidade, força ou campo não-físico deve ser acrescentada às leis da física e da química para se entender a vida. Os biólogos organísmicos afirmam que o ingrediente adicional é o entendimento da "organização", ou das "relações organizadoras".

Uma vez que essas relações organizadoras são padrões de relações imanentes na estrutura física do organismo, os biólogos organísmicos afirmam que nenhuma entidade separada, não-física, é necessária para a compreensão da vida. Veremos mais adiante que a concepção de organização foi aprimorada na de "auto-organização" nas teorias contemporâneas dos sistemas vivos, e que o entendimento do padrão de auto-organização é a chave para se entender a natureza essencial da vida.

Enquanto que os biólogos organísmicos desafiaram a analogia da máquina cartesiana ao tentar entender a forma biológica em termos de um significado mais amplo de organização, os vitalistas não foram realmente além do paradigma cartesiano. Sua linguagem estava limitada pelas mesmas imagens e metáforas; eles apenas acrescentavam uma entidade não-física como o planejador ou diretor dos processos organizadores que desafiam explicações mecanicistas. Desse modo, a divisão cartesiana entre mente e corpo levou tanto ao mecanicismo como ao vitalismo. Quando os seguidores de Descartes expulsaram a mente da biologia e conceberam o corpo como uma máquina, o "fantasma na máquina" — para usar a frase de Arthur Koestler[21] — logo reapareceu nas teorias vitalistas.

O embriologista alemão Hans Driesch iniciou a oposição à biologia mecanicista na virada do século com seus experimentos pioneiros sobre ovos de ouriços-do-mar, os quais o levaram a formular a primeira teoria do vitalismo. Quando Driesch destruía uma das células de um embrião no estágio inicial de duas células, a célula restante se desenvolvia não em metade de um ouriço-do-mar, mas num organismo completo porém menor. De maneira semelhante, os organismos menores e completos se desenvolviam depois da destruição de duas ou três células em embriões de quatro células. Driesch compreendeu que os seus ovos de ouriço-do-mar tinham feito o que uma máquina nunca poderia fazer: eles regeneraram totalidades a partir de algumas de suas partes.

Para explicar esse fenômeno de auto-regulação, Driesch parece ter procurado vigorosamente pelo padrão de organização que faltava.[22] Mas, em vez de se voltar para a concepção de padrão, ele postulou um fator causal, para o qual escolheu o termo aristotélico *enteléquia.* No entanto, enquanto a *enteléquia* de Aristóteles é um processo de auto-realização que unifica matéria e forma, a *enteléquia* postulada por Driesch é uma entidade separada, atuando sobre o sistema físico sem fazer parte dele.

A idéia vitalista foi revivida recentemente, sob uma forma muito mais sofisticada, por Rupert Sheldrake, que postula a existência de campos *morfogenéticos* ("geradores de forma") não-físicos como os agentes causais do desenvolvimento e da manutenção da forma biológica.[23]

Biologia Organísmica

Durante o início do século XX, os biólogos organísmicos, que se opunham tanto ao mecanicismo como ao vitalismo, abordaram o problema da forma biológica com um novo entusiasmo, elaborando e aprimorando muitas das idéias básicas de Aristóteles, Goethe, Kant e Cuvier. Algumas das principais características daquilo que hoje denominamos pensamento sistêmico emergiram de suas longas reflexões.[24]

Ross Harrison, um dos primeiros expoentes da escola organísmica, explorou a concepção de organização, que gradualmente viria a substituir a velha noção de função em fisiologia. Essa mudança de função para organização representa uma mudança do pensamento mecanicista para o pensamento sistêmico, pois função é essencialmente uma concepção mecanicista. Harrison identificou a configuração e a relação como dois aspectos importantes da organização, os quais foram posteriormente unificados na concepção de padrão como uma configuração de relações ordenadas.

O bioquímico Lawrence Henderson foi influente no seu uso pioneiro do termo "sistema" para denotar tanto organismos vivos como sistemas sociais.[25] Dessa época em diante, um sistema passou a significar um todo integrado cujas propriedades essenciais surgem das relações entre suas partes, e "pensamento sistêmico", a compreensão de um fenômeno dentro do contexto de um todo maior. Esse é, de fato, o significado raiz da palavra "sistema", que deriva do grego *synhistanai* ("colocar junto"). Entender as coisas sistemicamente significa, literalmente, colocá-las dentro de um contexto, estabelecer a natureza de suas relações.[26]

O biólogo Joseph Woodger afirmou que os organismos poderiam ser completamente descritos por seus elementos químicos, "mais relações organizadoras". Essa formulação exerceu influência considerável sobre Joseph Needham, que sustentou a idéia de que a publicação dos *Biological Principles* de Woodger, em 1936, assinalou o fim da discussão entre mecanicistas e vitalistas.[27] Needham, cujo trabalho inicial versava sobre problemas da bioquímica do desenvolvimento, sempre esteve profundamente interessado nas dimensões filosóficas e históricas da ciência. Ele escreveu muitos ensaios em defesa do paradigma mecanicista, mas posteriormente adotou a perspectiva organísmica. "Uma análise lógica da concepção de organismo", escreveu em 1935, "nos leva a procurar relações organizadoras em todos os níveis, superiores e inferiores, grosseiros e sutis, da estrutura viva."[28] Mais tarde, Needham abandonou a biologia para se tornar um dos principais historiadores da cultura chinesa, e, como tal, um ardoroso defensor da visão de mundo organísmica, que é a base do pensamento chinês.

Woodger e muitos outros enfatizaram o fato de que uma das características-chave da organização dos organismos vivos era a sua natureza hierárquica. De fato, uma propriedade que se destaca em toda vida é a sua tendência para formar estruturas multiniveladas de sistemas dentro de sistemas. Cada um desses sistemas forma um todo com relação às suas partes, enquanto que, ao mesmo tempo, é parte de um todo maior. Desse modo, as células combinam-se para formar tecidos, os tecidos para formar órgãos e os órgãos para formar organismos. Estes, por sua vez, existem dentro de sistemas sociais e de ecossistemas. Ao longo de todo o mundo vivo, encontramos sistemas vivos aninhados dentro de outros sistemas vivos.

Desde os primeiros dias da biologia organísmica, essas estruturas multiniveladas foram denominadas hierarquias. Entretanto, esse termo pode ser enganador, uma vez que deriva das hierarquias humanas, que são estruturas de dominação e de controle absolutamente rígidas, muito diferentes da ordem multinivelada que encontramos na natureza. Veremos que a importante concepção de rede — a teia da vida — fornece uma nova perspectiva sobre as chamadas hierarquias da natureza.

Aquilo que os primeiros pensadores sistêmicos reconheciam com muita clareza é a existência de diferentes níveis de complexidade com diferentes tipos de leis operando em cada nível. De fato, a concepção de "complexidade organizada" tornou-se o próprio assunto da abordagem sistêmica.[29] Em cada nível de complexidade, os fenômenos observados exibem propriedades que não existem no nível inferior. Por exemplo, a concepção de temperatura, que é central na termodinâmica, não tem significado no nível dos átomos individuais, onde operam as leis da teoria quântica. De maneira semelhante, o sabor do açúcar não está presente nos átomos de carbono, de hidrogênio e de oxigênio, que constituem os seus componentes. No começo da década de 20, o filósofo C. D. Broad cunhou o termo "propriedades emergentes" para as propriedades que emergem num certo nível de complexidade, mas não existem em níveis inferiores.

Pensamento Sistêmico

As idéias anunciadas pelos biólogos organísmicos durante a primeira metade do século ajudaram a dar à luz um novo modo de pensar — o "pensamento sistêmico" — em termos de conexidade, de relações, de contexto. De acordo com a visão sistêmica, as propriedades essenciais de um organismo, ou sistema vivo, são propriedades do todo, que nenhuma das partes possui. Elas surgem das interações e das relações entre as partes. Essas propriedades são destruídas quando o sistema é dissecado, física ou teoricamente, em elementos isolados. Embora possamos discernir partes individuais em qualquer sistema, essas partes não são isoladas, e a natureza do todo é sempre diferente da mera soma de suas partes. A visão sistêmica da vida é ilustrada de maneira bela e profusa nos escritos de Paul Weiss, que trouxe concepções sistêmicas às ciências da vida a partir de seus estudos de engenharia, e passou toda a sua vida explorando e defendendo uma plena concepção organísmica da biologia.[30]

A emergência do pensamento sistêmico representou uma profunda revolução na história do pensamento científico ocidental. A crença segundo a qual em todo sistema complexo o comportamento do todo pode ser entendido inteiramente a partir das propriedades de suas partes é fundamental no paradigma cartesiano. Foi este o célebre método de Descartes do pensamento analítico, que tem sido uma característica essencial do moderno pensamento científico. Na abordagem analítica, ou reducionista, as próprias partes não podem ser analisadas ulteriormente, a não ser reduzindo-as a partes ainda menores. De fato, a ciência ocidental tem progredido dessa maneira, e em cada passo tem surgido um nível de constituintes fundamentais que não podia ser analisado posteriormente.

O grande impacto que adveio com a ciência do século XX foi a percepção de que os sistemas não podem ser entendidos pela análise. As propriedades das partes não são propriedades intrínsecas, mas só podem ser entendidas dentro do contexto do todo mais amplo. Desse modo, a relação entre as partes e o todo foi revertida. Na abordagem sistêmica, as propriedades das partes podem ser entendidas apenas a partir da organização do todo. Em conseqüência disso, o pensamento sistêmico concentra-se não em blocos de construção básicos, mas em princípios de organização básicos. O pensamento sistêmico é "contextual", o que é o oposto do pensamento analítico. A análise significa isolar alguma coisa a fim de entendê-la; o pensamento sistêmico significa colocá-la no contexto de um todo mais amplo.

Física Quântica

A compreensão de que os sistemas são totalidades integradas que não podem ser entendidas pela análise provocou um choque ainda maior na física do que na biologia. Desde Newton, os físicos têm acreditado que todos os fenômenos físicos podiam ser reduzidos às propriedades de partículas materiais rígidas e sólidas. No entanto, na década de 20, a teoria quântica forçou-os a aceitar o fato de que os objetos materiais sólidos da física clássica se dissolvem, no nível subatômico, em padrões de probabilidades semelhantes a ondas. Além disso, esses padrões não representam probabilidades de coisas, mas sim, probabilidades de interconexões. As partículas subatômicas não têm significado enquanto entidades isoladas, mas podem ser entendidas somente como interconexões, ou correlações, entre vários processos de observação e medida. Em outras palavras, as partículas subatômicas não são "coisas" mas interconexões entre coisas, e estas, por sua vez, são interconexões entre outras coisas, e assim por diante. Na teoria quântica, nunca acabamos chegando a alguma "coisa"; sempre lidamos com interconexões.

É dessa maneira que a física quântica mostra que não podemos decompor o mundo em unidades elementares que existem de maneira independente. Quando desviamos nossa atenção dos objetos macroscópicos para os átomos e as partículas subatômicas, a natureza não nos mostra blocos de construção isolados, mas, em vez disso, aparece como uma complexa teia de relações entre as várias partes de um todo unificado. Como se expressou Werner Heisenberg, um dos fundadores da teoria quântica: "O mundo aparece assim como um complicado tecido de eventos, no qual conexões de diferentes tipos se alternam, se sobrepõem ou se combinam e, por meio disso, determinam a textura do todo."[31]

As moléculas e os átomos — as estruturas descritas pela física quântica — consistem em componentes. No entanto, esses componentes, as partículas subatômicas, não podem ser entendidos como entidades isoladas, mas devem ser definidos por meio de suas inter-relações. Nas palavras de Henry Stapp, "uma partícula elementar não é uma entidade não-analisável que existe independentemente. Ela é, em essência, um conjunto de relações que se dirige para fora em direção a outras coisas".[32]

No formalismo da teoria quântica, essas relações são expressas em termos de probabilidades, e as probabilidades são determinadas pela dinâmica do sistema todo. Enquanto que na mecânica clássica as propriedades e o comportamento das partes determinam as do todo, a situação é invertida na mecânica quântica: é o todo que determina o comportamento das partes.

Durante a década de 20, os físicos quânticos lutaram com a mesma mudança conceitual das partes para o todo que deu origem à escola da biologia organísmica. De fato, os biólogos, provavelmente, teriam achado muito mais difícil superar o mecanicismo cartesiano se este não tivesse desmoronado de maneira tão espetacular na física, que foi o grande triunfo do paradigma cartesiano durante três séculos. Heisenberg reconheceu a mudança das partes para o todo como o aspecto central dessa revolução conceitual, e esse fato o impressionou tanto que deu à sua autobiografia científica o título de *Der Teil und das Ganze* (A Parte e o Todo).[33]

Psicologia da Gestalt

Quando os primeiros biólogos atacaram o problema da forma orgânica e discutiram sobre os méritos relativos do mecanicismo e do vitalismo, os psicólogos alemães contribuíram para esse diálogo desde o início.[34] A palavra alemã para forma orgânica é *Gestalt* (que é distinta de *Form*, a qual denota a forma inanimada), e o muito discutido problema da forma orgânica era conhecido, naqueles dias, como o *Gestaltproblem*. Na virada do século, o filósofo Christian von Ehrenfels caracterizou uma *Gestalt* afirmando que o todo é mais do que a soma de suas partes, reconhecimento que se tornaria, mais tarde, a fórmula-chave dos pensadores sistêmicos.[35]

Os psicólogos da Gestalt, liderados por Max Wertheimer e por Wolfgang Köhler, reconheceram a existência de totalidades irredutíveis como o aspecto-chave da percepção. Os organismos vivos, afirmaram eles, percebem coisas não em termos de elementos isolados, mas como padrões perceptuais integrados — totalidades significativamente organizadas que exibem qualidades que estão ausentes em suas partes. A noção de padrão sempre esteve implícita nos escritos dos psicólogos da Gestalt, que, com freqüência, utilizavam a analogia de um tema musical que pode ser tocado em diferentes escalas sem perder suas características essenciais.

À semelhança dos biólogos organísmicos, os psicólogos da Gestalt viam sua escola de pensamento como um terceiro caminho além do mecanicismo e do vitalismo. A escola Gestalt proporcionou contribuições substanciais à psicologia, especialmente no estudo da aprendizagem e da natureza das associações. Várias décadas mais tarde, durante os anos 60, a abordagem holística da psicologia deu origem a uma escola correspondente de psicoterapia conhecida como terapia da Gestalt, que enfatiza a integração de experiências pessoais em totalidades significativas.[36]

Na Alemanha da década de 20, a República de Weimar, tanto a biologia organísmica como a psicologia da Gestalt eram parte de uma tendência intelectual mais ampla, que se via como um movimento de protesto contra a fragmentação e a alienação crescentes da natureza humana. Toda a cultura de Weimar era caracterizada por uma perspectiva antimecanicista, uma "fome por totalidade".[37] A biologia organísmica, a psicologia da Gestalt, a ecologia e, mais tarde, a teoria geral dos sistemas, todas elas, cresceram a partir desse *zeitgeist* holístico.

Ecologia

Enquanto os biólogos organísmicos encontraram uma totalidade irredutível nos organismos, os físicos quânticos em fenômenos atômicos e os psicólogos da Gestalt na percepção, os ecologistas a encontraram em seus estudos sobre comunidades animais e vegetais. A nova ciência da ecologia emergiu da escola organísmica de biologia durante o século XIX, quando os biólogos começaram a estudar comunidades de organismos.

A ecologia — palavra proveniente do grego *oikos* ("lar") — é o estudo do Lar Terra. Mais precisamente, é o estudo das relações que interligam todos os membros do Lar Terra. O termo foi introduzido em 1866 pelo biólogo alemão Ernst Haeckel, que o definiu como "a ciência das relações entre o organismo e o mundo externo circunvizinho".[38] Em 1909, a palavra *Umwelt* ("meio ambiente") foi utilizada pela primeira vez pelo biólogo e pioneiro da ecologia do Báltico Jakob von Uexküll.[39] Na década de 20, concentravam-se nas relações funcionais dentro das comunidades animais e vegetais.[40] Em seu livro pioneiro, *Animal Ecology*, Charles Elton introduziu os conceitos de cadeias alimentares e de ciclos de alimentos, e considerou as relações de alimentação no âmbito de comunidades biológicas como seu princípio organizador central.

Uma vez que a linguagem dos primeiros ecologistas estava muito próxima daquela da biologia organísmica, não é de se surpreender que eles comparassem comunidades biológicas a organismos. Por exemplo, Frederic Clements, um ecologista de plantas norte-americano e pioneiro no estudo da descendência, concebia as comunidades vegetais como "superorganismos". Essa concepção desencadeou um vivo debate, que prosseguiu por mais de uma década, até que o ecologista de plantas britânico A. G. Tansley rejeitou a noção de superorganismos e introduziu o termo "ecossistema" para caracterizar comunidades animais e vegetais. A concepção de ecossistema — definida hoje como "uma comunidade de organismos e suas interações ambientais físicas como uma unidade ecológica"[41] — moldou todo o pensamento ecológico subseqüente e, com seu próprio nome, promoveu uma abordagem sistêmica da ecologia.

O termo "biosfera" foi utilizado pela primeira vez no final do século XIX pelo geólogo austríaco Eduard Suess para descrever a camada de vida que envolve a Terra. Poucas décadas mais tarde, o geoquímico russo Vladimir Vernadsky desenvolveu o conceito numa teoria plenamente elaborada em seu livro pioneiro *Biosfera*.[42] Embasado nas idéias de Goethe, de Humboldt e de Suess, Vernadsky considerava a vida como uma "força geológica" que, parcialmente, cria e controla o meio ambiente planetário. Dentre todas as primeiras teorias sobre a Terra viva, a de Vernadsky é a que mais se aproxima da contemporânea teoria de Gaia, desenvolvida por James Lovelock e por Lynn Margulis na década de 70.[43]

A nova ciência da ecologia enriqueceu a emergente maneira sistêmica de pensar introduzindo duas novas concepções — comunidade e rede. Considerando uma comunidade ecológica como um conjunto (*assemblage*) de organismos aglutinados num todo funcional por meio de suas relações mútuas, os ecologistas facilitaram a mudança de foco de organismos para comunidades, e vice-versa, aplicando os mesmos tipos de concepções a diferentes níveis de sistemas.

Sabemos hoje que, em sua maior parte, os organismos não são apenas membros de comunidades ecológicas, mas também são, eles mesmos, complexos ecossistemas contendo uma multidão de organismos menores, dotados de uma considerável autonomia, e que, não obstante, estão harmoniosamente integrados no funcionamento do todo. Portanto, há três tipos de sistemas vivos — organismos, partes de organismos e comunidades de organismos — sendo todos eles totalidades integradas cujas propriedades essenciais surgem das interações e da interdependência de suas partes.

Ao longo de bilhões de anos de evolução, muitas espécies formaram comunidades tão estreitamente coesas devido aos seus vínculos internos que o sistema todo assemelha-se a um organismo grande e que abriga muitas criaturas (*multicreatured*).[44] Abelhas e formigas, por exemplo, são incapazes de sobreviver isoladas, mas, em grande número, elas agem quase como as células de um organismo complexo com uma inteligência coletiva e capacidade de adaptação muito superiores àquelas de cada um de seus membros. Semelhantes coordenações estreitas de atividades também ocorrem entre espécies diferentes, o que é conhecido como simbiose, e, mais uma vez, os sistemas vivos resultantes têm as características de organismos isolados.[45]

Desde o começo da ecologia, as comunidades ecológicas têm sido concebidas como reuniões de organismos conjuntamente ligados à maneira de rede por intermédio de relações de alimentação. Essa idéia se encontra, repetidas vezes, nos escritos dos naturalistas do século XIX, e quando as cadeias alimentares e os ciclos de alimentação começaram a ser estudados na década de 20, essas concepções logo se estenderam até a concepção contemporânea de teias alimentares.

A "teia da vida" é, naturalmente, uma idéia antiga, que tem sido utilizada por poetas, filósofos e místicos ao longo das eras para transmitir seu sentido de entrelaçamento e de interdependência de todos os fenômenos. Uma das mais belas expressões é encontrada no célebre discurso atribuído ao Chefe Seattle, que serve como lema para este livro.

À medida que a concepção de rede tornou-se mais e mais proeminente na ecologia, os pensadores sistêmicos começaram a utilizar modelos de rede em todos os níveis dos sistemas, considerando os organismos como redes de células, órgãos e sistemas de órgãos, assim como os ecossistemas são entendidos como redes de organismos individuais. De maneira correspondente, os fluxos de matéria e de energia através dos ecossistemas eram percebidos como o prolongamento das vias metabólicas através dos organismos.

A concepção de sistemas vivos como redes fornece uma nova perspectiva sobre as chamadas hierarquias da natureza.[46] Desde que os sistemas vivos, em todos os níveis, são redes, devemos visualizar a teia da vida como sistemas vivos (redes) interagindo à maneira de rede com outros sistemas (redes). Por exemplo, podemos descrever esquematicamente um ecossistema como uma rede com alguns nodos. Cada nodo representa um organismo, o que significa que cada nodo, quando amplificado, aparece, ele mesmo, como uma rede.

Cada nodo na nova rede pode representar um órgão, o qual, por sua vez, aparecerá como uma rede quando amplificado, e assim por diante.

Em outras palavras, a teia da vida consiste em redes dentro de redes. Em cada escala, sob estreito e minucioso exame, os nodos da rede se revelam como redes menores. Tendemos a arranjar esses sistemas, todos eles aninhados dentro de sistemas maiores, num sistema hierárquico colocando os maiores acima dos menores, à maneira de uma pirâmide. Mas isso é uma projeção humana. Na natureza, não há "acima" ou "abaixo", e não há hierarquias. Há somente redes aninhadas dentro de outras redes.

Nestas últimas décadas, a perspectiva de rede tornou-se cada vez mais fundamental na ecologia. Como o ecologista Bernard Patten se expressa em suas observações conclusivas numa recente conferência sobre redes ecológicas: "Ecologia *é* redes ... Entender ecossistemas será, em última análise, entender redes."[47] De fato, na segunda metade do século, a concepção de rede foi a chave para os recentes avanços na compreensão científica não apenas dos ecossistemas, mas também da própria natureza da vida.

3

Teorias Sistêmicas

Por volta da década de 30, a maior parte dos critérios de importância-chave do pensamento sistêmico tinha sido formulada pelos biólogos organísmicos, psicólogos da Gestalt e ecologistas. Em todos esses campos, a exploração de sistemas vivos — organismos, partes de organismos e comunidades de organismos — levou os cientistas à mesma nova maneira de pensar em termos de conexidade, de relações e de contexto. Esse novo pensamento também foi apoiado pelas descobertas revolucionárias da física quântica nos domínios dos átomos e das partículas subatômicas.

Critérios do Pensamento Sistêmico

Talvez seja conveniente, neste ponto, resumir as características-chave do pensamento sistêmico. O primeiro critério, e o mais geral, é a mudança das partes para o todo. Os sistemas vivos são totalidades integradas cujas propriedades não podem ser reduzidas às de partes menores. Suas propriedades essenciais, ou "sistêmicas", são propriedades do todo, que nenhuma das partes possui. Elas surgem das "relações de organização" das partes — isto é, de uma configuração de relações ordenadas que é característica dessa determinada classe de organismos ou sistemas. As propriedades sistêmicas são destruídas quando um sistema é dissecado em elementos isolados.

Outro critério-chave do pensamento sistêmico é sua capacidade de deslocar a própria atenção de um lado para o outro entre níveis sistêmicos. Ao longo de todo o mundo vivo, encontramos sistemas aninhados dentro de outros sistemas, e aplicando os mesmos conceitos a diferentes níveis sistêmicos — por exemplo, o conceito de estresse a um organismo, a uma cidade ou a uma economia — podemos, muitas vezes, obter importantes introvisões. Por outro lado, também temos de reconhecer que, em geral, diferentes níveis sistêmicos representam níveis de diferente complexidade. Em cada nível, os fenômenos observados exibem propriedades que não existem em níveis inferiores. As propriedades sistêmicas de um determinado nível são denominadas propriedades "emergentes", uma vez que emergem nesse nível em particular.

Na mudança do pensamento mecanicista para o pensamento sistêmico, a relação entre as partes e o todo foi invertida. A ciência cartesiana acreditava que em qualquer sistema complexo o comportamento do todo podia ser analisado em termos das propriedades de suas partes. A ciência sistêmica mostra que os sistemas vivos não podem ser compreendidos por meio da análise. As propriedades das partes não são propriedades intrínsecas, mas só podem ser entendidas dentro do contexto do todo maior. Desse modo, o pensamento sistêmico é pensamento "contextual"; e, uma vez que explicar coisas considerando o seu contexto significa explicá-las considerando o seu meio ambiente, também podemos dizer que todo pensamento sistêmico é pensamento ambientalista.

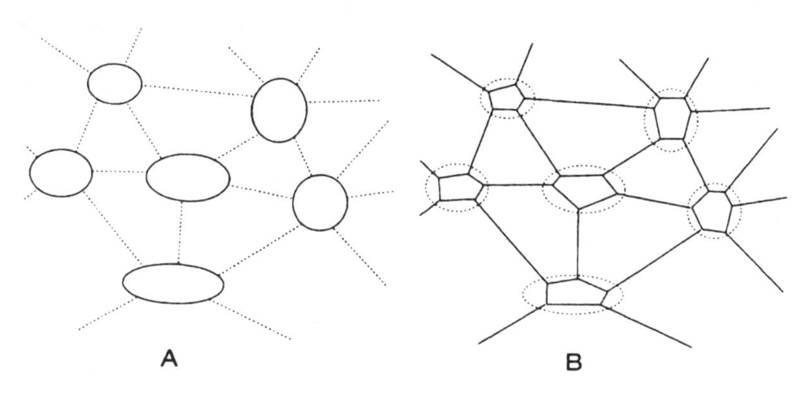

Figura 3-1
Mudança figura/fundo de objetos para relações.

Em última análise — como a física quântica mostrou de maneira tão dramática — não há partes, em absoluto. Aquilo que denominamos parte é apenas um padrão numa teia inseparável de relações. Portanto, a mudança das partes para o todo também pode ser vista como uma mudança de objetos para relações. Num certo sentido, isto é uma mudança figura/fundo. Na visão mecanicista, o mundo é uma coleção de objetos. Estes, naturalmente, interagem uns com os outros, e portanto há relações entre eles. Mas as relações são secundárias, como mostra esquematicamente a Figura 3-1A. Na visão sistêmica, compreendemos que os próprios objetos são redes de relações, embutidas em redes maiores. Para o pensador sistêmico, as relações são fundamentais. As fronteiras dos padrões discerníveis ("objetos") são secundárias, como é representado — mais uma vez de maneira muito simplificada — na Figura 3-1B.

A percepção do mundo vivo como uma rede de relações tornou o pensar em termos de redes — expresso de maneira mais elegante em alemão como *vernetztes Denken* — outra característica-chave do pensamento sistêmico. Esse "pensamento de rede" influenciou não apenas nossa visão da natureza, mas também a maneira como falamos a respeito do conhecimento científico. Durante milhares de anos, os cientistas e os filósofos ocidentais têm utilizado a metáfora do conhecimento como um edifício, junto com muitas outras metáforas arquitetônicas dela derivadas.[1] Falamos em leis *fundamentais*, princípios *fundamentais*, *blocos de construção básicos* e coisas semelhantes, e afirmamos que o *edifício* da ciência deve ser construído sobre *alicerces* firmes. Todas as vezes em que ocorreram revoluções científicas importantes, teve-se a sensação de que os fundamentos da ciência estavam apoiados em terreno movediço. Assim, Descartes escreveu em seu célebre *Discurso sobre o Método*:

> Na medida em que [as ciências] tomam emprestado da filosofia seus princípios, ponderei que nada de sólido podia ser construído sobre tais fundamentos movediços.[2]

Trezentos anos depois, Heisenberg escreveu em seu *Física e Filosofia* que os fundamentos da física clássica, isto é, do próprio edifício que Descartes construíra, estavam se movendo:

> A reação violenta diante do recente desenvolvimento da física moderna só pode ser entendida quando se compreende que aqui os fundamentos da física começaram a se mover; e que esse movimento causou a sensação de que o solo seria retirado de debaixo da ciência.[3]

Einstein, em sua autobiografia, descreveu seus sentimentos em termos muito semelhantes aos de Heisenberg:

> Foi como se o solo fosse puxado de debaixo dos pés, sem nenhum fundamento firme à vista em lugar algum sobre o qual se pudesse edificar.[4]

No novo pensamento sistêmico, a metáfora do conhecimento como um edifício está sendo substituída pela da rede. Quando percebemos a realidade como uma rede de relações, nossas descrições também formam uma rede interconectada de concepções e de modelos, na qual não há fundamentos. Para a maioria dos cientistas, essa visão do conhecimento como uma rede sem fundamentos firmes é extremamente perturbadora, e hoje, de modo algum é aceita. Porém, à medida que a abordagem de rede se expande por toda a comunidade científica, a idéia do conhecimento como uma rede encontrará, sem dúvida, aceitação crescente.

A noção de conhecimento científico como uma rede de concepções e de modelos, na qual nenhuma parte é mais fundamental do que as outras, foi formalizada em física por Geoffrey Chew, em sua "filosofia *bootstrap*", na década de 70.[5] A filosofia *bootstrap* não apenas abandona a idéia de blocos de construção fundamentais da matéria, como também não aceita entidades fundamentais, quaisquer que sejam — nem constantes, nem leis nem equações fundamentais. O universo material é visto como uma teia dinâmica de eventos inter-relacionados. Nenhuma das propriedades de qualquer parte dessa teia é fundamental; todas elas resultam das propriedades das outras partes, e a consistência global de suas inter-relações determina a estrutura de toda a teia.

Quando essa abordagem é aplicada à ciência como um todo, ela implica o fato de que a física não pode mais ser vista como o nível mais fundamental da ciência. Uma vez que não há fundamentos na rede, os fenômenos descritos pela física não são mais fundamentais do que aqueles descritos, por exemplo, pela biologia ou pela psicologia. Eles pertencem a diferentes níveis sistêmicos, mas nenhum desses níveis é mais fundamental que os outros.

Outra implicação importante da visão da realidade como uma rede inseparável de relações refere-se à concepção tradicional de objetividade científica. No paradigma científico cartesiano, acredita-se que as descrições são objetivas — isto é, independentes do observador humano e do processo de conhecimento. O novo paradigma implica que a epistemologia — a compreensão do processo de conhecimento — precisa ser explicitamente incluída na descrição dos fenômenos naturais.

Esse reconhecimento ingressou na ciência com Werner Heisenberg, e está estreitamente relacionado com a visão da realidade física como uma teia de relações. Se imaginarmos a rede representada na Figura 3-1B como muito mais intricada, talvez um tanto semelhante a um borrão de tinta num teste de Rorschach, poderemos facilmente entender que isolar um padrão nessa rede complexa desenhando uma fronteira ao seu redor e chamar esse padrão de "objeto" será um tanto arbitrário.

De fato, é isso o que acontece quando nos referimos a objetos em nosso meio ambiente. Por exemplo, quando vemos uma rede de relações entre folhas, ramos, galhos e tronco, chamamos a isso de "árvore". Ao desenhar a figura de uma árvore, a maioria de nós não fará as raízes. No entanto, as raízes de uma árvore são, com freqüência, tão notórias quanto as partes que vemos. Além disso, numa floresta, as raízes de todas as árvores estão interligadas e formam uma densa rede subterrânea na qual não há fronteiras precisas entre uma árvore e outra.

Em resumo, o que chamamos de árvore depende de nossas percepções. Depende, como dizemos em ciência, de nossos métodos de observação e de medição. Nas palavras de Heisenberg: "O que observamos não é a natureza em si, mas a natureza exposta ao nosso método de questionamento."[6] Desse modo, o pensamento sistêmico envolve uma mudança da ciência objetiva para a ciência "epistêmica", para um arcabouço no qual a epistemologia — "o método de questionamento" — torna-se parte integral das teorias científicas.

Os critérios do pensamento sistêmico descritos neste breve sumário são todos interdependentes. A natureza é vista como uma teia interconexa de relações, na qual a identificação de padrões específicos como sendo "objetos" depende do observador humano e do processo de conhecimento. Essa teia de relações é descrita por intermédio de uma rede correspondente de conceitos e de modelos, todos igualmente importantes.

Essa nova abordagem da ciência levanta de imediato uma importante questão. Se tudo está conectado com tudo o mais, como podemos esperar entender alguma coisa? Uma vez que todos os fenômenos naturais estão, em última análise, interconectados, para explicar qualquer um deles precisamos entender todos os outros, o que é obviamente impossível.

O que torna possível converter a abordagem sistêmica numa ciência é a descoberta de que há conhecimento aproximado. Essa introvisão é de importância decisiva para toda a ciência moderna. O velho paradigma baseia-se na crença cartesiana na certeza do conhecimento científico. No novo paradigma, é reconhecido que todas as concepções e todas as teorias científicas são limitadas e aproximadas. A ciência nunca pode fornecer uma compreensão completa e definitiva.

Isso pode ser facilmente ilustrado com um experimento simples que é, com freqüência, realizado em cursos elementares de física. A professora deixa cair um objeto a partir de uma certa altura, e mostra a seus alunos, com uma fórmula simples de física newtoniana, como calcular o tempo que demora para o objeto alcançar o chão. Como acontece com a maior parte da física newtoniana, esse cálculo desprezará a resistência do ar e, portanto, não será completamente preciso. Na verdade, se o objeto que se deixou cair tivesse sido uma pena de pássaro, o experimento não funcionaria, em absoluto.

A professora pode estar satisfeita com essa "primeira aproximação", ou pode querer dar um passo adiante e levar em consideração a resistência do ar, acrescentando à formula um termo simples. O resultado — a segunda aproximação — será mais preciso, mas ainda não o será completamente, pois a resistência do ar depende da temperatura e da pressão do ar. Se a professora for muito rigorosa, poderá deduzir uma fórmula muito mais complicada como uma terceira aproximação, que levaria em consideração essas variáveis.

No entanto, a resistência do ar depende não apenas da temperatura e da pressão do ar, mas também da convecção do ar — isto é, da circulação em grande escala de partículas de ar pelo recinto. Os alunos podem observar que essa convecção do ar não é causada apenas por uma janela aberta, mas pelos seus próprios padrões de respiração; e, a essa altura, a professora provavelmente interromperá esse processo de melhorar as aproximações em passos sucessivos.

Este exemplo simples mostra que a queda de um objeto está ligada, de múltiplas maneiras, com seu meio ambiente — e, em última análise, com o restante do universo. Independentemente de quantas conexões levamos em conta na nossa descrição científica de um fenômeno, seremos sempre forçados a deixar outras de fora. Portanto, os cientistas nunca podem lidar com a verdade, no sentido de uma correspondência precisa entre a descrição e o fenômeno descrito. Na ciência, sempre lidamos com descrições limitadas e aproximadas da realidade. Isso pode parecer frustrante, mas, para pensadores sistêmicos, o fato de que podemos obter um conhecimento aproximado a respeito de uma teia infinita de padrões interconexos é uma fonte de confiança e de força. Louis Pasteur disse isso de uma bela maneira:

> A ciência avança por meio de respostas provisórias até uma série de questões cada vez mais sutis, que se aprofundam cada vez mais na essência dos fenômenos naturais.[7]

Pensamento Processual

Todos os conceitos sistêmicos discutidos até agora podem ser vistos como diferentes aspectos de um grande fio de pensamento sistêmico, que podemos chamar de pensamento contextual. Há outro fio de igual importância, que emergiu um pouco mais tarde na ciência do século XX. Esse segundo fio é o pensamento processual. No arcabouço mecanicista da ciência cartesiana há estruturas fundamentais, e em seguida há forças e mecanismos por meio dos quais elas interagem, dando assim origem a processos. Na ciência sistêmica, toda estrutura é vista como a manifestação de processos subjacentes. O pensamento sistêmico é sempre pensamento processual.

No desenvolvimento do pensamento sistêmico, durante a primeira metade do século, o aspecto processual foi enfatizado pela primeira vez pelo biólogo austríaco Ludwig von Bertalanffy no final da década de 30, e foi posteriormente explorado na cibernética durante a década de 40. Quando os especialistas em cibernética fizeram dos laços (ou ciclos) de realimentação e de outros padrões dinâmicos um assunto básico de investigação científica, ecologistas começaram a estudar fluxos de matéria e de energia através de ecossistemas. Por exemplo, o texto de Eugene Odum, *Fundamentals of Ecology*, que influenciou toda uma geração de ecologistas, representava os ecossistemas por fluxogramas simples.[8]

Naturalmente, assim como o pensamento contextual, o pensamento processual também teve seus precursores, até mesmo na Antiguidade grega. De fato, no despontar da ciência ocidental, encontramos a célebre sentença de Heráclito: "Tudo flui." Na década de 1920, o matemático e filósofo inglês Alfred North Whitehead formulou uma filosofia fortemente orientada em termos de processo.[9] Ao mesmo tempo, o fisiologista Walter

Cannon lançou mão do princípio da constância do "meio ambiente interno" de um organismo, de Claude Bernard, e o aprimorou no conceito de homeostase — o mecanismo auto-regulador que permite aos organismos manter-se num estado de equilíbrio dinâmico, com suas variáveis flutuando entre limites de tolerância.[10]

Nesse meio-tempo, estudos experimentais detalhados de células tornaram claro que o metabolismo de uma célula viva combina ordem e atividade de uma maneira que não pode ser descrita pela ciência mecanicista. Isso envolve milhares de reações químicas, todas elas ocorrendo simultaneamente para transformar os nutrientes da célula, sintetizar suas estruturas básicas e eliminar seus produtos residuais. O metabolismo é uma atividade contínua, complexa e altamente organizada.

A filosofia processual de Whitehead, a concepção de homeostase de Cannon e os trabalhos experimentais sobre metabolismo exerceram uma forte influência sobre Ludwig von Bertalanffy, levando-o a formular uma nova teoria sobre "sistemas abertos". Posteriormente, na década de 40, Bertalanffy ampliou seu arcabouço e tentou combinar os vários conceitos do pensamento sistêmico e da biologia organísmica numa teoria formal dos sistemas vivos.

Tectologia

Ludwig von Bertalanffy é comumente reconhecido como o autor da primeira formulação de um arcabouço teórico abrangente descrevendo os princípios de organização dos sistemas vivos. No entanto, entre vinte e trinta anos antes de ele ter publicado os primeiros artigos sobre sua "teoria geral dos sistemas", Alexander Bogdanov, um pesquisador médico, filósofo e economista russo, desenvolveu uma teoria sistêmica de igual sofisticação e alcance, a qual, infelizmente, ainda é, em grande medida, desconhecida fora da Rússia.[11]

Bogdanov deu à sua teoria o nome de "tectologia", a partir da palavra grega *tekton* ("construtor"), que pode ser traduzido como "ciência das estruturas". O principal objetivo de Bogdanov era o de esclarecer e generalizar os princípios de organização de todas as estruturas vivas e não-vivas:

> A tectologia deve esclarecer os modos de organização que se percebe existir na natureza e na atividade humana; em seguida, deve generalizar e sistematizar esses modos; posteriormente, deverá explicá-los, isto é, propor esquemas abstratos de suas tendências e leis. ... A tectologia lida com experiências organizacionais não deste ou daquele campo especializado, mas de todos esses campos conjuntamente. Em outras palavras, a tectologia abrange os assuntos de todas as outras ciências.[12]

A tectologia foi a primeira tentativa na história da ciência para chegar a uma formulação sistemática dos princípios de organização que operam em sistemas vivos e não-vivos.[13] Ela antecipou o arcabouço conceitual da teoria geral dos sistemas de Ludwig von Bertalanffy, e também incluiu várias idéias importantes que foram formuladas quatro décadas mais tarde, numa linguagem diferente, como princípios fundamentais da cibernética, por Norbert Wiener e Ross Ashby.[14]

O objetivo de Bogdanov foi o de formular uma "ciência universal da organização". Ele definiu forma organizacional como "a totalidade de conexões entre elementos sistêmicos", que é praticamente idêntica à nossa definição contemporânea de padrão de organização.[15] Utilizando os termos "complexo" e "sistema" de maneira intercambiável,

Bogdanov distinguiu três tipos de sistemas: complexos organizados, nos quais o todo é maior que a soma de suas partes; complexos desorganizados, nos quais o todo é menor que a soma de suas partes; e complexos neutros, nos quais as atividades organizadora e desorganizadora se cancelam mutuamente.

A estabilidade e o desenvolvimento de todos os sistemas podem ser entendidos, de acordo com Bogdanov, por meio de dois mecanismos organizacionais básicos: formação e regulação. Estudando ambas as formas de dinâmica organizacional e ilustrando-as com numerosos exemplos provenientes de sistemas naturais e sociais, Bogdanov explora várias idéias-chave investigadas por biólogos organísmicos *e* por especialistas em cibernética.

A dinâmica da formação consiste na junção de complexos por intermédio de vários tipos de articulações, que Bogdanov analisa com grandes detalhes. Ele enfatiza, em particular, que a tensão entre crise e transformação tem importância fundamental para a formação de novos complexos. Antecipando os trabalhos de Ilya Prigogine[16], Bogdanov mostra como a crise organizacional se manifesta como uma ruptura do equilíbrio sistêmico existente e, ao mesmo tempo, representa uma transição organizacional para um novo estado de equilíbrio. Definindo categorias de crises, Bogdanov antecipa até mesmo o conceito de catástrofe, desenvolvido pelo matemático francês René Thom, um ingrediente de importância-chave na nova matemática da complexidade que está emergindo nos dias atuais.[17]

Assim como Bertalanffy, Bogdanov reconheceu que os sistemas vivos são sistemas abertos que operam afastados do equilíbrio, e estudou cuidadosamente seus processos de regulação e de auto-regulação. Um sistema para o qual não há necessidade de regulação externa, pois o sistema regula a si mesmo, é denominado "bi-regulador" na linguagem de Bogdanov. Utilizando o exemplo de uma máquina a vapor para ilustrar a auto-regulação, como os ciberneticistas fariam várias décadas depois, Bogdanov descreveu essencialmente o mecanismo definido como realimentação (*feedback*) por Norbert Wiener, que se tornou uma concepção básica da cibernética.[18]

Bogdanov não tentou formular matematicamente suas idéias, mas imaginou o desenvolvimento futuro de um "simbolismo tectológico" abstrato, um novo tipo de matemática para analisar os padrões de organização que descobrira. Meio século mais tarde, essa matemática de fato emergiu.[19]

O livro pioneiro de Bogdanov, *Tectologia*, foi publicado em russo, em três volumes, entre 1912 e 1917. Uma edição em língua alemã foi publicada e amplamente revista em 1928. No entanto, muito pouco se sabe no Ocidente sobre essa primeira versão de uma teoria geral dos sistemas e precursora da cibernética. Até mesmo na *Teoria Geral dos Sistemas*, de Ludwig von Bertalanffy, publicada em 1968, que inclui uma seção sobre a história da teoria sistêmica, não há nenhuma referência a Bogdanov. É difícil entender como Bertalanffy, que foi amplamente lido e publicou toda a sua obra original em alemão, não acabou deparando com o trabalho de Bogdanov.[20]

Entre os seus contemporâneos, Bogdanov foi, em grande medida, mal-entendido, pois estava muito à frente do seu tempo. Nas palavras do cientista do Azerbaidjão, A. L. Takhtadzhian: "Estranha, na sua universalidade, ao pensamento científico de sua época, a idéia de uma teoria geral da organização só foi plenamente entendida por um punhado de homens e, portanto, não se difundiu."[21]

Filósofos marxistas do seu tempo eram hostis às idéias de Bogdanov, porque entenderam a tectologia como um novo sistema filosófico planejado para substituir o de Marx, mesmo que Bogdanov protestasse repetidamente contra a confusão de sua ciência universal da organização com a filosofia. Lenin, impiedosamente, atacou Bogdanov como filósofo, e, em conseqüência disso, suas obras foram proibidas durante quase meio século na União Soviética. No entanto, recentemente, nas vésperas da perestróika de Gorbachev, os escritos de Bogdanov receberam grande atenção por parte de cientistas e de filósofos russos. Desse modo, deve-se esperar que a obra pioneira de Bogdanov agora seja reconhecida mais amplamente também fora da Rússia.

Teoria Geral dos Sistemas

Antes da década de 40, os termos "sistema" e "pensamento sistêmico" tinham sido utilizados por vários cientistas, mas foram as concepções de Bertalanffy de um sistema aberto e de uma teoria geral dos sistemas que estabeleceram o pensamento sistêmico como um movimento científico de primeira grandeza.[22] Com o forte apoio subseqüente vindo da cibernética, as concepções de pensamento sistêmico e de teoria sistêmica tornaram-se partes integrais da linguagem científica estabelecida, e levaram a numerosas metodologias e aplicações novas — engenharia dos sistemas, análise de sistemas, dinâmica dos sistemas, e assim por diante.[23]

Ludwig von Bertalanffy começou sua carreira como biólogo em Viena, na década de 20. Logo juntou-se a um grupo de cientistas e de filósofos, internacionalmente conhecidos como Círculo de Viena, e sua obra incluía temas filosóficos mais amplos desde o início.[24] À semelhança de outros biólogos organísmicos, acreditava firmemente que os fenômenos biológicos exigiam novas maneiras de pensar, transcendendo os métodos tradicionais das ciências físicas. Bertalanffy dedicou-se a substituir os fundamentos mecanicistas da ciência pela visão holística:

> A teoria geral dos sistemas é uma ciência geral de "totalidade", o que até agora era considerado uma concepção vaga, nebulosa e semimetafísica. Em forma elaborada, ela seria uma disciplina matemática puramente formal em si mesma, mas aplicável às várias ciências empíricas. Para as ciências preocupadas com "totalidades organizadas", teria importância semelhante àquela que a teoria das probabilidades tem para as ciências que lidam com "eventos aleatórios".[25]

Não obstante essa visão de uma futura teoria formal, matemática, Bertalanffy procurou estabelecer sua teoria geral dos sistemas sobre uma sólida base biológica. Ele se opôs à posição dominante da física dentro da ciência moderna e enfatizou a diferença crucial entre sistemas físicos e biológicos.

Para atingir seu objetivo, Bertalanffy apontou com precisão um dilema que intrigava os cientistas desde o século XIX, quando a nova idéia de evolução ingressou no pensamento científico. Enquanto a mecânica newtoniana era uma ciência de forças e de trajetórias, o pensamento evolucionista — que se desdobrava em termos de mudança, de crescimento e de desenvolvimento — exigia uma nova ciência de complexidade.[26] A primeira formulação dessa nova ciência foi a termodinâmica clássica, com sua célebre "segunda lei", a lei da dissipação da energia.[27] De acordo com a segunda lei da termodinâmica, formulada pela primeira vez pelo matemático francês Sadi Carnot em termos da tecnologia das máquinas térmicas, há uma tendência nos fenômenos físicos da ordem para a desordem. Qualquer sistema físico isolado, ou "fechado", se encaminhará espontaneamente em direção a uma desordem sempre crescente.

Para expressar essa direção na evolução dos sistemas físicos em forma matemática precisa, os físicos introduziram uma nova quantidade denominada "entropia".[28] De acordo com a segunda lei, a entropia de um sistema físico fechado continuará aumentando, e como essa evolução é acompanhada de desordem crescente, a entropia também pode ser considerada como uma medida da desordem.

Com a concepção de entropia e a formulação da segunda lei, a termodinâmica introduziu a idéia de processos irreversíveis, de uma "seta do tempo", na ciência. De acordo com a segunda lei, alguma energia mecânica é sempre dissipada em forma de calor que não pode ser completamente recuperado. Desse modo, toda a máquina do mundo está deixando de funcionar, e finalmente acabará parando.

Essa dura imagem da evolução cósmica estava em nítido contraste com o pensamento evolucionista entre os biólogos do século XIX, cujas observações lhes mostravam que o universo vivo evolui da desordem para a ordem, em direção a estados de complexidade sempre crescente. Desse modo, no final do século XIX, a mecânica newtoniana, a ciência das trajetórias eternas, reversíveis, tinha sido suplementada por duas visões diametralmente opostas da mudança evolutiva — a de um mundo vivo desdobrando-se em direção à ordem e complexidade crescentes, e a de um motor que pára de funcionar, um mundo de desordem sempre crescente. Quem estava certo, Darwin ou Carnot?

Ludwig von Bertalanffy não podia resolver esse dilema, mas deu o primeiro passo fundamental ao reconhecer que os organismos vivos são sistemas abertos que não podem ser descritos pela termodinâmica clássica. Ele chamou esses sistemas de "abertos" porque eles precisam se alimentar de um contínuo fluxo de matéria e de energia extraídas do seu meio ambiente para permanecer vivos:

> O organismo não é um sistema estático fechado ao mundo exterior e contendo sempre os componentes idênticos; é um sistema aberto num estado (quase) estacionário ... onde materiais ingressam continuamente vindos do meio ambiente exterior, e neste são deixados materiais provenientes do organismo.[29]

Diferentemente dos sistemas fechados, que se estabelecem num estado de equilíbrio térmico, os sistemas abertos se mantêm afastados do equilíbrio, nesse "estado estacionário" caracterizado por fluxo e mudança contínuos. Bertalanffy adotou o termo alemão *Fliessgleichgewicht* ("equilíbrio fluente") para descrever esse estado de equilíbrio dinâmico. Ele reconheceu claramente que a termodinâmica clássica, que lida com sistemas fechados no equilíbrio ou próximos dele, não é apropriada para descrever sistemas abertos em estados estacionários afastados do equilíbrio.

Em sistemas abertos, especulou Bertalanffy, a entropia (ou desordem) pode decrescer, e a segunda lei da termodinâmica pode não se aplicar. Ele postulou que a ciência clássica teria de ser complementada por uma nova termodinâmica de sistemas abertos. No entanto, na década de 40, as técnicas matemáticas requeridas para essa expansão da termodinâmica não estavam disponíveis para Bertalanffy. A formulação da nova termodinâmica de sistemas abertos teve de esperar até a década de 70. Foi a grande realização de Ilya Prigogine, que usou uma nova matemática para reavaliar a segunda lei repensando radicalmente as visões científicas tradicionais de ordem e desordem, o que o capacitou a resolver sem ambigüidade as duas visões contraditórias de evolução que se tinha no século XIX. [30]

Bertalanffy identificou corretamente as características do estado estacionário como sendo aquelas do processo do metabolismo, o que o levou a postular a auto-regulação como outra propriedade-chave dos sistemas abertos. Essa idéia foi aprimorada por Prigogine trinta anos depois por meio da auto-regulação de "estruturas dissipativas". [31]

A visão de Ludwig von Bertalanffy de uma "ciência geral de totalidade" baseava-se na sua observação de que conceitos e princípios sistêmicos podem ser aplicados em muitos diferentes campos de estudo: "O paralelismo de concepções gerais ou, até mesmo, de leis especiais em diferentes campos", explicou ele, "é uma conseqüência do fato de que estas se referem a 'sistemas', e que certos princípios gerais se aplicam a sistemas independentemente de sua natureza." [32] Uma vez que os sistemas vivos abarcam uma faixa tão ampla de fenômenos, envolvendo organismos individuais e suas partes, sistemas sociais e ecossistemas, Bertalanffy acreditava que uma teoria geral dos sistemas ofereceria um arcabouço conceitual geral para unificar várias disciplinas científicas que se tornaram isoladas e fragmentadas:

> A teoria geral dos sistemas deveria ser ... um meio importante para controlar e estimular a transferência de princípios de um campo para outro, e não será mais necessário duplicar ou triplicar a descoberta do mesmo princípio em diferentes campos isolados uns dos outros. Ao mesmo tempo, formulando critérios exatos, a teoria geral dos sistemas se protegerá contra analogias superficiais que são inúteis na ciência. [33]

Bertalanffy não viu a realização dessa visão, e uma teoria geral de totalidade do tipo que ele imaginava pode ser que nunca seja formulada. No entanto, durante as duas décadas depois de sua morte, em 1972, uma concepção sistêmica de vida, mente e consciência começou a emergir, transcendendo fronteiras disciplinares e, na verdade, sustentando a promessa de unificar vários campos de estudo que antes eram separados. Embora essa nova concepção de vida tenha suas raízes mais claramente expostas na cibernética do que na teoria geral dos sistemas, ela certamente deve muito às concepções e ao pensamento que Ludwig von Bertalanffy introduziu na ciência.

4

A Lógica da Mente

Enquanto Ludwig von Bertalanffy trabalhava em cima de sua teoria geral dos sistemas, tentativas para desenvolver máquinas autodirigíveis e auto-reguladoras levaram a um campo inteiramente novo de investigações, que exerceu um dos principais impactos sobre o desenvolvimento posterior da visão sistêmica da vida. Recorrendo a várias disciplinas, a nova ciência representava uma abordagem unificada de problemas de comunicação e de controle, envolvendo todo um complexo de novas idéias que inspiraram Norbert Wiener a inventar um nome especial para ela — "cibernética". A palavra deriva do grego *kybernetes* ("timoneiro"), e Wiener definiu a cibernética como a ciência do "controle e da comunicação no animal e na máquina".[1]

Os Ciberneticistas

A cibernética logo se tornou um poderoso movimento intelectual, que se desenvolveu independentemente da biologia organísmica e da teoria geral dos sistemas. Os ciberneticistas não eram nem biólogos nem ecologistas; eram matemáticos, neurocientistas, cientistas sociais e engenheiros. Estavam preocupados com um diferente nível de descrição, concentrando-se em padrões de comunicação, e especialmente em laços fechados e em redes. Suas investigações os levaram às concepções de realimentação e de auto-regulação e, mais tarde, à de auto-organização.

Essa atenção voltada para os padrões de organização, que estava implícita na biologia organísmica e na psicologia da Gestalt, tornou-se o ponto focal explícito da cibernética. Wiener, em particular, reconheceu que as novas noções de mensagem, de controle e de realimentação referiam-se a padrões de organização — isto é, a entidades não-materiais — que têm importância fundamental para uma plena descrição científica da vida. Mais tarde, Wiener expandiu a concepção de padrão, dos padrões de comunicação e de controle que são comuns aos animais e às máquinas à idéia geral de padrão como uma característica-chave da vida. "Somos apenas redemoinhos num rio de águas em fluxo incessante", escreveu ele em 1950. "Não somos matéria-prima que permanece, mas padrões que se perpetuam."[2]

O movimento da cibernética começou durante a Segunda Guerra Mundial, quando um grupo de matemáticos, de neurocientistas e de engenheiros — entre eles Norbert Wiener, John von Neumann, Claude Shannon e Warren McCulloch — compôs uma rede informal para investigar interesses científicos comuns.[3] Seu trabalho estava estreitamente ligado com a pesquisa militar que lidava com os problemas de rastreamento e de abate de aviões e era financiado pelos militares, como também o foi a maior parte das pesquisas subseqüentes em cibernética.

Os primeiros ciberneticistas (como eles chamariam a si mesmos vários anos mais tarde) impuseram-se o desafio de descobrir os mecanismos neurais subjacentes aos fenômenos mentais e expressá-los em linguagem matemática explícita. Desse modo, enquanto os biólogos organísmicos estavam preocupados com o lado material da divisão cartesiana, revoltando-se contra o mecanicismo e explorando a natureza da forma biológica, os ciberneticistas se voltaram para o lado mental. Sua intenção, desde o início, era criar uma ciência exata da mente.[4] Embora sua abordagem fosse bastante mecanicista, concentrando-se em padrões comuns aos animais e às máquinas, ela envolvia muitas idéias novas, que exerceram uma enorme influência nas concepções sistêmicas subseqüentes dos fenômenos mentais. De fato, a origem da ciência contemporânea da cognição, que oferece uma concepção científica unificada do cérebro e da mente, pode ser rastreada diretamente até os anos pioneiros da cibernética.

O arcabouço conceitual da cibernética foi desenvolvido numa série de lendárias reuniões na cidade de Nova York, conhecidas como Conferências Macy.[5] Esses encontros — principalmente o primeiro deles, em 1946 — foram extremamente estimulantes, reunindo um grupo singular de pessoas altamente criativas, que se empenharam em longos diálogos interdisciplinares para explorar novas idéias e novos modos de pensar. Os participantes dividiram-se em dois núcleos. O primeiro se formou em torno dos ciberneticistas originais e compunha-se de matemáticos, engenheiros e neurocientistas. O outro grupo se constituiu de cientistas vindos das ciências humanas, que se aglomeraram ao redor de Gregory Bateson e de Margaret Mead. Desde o primeiro encontro, os ciberneticistas fizeram grandes esforços para transpor a lacuna acadêmica que havia entre eles e as ciências humanas.

Norbert Wiener foi a figura dominante ao longo de toda a série de conferências, inspirando-as com o seu entusiasmo pela ciência e encantando seus companheiros participantes com o brilho de suas idéias e com suas abordagens freqüentemente irreverentes. De acordo com muitas testemunhas, Wiener tinha a constrangedora tendência de dormir durante as discussões, e até mesmo de roncar, aparentemente sem perder o fio da meada do que estava sendo debatido. Ao acordar, fazia imediatamente comentários detalhados e penetrantes ou assinalava inconsistências lógicas. Ele desfrutava essas discussões em todos os seus aspectos, bem como o papel central que desempenhava nelas.

Wiener não era apenas um brilhante matemático, mas também um filósofo eloqüente. (Na verdade, sua graduação em Harvard foi em filosofia.) Estava ardentemente interessado em biologia e apreciava a riqueza dos sistemas vivos, dos sistemas naturais. Olhava para além dos mecanismos de comunicação e de controle, visando padrões mais amplos de organização, e tentou relacionar suas idéias com um círculo mais abrangente de questões sociais e culturais.

John von Neumann era o segundo centro de atração nas Conferências Macy. Gênio matemático, escreveu um tratado clássico sobre teoria quântica, foi o criador da teoria dos jogos e tornou-se mundialmente famoso como o inventor do computador digital. Von Neumann tinha uma memória poderosa, e sua mente trabalhava com uma enorme velocidade. Diziam que era capaz de entender quase instantaneamente a essência de um problema matemático, e que analisava qualquer problema, matemático ou prático, de maneira tão clara e exaustiva que nenhuma discussão posterior era necessária.

Nas Conferências Macy, von Neumann mostrava-se fascinado pelos processos do cérebro humano, e concebia a descrição do funcionamento do cérebro em termos de lógica formal como o supremo desafio da ciência. Ele tinha uma tremenda confiança no poder da lógica e uma grande fé na tecnologia, e ao longo de toda a sua obra procurou por estruturas lógicas universais do conhecimento científico.

Von Neumann e Wiener tinham muito em comum.[6] Os dois eram admirados como gênios matemáticos, e sua influência sobre a sociedade era muito mais intensa que a de quaisquer outros matemáticos da sua geração. Ambos confiavam em suas mentes subconscientes. Como muitos poetas e artistas, tinham o hábito de dormir com lápis e papel perto de suas camas e faziam uso do imaginário de seus sonhos em seus trabalhos. No entanto, esses dois pioneiros da cibernética diferiam significativamente na maneira de abordar a ciência. Enquanto von Neumann procurava por controle, por um programa, Wiener apreciava a riqueza dos padrões naturais e procurava uma síntese conceitual abrangente.

Mantendo-se com essas características, Wiener permaneceu afastado das pessoas com poder político, enquanto que von Neumann se sentia muito à vontade na companhia delas. Nas Conferências Macy, suas diferentes atitudes com relação ao poder, especialmente o poder militar, eram fonte de atritos crescentes, que acabaram levando a uma ruptura completa. Enquanto von Neumann permaneceu como consultor militar ao longo de toda a sua carreira, especializando-se na aplicação de computadores a sistemas de armamentos, Wiener terminou seu trabalho militar logo após a primeira reunião Macy. "Não espero publicar nenhum futuro trabalho meu", escreveu no final de 1946, "que possa causar prejuízos nas mãos de militaristas irresponsáveis."[7]

Norbert Wiener exerceu uma forte influência sobre Gregory Bateson, com quem teve um relacionamento muito bom ao longo de todas as Conferências Macy. A mente de Bateson, como a de Wiener, passeava livremente por entre as disciplinas, desafiando as suposições básicas e os métodos de várias ciências e procurando padrões gerais e convincentes abstrações universais. Bateson considerava-se basicamente um biólogo, e tinha os muitos campos em que se envolveu — antropologia, epistemologia, psiquiatria e outros — por ramos da biologia. A grande paixão que trouxe à ciência abrangeu a plena diversidade dos fenômenos associados com a vida, e seu principal objetivo era descobrir princípios de organização comuns nessa diversidade — "o padrão que conecta", como se expressaria muitos anos mais tarde.[8] Nas conferências sobre cibernética, tanto Bateson como Wiener procuraram por descrições abrangentes, holísticas, embora tivessem cuidado para não se afastar do âmbito definido pelas fronteiras da ciência. Assim, criaram uma abordagem sistêmica para uma ampla gama de fenômenos.

Seus diálogos com Wiener e com os outros ciberneticistas exerceram um duradouro impacto sobre o trabalho subseqüente de Bateson. Foi um pioneiro na aplicação do pensamento sistêmico à terapia da família, desenvolveu um modelo cibernético do alcoolismo e é autor da teoria da dupla ligação da esquizofrenia, que exerceu um dos maiores impactos sobre os trabalhos de R. D. Laing e de muitos outros psiquiatras. No entanto, a contribuição mais importante de Bateson à ciência e à filosofia talvez tenha sido sua concepção de mente, baseada em princípios cibernéticos, que ele desenvolveu na década de 60. Esse trabalho revolucionário abriu as portas para a compreensão da natureza da mente como um fenômeno sistêmico, e se tornou a primeira tentativa bem-sucedida feita na ciência para superar a divisão cartesiana entre mente e corpo.[9]

A série de dez Conferências Macy foi presidida por Warren McCulloch, professor de psiquiatria e de filosofia na Universidade de Illinois, que tinha uma sólida reputação em pesquisas sobre o cérebro e cuidava para que o desafio de se atingir uma nova compreensão da mente e do cérebro permanecesse no centro dos diálogos.

Os anos pioneiros da cibernética resultaram numa série impressionante de realizações concretas, além de um duradouro impacto sobre a teoria sistêmica como um todo, e é surpreendente que a maioria das novas idéias e teorias fosse discutida, pelo menos em linhas gerais, já na primeira reunião.[10] A primeira conferência começou com uma extensa descrição dos computadores digitais (que ainda não tinham sido construídos) por John von Neumann, seguida pela persuasiva apresentação, igualmente feita por von Neumann, das analogias entre o computador e o cérebro. A base dessas analogias, que iriam dominar a visão de cognição pelos ciberneticistas nas três décadas subseqüentes, foi o uso da lógica matemática para entender o funcionamento do cérebro, uma das realizações proeminentes da cibernética.

As apresentações de von Neumann foram seguidas pela discussão detalhada de Norbert Wiener a respeito da idéia central de seu trabalho, a concepção de realimentação (*feedback*). Wiener introduziu então um conjunto de novas idéias, que se aglutinaram ao longo dos anos nas teorias da informação e da comunicação. Gregory Bateson e Margaret Mead concluíram a apresentação com uma revisão do arcabouço conceitual das ciências sociais, que eles consideraram inadequado, apontando a necessidade de trabalhos teóricos básicos que fossem inspirados nas novas concepções da cibernética.

Realimentação

Todas as principais realizações da cibernética originaram-se de comparações entre organismos e máquinas — em outras palavras, de modelos mecanicistas de sistemas vivos. No entanto, as máquinas cibernéticas são muito diferentes dos mecanismos de relojoaria de Descartes. A diferença fundamental está incorporada na concepção de Norbert Wiener de realimentação, e está expressa no próprio significado de "cibernética". Um laço de realimentação é um arranjo circular de elementos ligados por vínculos causais, no qual uma causa inicial se propaga ao redor das articulações do laço, de modo que cada elemento tenha um efeito sobre o seguinte, até que o último "realimenta" (*feeds back*) o efeito sobre o primeiro elemento do ciclo (veja a Figura 4-1). A conseqüência desse arranjo é que a primeira articulação ("entrada") é afetada pela última ("saída"), o que resulta na auto-regulação de todo o sistema, uma vez que o efeito inicial é modificado cada vez que viaja ao redor do ciclo. A realimentação, nas palavras de Wiener, é o "controle de uma máquina com base em seu desempenho *efetivo*, e não com base em seu desempenho *previsto*".[11] Num sentido mais amplo, a realimentação passou a significar o transporte de informações presentes nas proximidades do resultado de qualquer processo, ou atividade, de volta até sua fonte.

O exemplo original de Wiener, do timoneiro, é um dos exemplos mais simples de laço de realimentação (veja a Figura 4-2). Quando o barco se desvia do seu curso prefixado — digamos, para a direita — o timoneiro avalia o desvio e então esterça no sentido contrário, movendo, para isso, o leme para a esquerda. Isso reduz o desvio do barco,

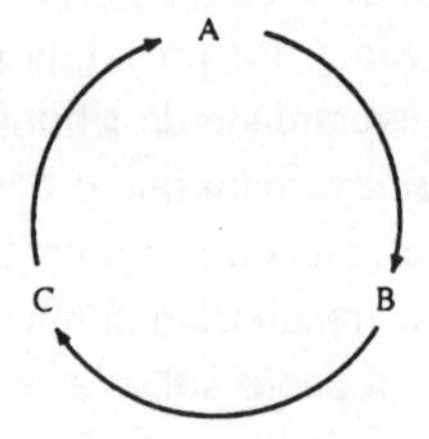

Figura 4-1
Causalidade circular de um laço de realimentação.

talvez até mesmo a ponto de o barco continuar em sua guinada e ultrapassar a posição correta, desviando-se para a esquerda. Em algum instante durante esse movimento, o timoneiro esterça novamente para neutralizar o desvio do barco, esterça no sentido contrário, esterça novamente para contrabalançar o desvio, e assim por diante. Desse modo, ele conta com uma realimentação contínua para manter o barco em sua rota, sendo que a sua trajetória real oscila em torno da direção prefixada. A habilidade de guiar um barco consiste em manter essas oscilações as mais suaves possíveis.

Figura 4-2
Laço de realimentação representando a pilotagem de um barco.

Um mecanismo de realimentação semelhante está em ação quando dirigimos uma bicicleta. De início, quando estamos aprendendo a fazê-lo, achamos difícil monitorar a realimentação a partir das contínuas mudanças de equilíbrio e dirigir a bicicleta de acordo com essas mudanças. Por isso, a roda dianteira do principiante tende a oscilar fortemente. Porém, à medida que a habilidade aumenta, nosso cérebro monitora, avalia e responde automaticamente à realimentação, e as oscilações da roda dianteira se suavizam até cessar, num movimento em linha reta.

Máquinas auto-reguladoras envolvendo laços de realimentação existiam muito antes da cibernética. O regulador centrífugo de uma máquina a vapor, inventada por James Watt no final do século XVIII, é um exemplo clássico, e os primeiros termostatos foram inventados até mesmo antes do regulador.[12] Os engenheiros que planejaram esses primeiros dispositivos de realimentação descreveram suas operações e representaram seus componentes mecânicos em esboços desenhados, mas nunca reconheceram o padrão de causalidade circular encaixado nessas operações. No século XIX, o famoso físico James Clerk Maxwell desenvolveu por escrito uma análise matemática formal do regulador centrífugo sem jamais mencionar a concepção de laço subjacente. Mais um século teria de transcorrer antes que a ligação entre realimentação e causalidade circular fosse reconhecida. Nessa época, durante a fase pioneira da cibernética, máquinas envolvendo laços de realimentação tornaram-se um centro de interesse da engenharia e passaram a ser conhecidas como "máquinas cibernéticas".

A primeira discussão detalhada a respeito de laços de realimentação apareceu num artigo escrito por Norbert Wiener, Julian Bigelow e Arturo Rosenblueth, publicado em 1943 e intitulado "Behavior, Purpose, and Teleology".[13] Nesse artigo pioneiro, os autores não apenas introduziram a idéia de causalidade circular como sendo o padrão lógico subjacente à concepção de realimentação utilizada pela engenharia como também aplicaram essa idéia, pela primeira vez, para modelar o comportamento de organismos vivos. Tomando uma postura essencialmente behaviorista, eles argumentaram que o comportamento de qualquer máquina ou organismo que envolva auto-regulação por meio de realimentação poderia ser chamado de "propositado", pois é comportamento direcionado para um objetivo. Eles ilustraram seu modelo desse comportamento dirigido para uma meta com numerosos exemplos — um gato apanhando um rato, um cão seguindo um rastro, uma pessoa levantando um copo em uma mesa, e assim por diante — e os analisaram com base nos padrões de realimentação circulares subjacentes.

Wiener e seus colegas também reconheceram a realimentação como o mecanismo essencial da homeostase, a auto-regulação que permite aos organismos vivos se manterem num estado de equilíbrio dinâmico. Quando Walter Cannon introduziu o conceito de homeostase uma década antes, em seu influente livro *The Wisdom of the Body*,[14] fez descrições detalhadas de muitos processos metabólicos auto-reguladores, mas nunca identificou explicitamente os laços causais fechados que esses processos incorporavam. Desse modo, o conceito de laço de realimentação introduzido pelos ciberneticistas levou a novas percepções dos muitos processos auto-reguladores característicos da vida. Hoje, entendemos que os laços de realimentação estão presentes em todo o mundo vivo, pois constituem um aspecto especial dos padrões de rede não-lineares característicos dos sistemas vivos.

Os ciberneticistas distinguiam entre dois tipos de realimentação — realimentação de auto-equilibração (ou "negativa") e de auto-reforço (ou "positiva"). Exemplos deste último são os efeitos comumente conhecidos como efeitos de disparo (*runaway*), ou círculos viciosos, nos quais o efeito inicial continua a ser amplificado como se viajasse repetidamente ao redor do laço.

Uma vez que os significados técnicos de "negativo" e "positivo" nesse contexto podem, facilmente, dar lugar a confusões, será proveitoso explicá-los mais detalhadamente.[15] Uma influência causal de A para B é definida como positiva se uma mudança em A produz uma mudança em B no mesmo sentido — por exemplo, um aumento de B se

Figura 4-3
Elos causais positivos e negativos.

A aumenta, e uma diminuição, se A diminui. O elo causal é definido como negativo se B muda no sentido oposto, diminuindo se A aumenta e aumentando se A diminui.

Por exemplo, no laço de realimentação que representa a pilotagem de um barco, redesenhado na Figura 4-3, o elo entre "avaliação do desvio" e "esterçamento no sentido contrário" é positivo — quanto maior for o desvio com relação à rota prefixada, maior será a quantidade de esterçamento no sentido contrário. No entanto, o elo seguinte é negativo — quanto mais aumentar o esterçamento no sentido contrário, mais acentuadamente o desvio diminuirá. Por fim, o último elo também é positivo. Quando o desvio diminui, seu valor recém-avaliado será menor que o valor previamente avaliado. O ponto a ser lembrado é que os rótulos "+" e "–" não se referem a um aumento ou diminuição de valor, mas, em vez disso, ao *sentido de mudança relativo* dos elementos que estão sendo relacionados — mesmo sentido para "+" e sentido oposto para "–".

A razão pela qual esses rótulos são muito convenientes está no fato de levarem a uma regra muito simples para se determinar o caráter global do laço de realimentação. Este será de auto-equilibração ("negativo") se contiver um número ímpar de elos negativos, e de auto-reforço ("positivo") se contiver um número par de elos negativos.[16] No nosso exemplo, há somente um elo negativo; portanto, o laço todo é negativo, ou de auto-equilibração. Os laços de realimentação são compostos, com freqüência, de ambos os elos causais, positivo e negativo, e seu caráter global é facilmente determinado apenas contando-se o número de elos negativos que há em torno do laço.

Os exemplos de pilotar um barco e de guiar uma bicicleta são idealmente adequados para se ilustrar a concepção de realimentação, pois se referem a experiências humanas bem-conhecidas e são, por isso, imediatamente entendidos. Para ilustrar os mesmos princípios com um dispositivo mecânico de auto-regulação, Wiener e seus colegas utilizavam freqüentemente um dos primeiros e mais simples exemplos de engenharia de realimentação, o regulador centrífugo de uma máquina a vapor (veja a Figura 4-4). Esse regulador consiste num eixo de rotação com duas hastes nele articuladas, e às quais são fixados

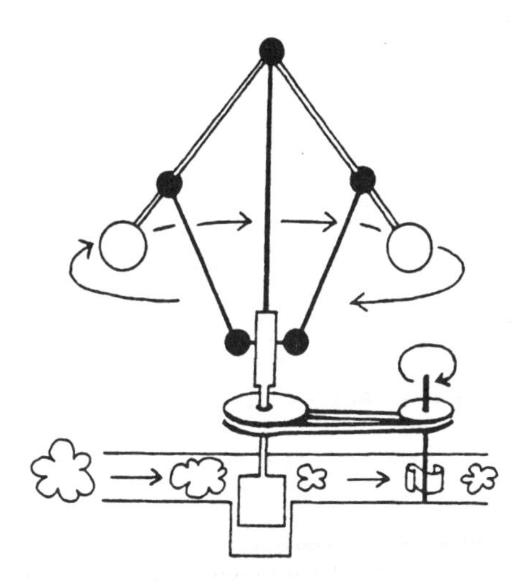

Figura 4-4
Regulador centrífugo.

dois pesos ("esferas de regulador"), de tal maneira que elas se afastam, acionadas pela força centrífuga, quando a velocidade de rotação aumenta. O regulador situa-se no topo do cilindro da máquina a vapor, e os pesos estão ligados com um pistão, que interrompe a passagem de vapor quando esses pesos se afastam um do outro. A pressão do vapor aciona a máquina, que aciona um volante. Este, por sua vez, aciona o regulador e, desse modo, o laço de causa e efeito é fechado.

A seqüência de realimentação é facilmente lida a partir do diagrama de laço desenhado na Figura 4-5. Um aumento na velocidade de funcionamento da máquina aumenta a velocidade de rotação do regulador. Isso aumenta a distância entre os pesos, o que interrompe o suprimento de vapor. Quando o suprimento de vapor diminui, a velocidade de funcionamento da máquina também diminui; a velocidade de rotação do regulador diminui; os pesos se aproximam um do outro; o suprimento de vapor aumenta; a máquina volta a funcionar mais intensamente; e assim por diante. O único elo negativo no laço é aquele entre a "distância entre os pesos" e o "suprimento de vapor", e, portanto, todo o laço de realimentação é negativo, ou de auto-equilibração.

Desde o início da cibernética, Norbert Wiener estava ciente de que a realimentação é uma importante concepção para modelar não apenas organismos vivos, mas também sistemas sociais. Assim, escreveu ele em *Cybernetics*:

> É certamente verdade que o sistema social é uma organização semelhante ao indivíduo, que é mantido coeso por meio de um sistema de comunicação, e que tem uma dinâmica na qual processos circulares com natureza de realimentação desempenham um papel importante.[17]

Figura 4-5
Laço de realimentação para o regulador centrífugo.

Foi a descoberta da realimentação como um padrão geral da vida, aplicável a organismos e a ciências sociais, que fez com que Gregory Bateson e Margaret Mead ficassem tão entusiasmados com a cibernética. Enquanto cientistas sociais, eles tinham observado muitos exemplos de causalidade circular implícitos nos fenômenos sociais, e nas Conferências Macy, a dinâmica desses fenômenos foi explicitada num padrão unificador coerente.

Ao longo de toda a história das ciências sociais, numerosas metáforas têm sido utilizadas para se descrever processos auto-reguladores na vida social. Talvez o mais conhecido deles seja a "mão invisível" que regulava o mercado na teoria econômica de Adam Smith, os "sistemas de controle mútuo por parte das instituições governamentais" na Constituição dos EUA, e a interação entre tese e antítese na dialética de Hegel e de Marx. Os fenômenos descritos nesses modelos e nessas metáforas implicam, todos eles, padrões circulares de causalidade que podem ser representados por laços de realimentação, mas nenhum de seus autores tornou esse fato explícito.[18]

Se o padrão lógico circular da realimentação de auto-equilibração não foi reconhecido antes da cibernética, o da realimentação de auto-reforço já era conhecido desde centenas de anos atrás, na linguagem coloquial, como um "círculo vicioso". Esta expressiva metáfora descreve uma má situação que é piorada ao longo de uma seqüência circular de eventos. Talvez a natureza circular de tais laços de realimentação de auto-reforço, que aumentam numa taxa "galopante", fosse explicitamente reconhecida muito antes do outro tipo de laço devido ao fato de o seu efeito ser muito mais dramático que a auto-equilibração dos laços de realimentação negativos, tão difundidos no mundo vivo.

Há outras metáforas comuns para se descrever fenômenos de realimentação de auto-reforço.[19] A "profecia que se auto-realiza", na qual temores originalmente infundados levam a ações que fazem os temores se tornarem verdadeiros, e o "efeito popularidade" — a tendência de uma causa para ganhar apoio simplesmente devido ao número crescente dos que aderem a ela — são dois exemplos bem-conhecidos.

Não obstante o extenso conhecimento da realimentação de auto-reforço na sabedoria popular comum, ele mal representou qualquer papel durante a primeira fase da cibernética. Os ciberneticistas que cercavam Norbert Wiener reconheceram a existência de fenômenos de realimentação galopante, mas não lhes dedicaram estudos posteriores. Em vez disso, concentraram-se nos processos auto-reguladores homeostáticos presentes nos organismos vivos. De fato, fenômenos de realimentação puramente auto-reforçantes são raros na natureza, uma vez que são usualmente equilibrados por laços de realimentação negativos, os quais restringem suas tendências para o crescimento disparado.

Num ecossistema, por exemplo, cada espécie tem potencial para experimentar um crescimento exponencial de sua população, mas essa tendência é mantida sob contenção graças a várias interações equilibradoras que operam dentro do sistema. Crescimentos exponenciais só aparecerão quando o ecossistema for seriamente perturbado. Então, algumas plantas se converterão em "ervas daninhas", alguns animais se tornarão "pestes" e outras espécies serão exterminadas, e dessa maneira o equilíbrio de todo o sistema será ameaçado.

Na década de 60, o antropólogo e ciberneticista Magoroh Maruyama empreendeu o estudo dos processos de realimentação de auto-reforço, ou de "desvio-amplificação", num artigo extensamente lido, intitulado "The Second Cybernetics".[20] Ele introduziu os diagramas cibernéticos com os rótulos "+" e "–" associados aos seus elos causais, e utilizou essa notação conveniente para efetuar uma análise detalhada da interação entre processos de realimentação negativos e positivos nos fenômenos biológicos e sociais. Ao fazê-lo, vinculou o conceito cibernético de realimentação à noção de "causalidade mútua", que, nesse meio-tempo, foi desenvolvida por cientistas sociais, e desse modo contribuiu significativamente para a influência dos princípios cibernéticos no pensamento social.[21]

A partir do ponto de vista da história do pensamento sistêmico, um dos aspectos mais importantes dos extensos estudos dos ciberneticistas a respeito dos laços de realimentação é o reconhecimento de que eles retratam padrões de organização. A causalidade circular num laço de realimentação não implica o fato de que os elementos no sistema físico correspondente estão arranjados num círculo. Laços de realimentação são padrões abstratos de relações embutidos em estruturas físicas ou nas atividades de organismos vivos. Pela primeira vez na história do pensamento sistêmico, os ciberneticistas distinguiram claramente o padrão de organização de um sistema a partir de sua estrutura física — distinção de importância crucial na teoria contemporânea dos sistemas vivos.[22]

Teoria da Informação

Uma parte importante da cibernética foi a teoria da informação, desenvolvida por Norbert Wiener e por Claude Shannon no final da década de 40. Tudo começou com as tentativas de Shannon, nos Bell Telephone Laboratories, para definir e medir quantidades de informação transmitidas pelas linhas de telégrafo e de telefone, a fim de conseguir estimar eficiências e de estabelecer uma base para fazer a cobrança das mensagens transmitidas.

O termo "informação" é utilizado na teoria da informação num sentido altamente técnico, muito diferente do nosso uso cotidiano da palavra, e nada tem a ver com "significado". Isto resultou numa confusão interminável. De acordo com Heinz von Foerster, um participante regular das Conferências Macy e editor das atas escritas, todo o problema tem por base um erro lingüístico muito infeliz — a confusão entre "informação" e "sinal", que levou os ciberneticistas a chamarem sua teoria de teoria da informação e não de teoria dos sinais.[23]

Desse modo, a teoria da informação preocupa-se principalmente com o problema de como obter uma mensagem, codificada como um sinal, enviada por um canal cheio de ruídos. Entretanto, Norbert Wiener também enfatizou o fato de que essa mensagem codificada é essencialmente um padrão de organização, e traçando uma analogia entre tais padrões de comunicação e os padrões de organização nos organismos, ele também preparou o terreno para que se pensasse a respeito dos sistemas vivos em termos de padrões.

A Cibernética do Cérebro

Nas décadas de 50 e de 60, Ross Ashby tornou-se o principal teórico do movimento cibernético. Assim como McCulloch, Ashby era um neurologista por formação profissional, mas foi muito mais longe do que McCulloch, investigando o sistema nervoso e construindo modelos cibernéticos para os processos neurais. Em seu livro *Design for a Brain*, Ashby tentou explicar, de forma puramente mecanicista e determinista, o comportamento adaptativo singular do cérebro, sua capacidade para a memória e outros padrões de funcionamento do cérebro. "Será presumido", escreveu ele, "que uma máquina ou um animal se comportaram de certa maneira num certo momento porque sua natureza física e química nesse momento não lhes permitia outra ação."[24]

É evidente que Ashby era muito mais cartesiano na sua abordagem da cibernética do que Norbert Wiener, que distinguiu claramente entre um modelo mecanicista e o sistema vivo não-mecanicista que esse modelo representa. "Quando comparo o organismo vivo com ... uma máquina", escreveu Wiener, "nem por um momento quero dizer que os processos físicos, químicos e espirituais específicos da vida, como a conhecemos ordinariamente, sejam os mesmos que os de máquinas que imitam a vida."[25]

Não obstante sua perspectiva estritamente mecanicista, Ross Ashby fez avançar de maneira considerável a incipiente disciplina da ciência cognitiva com suas análises detalhadas de sofisticados modelos cibernéticos dos processos neurais. Em particular, reconheceu com clareza que os sistemas vivos são energeticamente abertos, embora sejam — usando uma terminologia atual — organizacionalmente fechados: "a cibernética poderia ... ser definida", escreveu Ashby, "como o estudo de sistemas que são abertos à energia mas fechados à informação e ao controle — sistemas que são 'impermeáveis à informação'."[26]

O Modelo do Computador para a Cognição

Quando os ciberneticistas exploraram padrões de comunicação e de controle, o desafio de entender "a lógica da mente" e expressá-la em linguagem matemática sempre esteve no centro mesmo de suas discussões. Desse modo, por mais de uma década, as idéias-chave da cibernética foram desenvolvidas por meio de uma fascinante interação entre biologia, matemática e engenharia. Estudos detalhados do sistema nervoso humano levaram ao modelo do cérebro como um circuito lógico tendo os neurônios como seus elementos básicos. Essa visão teve importância crucial para a invenção dos computadores digitais, e esse revolucionário avanço tecnológico, por sua vez, forneceu a base conceitual para uma nova abordagem do estudo científico da mente. A invenção do computador por John von Neumann e sua analogia entre funcionamento do computador e funcionamento do cérebro estão entrelaçadas de maneira tão estreita que é difícil saber qual veio primeiro.

O modelo do computador para a atividade mental tornou-se a concepção prevalecente da ciência cognitiva e dominou todas as pesquisas sobre o cérebro durante os trinta anos seguintes. A idéia básica era a de que a inteligência humana assemelha-se de tal maneira à de um computador que a cognição — o processo de conhecimento — pode ser definido como processamento de informações — em outras palavras, como manipulações de símbolos baseadas num conjunto de regras.[27]

O campo da inteligência artificial desenvolveu-se como uma conseqüência direta dessa visão, e logo a literatura estava repleta de alegações abusivas sobre a "inteligência" do computador. Desse modo, Herbert Simon e Allen Newell escreveram, no início de 1958:

> Há hoje no mundo máquinas que pensam, que aprendem e que criam. Além disso, sua capacidade para fazer essas coisas está aumentando rapidamente, até que — no futuro visível — a gama de problemas que elas poderão manipular será co-extensiva com a gama à qual a mente humana tem sido aplicada.[28]

Essa previsão é hoje tão absurda quanto o era há trinta e oito anos, e no entanto ainda se acredita amplamente nela. O entusiasmo, entre os cientistas e o público em geral, pelo computador como uma metáfora para o cérebro humano tem um paralelo interessante no entusiasmo de Descartes e de seus contemporâneos pelo relógio como uma metáfora para o corpo.[29] Para Descartes, o relógio era uma máquina singular. Era a única máquina que funcionava de maneira autônoma, passando a ser acionada por si mesma depois de receber corda. Sua época era a do barroco francês, quando os mecanismos de relojoaria foram amplamente utilizados para a construção de maquinários artísticos "semelhantes à vida", que deleitavam as pessoas com a magia de seus movimentos aparentemente espontâneos. À semelhança da maioria dos seus contemporâneos, Descartes estava fascinado por esses autômatos, e achou natural comparar seu funcionamento com o dos organismos vivos:

> Vemos relógios, fontes artificiais e outras máquinas semelhantes, as quais, embora meramente feitas pelo homem, têm, não obstante, o poder de se mover por si mesmas de várias maneiras diferentes... Não reconheço nenhuma diferença entre as máquinas feitas por artesãos e os vários corpos que a natureza compõe sozinha.[30]

Os mecanismos de relojoaria do século XVII foram as primeiras máquinas autônomas, e durante trezentos anos eram as únicas máquinas de sua espécie — até a invenção do computador. Este é, novamente, uma máquina nova e única. Ela não somente se move de maneira autônoma quando programada e ligada como também faz algo completamente novo: processa informações. E, uma vez que von Neumann e os primeiros ciberneticistas acreditavam que o cérebro humano também processa informações, era tão natural para eles utilizar o computador como uma metáfora para o cérebro, e até mesmo para a mente, como foi natural para Descartes usar o relógio como metáfora para o corpo.

À semelhança do modelo cartesiano do corpo como um mecanismo de relojoaria, o modelo do cérebro como um computador foi inicialmente muito útil, fornecendo um instigante arcabouço para uma nova compreensão científica da cognição, e abrindo muitos amplos caminhos de pesquisa. No entanto, por volta de meados da década de 60, o modelo original, que encorajou a exploração de suas próprias limitações e a discussão de alternativas, enrijeceu-se num dogma, como acontece com freqüência na ciência. Na década subseqüente, quase toda a neurobiologia foi dominada pela perspectiva do processamento de informações, cujas origens e cujas suposições subjacentes mal voltaram a ser pelo menos questionadas. Os cientistas do computador contribuíram significativamente para o firme estabelecimento do dogma do processamento de informações ao utilizar expressões tais como "memória" e "linguagem" para descrever computadores, o que levou a maior parte das pessoas — inclusive os próprios cientistas — a pensar que essas expressões se referiam a esses fenômenos humanos bem conhecidos. Este, no entanto, é um grave equívoco, que ajudou a perpetuar, e até mesmo a reforçar, a imagem cartesiana dos seres humanos como máquinas.

Recentes desenvolvimentos da ciência cognitiva tornaram claro o fato de que a inteligência humana é totalmente diferente da inteligência da máquina, ou "inteligência artificial". O sistema nervoso humano não processa nenhuma informação (no sentido de elementos separados que existem já prontos no mundo exterior, a serem apreendidos pelo sistema cognitivo), mas interage com o meio ambiente modulando continuamente sua estrutura.[31] Além disso, os neurocientistas descobriram fortes evidências de que a inteligência humana, a memória humana e as decisões humanas nunca são completamente racionais, mas sempre se manifestam coloridas por emoções, como todos sabemos a partir da experiência.[32] Nosso pensamento é sempre acompanhado por sensações e por processos somáticos. Mesmo que, com freqüência, tendamos a suprimir estes últimos, sempre pensamos *também* com o nosso corpo; e uma vez que os computadores não têm um tal corpo, problemas verdadeiramente humanos sempre serão estrangeiros à inteligência deles.

Essas considerações implicam no fato de que certas tarefas nunca deveriam ser deixadas para os computadores, como Joseph Weizenbaum afirmou enfaticamente em seu livro clássico *Computer Power and Human Reason*. Essas tarefas incluem todas aquelas que exigem qualidades humanas genuínas, tais como sabedoria, compaixão, respeito, compreensão e amor. Decisões e comunicações que exigem essas qualidades desumanizarão nossas vidas se forem feitas por computadores. Citando Weizenbaum:

> Deve-se traçar uma linha divisória entre inteligência humana e inteligência de máquina. Se não houver essa linha, então os defensores da psicoterapia computadorizada poderão ser apenas os arautos de uma era na qual o homem, finalmente, seria reconhecido como nada mais que um mecanismo de relojoaria. ... A própria formulação da pergunta: "O que um juiz (ou um psiquiatra) sabe que não podemos dizer a um computador?" é uma monstruosa obscenidade.[33]

Impacto sobre a Sociedade

Devido à sua ligação com a ciência mecanicista e aos seus fortes vínculos com os militares, a cibernética desfrutou um prestígio bastante alto em meio ao *establishment* científico desde o seu início. Ao longo dos anos, esse prestígio aumentou ainda mais, à medida que os computadores difundiam-se rapidamente por todas as camadas da sociedade industrial, trazendo consigo profundas mudanças em todas as áreas de nossas vidas. Norbert Wiener, durante os primeiros anos da cibernética, previu essas mudanças, as quais, com freqüência, têm sido comparadas a uma segunda revolução industrial. Mais que isso, ele percebeu claramente o lado sombrio da nova tecnologia que ajudou a criar:

> Aqueles de nós que contribuíram para a nova ciência da cibernética ... permanecem numa posição moral que é, para dizer o mínimo, não muito confortável. Contribuímos para o começo de uma nova ciência que ... abrange desenvolvimentos técnicos com grandes possibilidades para o bem e para o mal.[34]

> Vamos nos lembrar de que a máquina automática ... é o equivalente econômico preciso da mão-de-obra escrava. Qualquer mão-de-obra que compete com a mão-de-obra escrava deve aceitar as condições econômicas da mão-de-obra escrava. Está perfeitamente claro que isso produzirá uma situação de desemprego em comparação com a qual a atual recessão, e até mesmo a depressão da década de 30, parecerão uma divertida piada.[35]

É evidente, com base nestas e em outras passagens semelhantes dos escritos de Wiener, que ele demonstrava muito mais sabedoria e presciência na sua avaliação do impacto social dos computadores do que seus sucessores. Hoje, quarenta anos depois, os computadores e as muitas outras "tecnologias da informação" desenvolvidas nesse meio tempo estão rapidamente se tornando autônomas e totalitárias, redefinindo nossas concepções básicas e eliminando visões de mundo alternativas. Como mostraram Neil Postman, Jerry Mander e outros críticos da tecnologia, esse fato é típico das "megatecnologias" que vieram a dominar as sociedades industrializadas ao redor do mundo.[36] Todas as formas de cultura estão, cada vez mais, ficando subordinadas à tecnologia, e a inovação tecnológica, em vez de aumentar o bem-estar humano, está-se tornando um sinônimo de progresso.

O empobrecimento espiritual e a perda da diversidade cultural por efeito do uso excessivo de computadores é especialmente sério no campo da educação. Como Neil Postman comentou de maneira sucinta: "Quando um computador é utilizado para a aprendizagem, o significado de 'aprendizagem' muda."[37] O uso de computadores na educação é, com freqüência, saudado como uma revolução que transformará praticamente todas as facetas do processo educacional. Essa visão é vigorosamente promovida pela poderosa indústria dos computadores, que encoraja os professores a utilizarem computadores como ferramentas educacionais em todos os níveis — até mesmo no jardim-de-infância e no período pré-escolar! — sem sequer mencionar os muitos efeitos nocivos que podem resultar dessas práticas irresponsáveis.[38]

O uso de computadores nas escolas baseia-se na visão, hoje obsoleta, dos seres humanos como processadores de informações, o que reforça continuamente concepções mecanicistas errôneas sobre o pensamento, o conhecimento e a comunicação. A informação é apresentada como a base do pensamento, enquanto que, na realidade, a mente humana pensa com idéias e não com informações. Como Theodore Roszak mostra detalhadamente em *The Cult of Information*, as informações não criam idéias; as idéias criam informações. Idéias são padrões integrativos que não derivam da informação, mas sim, da experiência.[39]

No modelo do computador para a cognição, o conhecimento é visto como livre de contexto e de valor, baseado em dados abstratos. Porém, todo conhecimento significativo é conhecimento contextual, e grande parte dele é tácita e vivencial. De maneira semelhante, a linguagem é vista como um conduto ao longo do qual são comunicadas informações "objetivas". Na realidade, como C. A. Bowers argumentou eloqüentemente, a linguagem é metafórica, transmitindo entendimentos tácitos compartilhados no âmbito de uma cultura.[40] Com relação a isso, também é importante notar que a linguagem utilizada por cientistas do computador e por engenheiros está cheia de metáforas derivadas dos militares — "comando", "evasão", "segurança contra falhas", "piloto", "alvo", e assim por diante — que introduzem tendências culturais, reforçam estereótipos e inibem certos grupos, inclusive jovens meninas em idade escolar, de participar plenamente da experiência de aprendizagem.[41] Um motivo semelhante de preocupação é a ligação entre computadores e violência, e a natureza militarista da maioria dos videogames para computadores.

Depois de dominar por trinta anos as pesquisas sobre o cérebro e a ciência cognitiva, e de criar um paradigma para a tecnologia que ainda está amplamente difundido nos dias atuais, o dogma do processamento de informações foi finalmente questionado de maneira séria.[42] Argumentos críticos foram apresentados até mesmo durante a fase pioneira da cibernética. Por exemplo, argumentou-se que nos cérebros reais não existem regras; não há processador lógico central, e as informações não estão armazenadas localmente. Os cérebros parecem operar com base numa conexidade generalizada, armazenando distributivamente as informações e manifestando uma capacidade de auto-organização que jamais é encontrada nos computadores. No entanto, essas idéias alternativas foram eclipsadas em favor da visão computacional dominante, até que reemergiram trinta anos mais tarde, na década de 70, quando os pensadores sistêmicos ficaram fascinados por um novo fenômeno de nome evocativo: *auto-organização*.

PARTE TRÊS

As Peças do Quebra-cabeça

5

Modelos de Auto-organização

Pensamento Sistêmico Aplicado

Nas décadas de 50 e de 60, o pensamento sistêmico exerceu uma forte influência sobre a engenharia e a administração, nas quais as concepções sistêmicas — inclusive as da cibernética — eram aplicadas na resolução de problemas práticos. Essas aplicações deram origem às novas disciplinas da engenharia de sistemas, da análise de sistemas e da administração sistêmica.[1]

À medida que as empresas industriais foram se tornando cada vez mais complexas, com o desenvolvimento de novas tecnologias químicas, eletrônicas e de comunicação, administradores e engenheiros precisaram se preocupar não apenas com o grande número de componentes individuais, mas também com os efeitos oriundos das interações mútuas desses componentes, tanto nos sistemas físicos como nos organizacionais. Assim, muitos engenheiros e administradores de projetos em grandes empresas começaram a formular estratégias e metodologias que utilizavam explicitamente concepções sistêmicas. Passagens tais como as seguintes foram encontradas em muitos livros de engenharia de sistemas publicados na década de 60:

> O engenheiro de sistemas também deve ser capaz de predizer as propriedades emergentes do sistema, a saber, aquelas propriedades que o sistema possui, mas não as suas partes.[2]

O método de pensamento estratégico conhecido como "análise de sistemas" foi pioneiramente desenvolvido pela RAND Corporation, uma instituição militar de pesquisa e desenvolvimento fundada no final da década de 40, e que se tornou o modelo para numerosos "tanques de pensamento" especializados na elaboração de planos de ação política e na avaliação e venda de tecnologias.[3] A análise de sistemas desenvolveu-se com base em pesquisas operacionais, análise e planejamento de operações militares durante a Segunda Guerra Mundial. Essas atividades incluíam a coordenação do uso do radar com operações antiaéreas, os mesmíssimos problemas que também iniciaram o desenvolvimento teórico da cibernética.

Na década de 50, a análise de sistemas foi além das aplicações militares e se converteu numa ampla abordagem sistêmica da análise custo-benefício, envolvendo modelos matemáticos com os quais se podia examinar uma série de programas alternativos planejados para satisfazer um objetivo bem definido. Nas palavras de um texto popular, publicado em 1968:

> Ela se esforça para olhar o problema todo, como uma totalidade, no seu contexto, e para comparar escolhas alternativas à luz dos possíveis resultados dessas escolhas.[4]

Logo após o desenvolvimento da análise de sistemas como um método para atacar complexos problemas organizacionais de âmbito militar, os administradores começaram a usar a nova abordagem para resolver problemas semelhantes nos negócios. "Administração orientada para sistemas" tornou-se um novo lema, e, nas décadas de 60 e de 70, foi publicada toda uma série de livros a respeito de administração, os quais traziam a palavra "sistemas" em seus títulos.[5] A técnica modeladora da "dinâmica de sistemas", desenvolvida por Jay Forrester, e a "cibernética da administração", de Stafford Beer, são exemplos das abrangentes formulações iniciais da abordagem sistêmica da administração.[6]

Uma década mais tarde, uma abordagem semelhante, mas muito mais sutil, da administração foi desenvolvida por Hans Ulrich, na St. Gallen Business School, na Suíça.[7] A abordagem de Ulrich é amplamente conhecida nos círculos de administração europeus como "modelo de St. Gallen". Baseia-se na concepção da organização dos negócios como um sistema social vivo e, ao longo dos anos, incorporou muitas idéias vindas da biologia, da ciência cognitiva, da ecologia e da teoria evolucionista. Esses desenvolvimentos mais recentes deram origem à nova disciplina da "administração sistêmica", hoje ensinada nas escolas de comércio européias e defendida por consultores administrativos.[8]

A Ascensão da Biologia Molecular

Embora a abordagem sistêmica tivesse uma influência significativa na administração e na engenharia durante as décadas de 50 e de 60, sua influência na biologia foi, paradoxalmente, quase negligenciável nessa época. Os anos 50 foram a década do triunfo espetacular da genética, a elucidação da estrutura física do ADN, que tem sido saudada como a maior descoberta em biologia desde a teoria da evolução de Darwin. Durante várias décadas, esse sucesso triunfal eclipsou totalmente a visão sistêmica da vida. Mais uma vez, o pêndulo oscilou de volta em direção ao mecanicismo.

As realizações da genética produziram uma mudança significativa nas pesquisas de biologia, uma nova perspectiva que ainda domina atualmente nossas instituições acadêmicas. Assim como as células eram consideradas os blocos de construção básicos dos organismos vivos no século XIX, a atenção se voltou das células para as moléculas em meados do século XX, quando os geneticistas começaram a explorar a estrutura molecular dos genes.

Avançando em direção a níveis cada vez menores em suas explorações dos fenômenos da vida, os biólogos descobriram que as características de todos os organismos vivos — das bactérias aos seres humanos — estavam codificadas em seus cromossomos na mesma substância química, que utilizava os mesmos caracteres de código. Depois de duas décadas de pesquisas intensivas, os detalhes precisos desse código foram decifrados. Os biólogos tinham descoberto o alfabeto de uma linguagem realmente universal da vida.[9]

Esse triunfo da biologia molecular resultou na difundida crença segundo a qual todas as funções biológicas podem ser explicadas por estruturas e mecanismos moleculares.

Desse modo, os biólogos, em sua maioria, tornaram-se fervorosos reducionistas, preocupados com detalhes moleculares. A biologia molecular, originalmente um pequeno ramo das ciências da vida, tornou-se então uma difundida e exclusiva maneira de pensar que tem levado a uma séria distorção das pesquisas biológicas.

Ao mesmo tempo, os problemas que resistem à abordagem mecanicista da biologia molecular tornaram-se cada vez mais evidentes na segunda metade do século. Embora os biólogos conheçam a estrutura precisa de alguns genes, sabem muito pouco sobre as maneiras pelas quais os genes comunicam o desenvolvimento de um organismo e cooperam para isso. Em outras palavras, conhecem o alfabeto do código genético, mas quase não têm idéia de sua sintaxe. Hoje é evidente que a maior parte do ADN — talvez até 95% — pode ser utilizada para atividades integrativas, a respeito das quais é provável que os biólogos permaneçam ignorantes enquanto continuarem presos a modelos mecanicistas.

Crítica do Pensamento Sistêmico

Em meados da década de 70, as limitações da abordagem molecular para o entendimento da vida ficaram evidentes. Entretanto, os biólogos pouco mais conseguiam ver no horizonte. O eclipse do pensamento sistêmico no âmbito da ciência pura tornou-se tão completo que não foi considerado uma alternativa viável. De fato, a teoria sistêmica começou a ser vista como um malogro intelectual em vários ensaios críticos. Robert Lilienfeld, por exemplo, concluiu seu excelente relato, *The Rise of Systems Theory*, publicado em 1978, com a seguinte crítica devastadora:

> Os pensadores sistêmicos exibem uma fascinação por definições, conceitualizações e afirmações programáticas de uma natureza vagamente benévola, vagamente moralizante. ... Eles coletam analogias entre os fenômenos de um campo e os de outro ... as descrições [dessas analogias] parecem oferecer a eles um deleite estético que é a sua própria justificação. ... Não há evidências de que a teoria sistêmica tenha sido utilizada para se obter a solução de nenhum problema substancial em nenhum campo em que tenha aparecido.[10]

A última parte dessa crítica não é mais, em definitivo, justificada atualmente, como veremos nos capítulos subseqüentes deste livro, e pode ter sido muito radical até mesmo na década de 70. Poderia argumentar-se, inclusive naquela época, que a compreensão dos organismos vivos como sistemas energeticamente abertos mas organizacionalmente fechados, o reconhecimento da realimentação como o mecanismo essencial da homeostase e os modelos cibernéticos dos processos neurais — para citar apenas três exemplos que estavam bem estabelecidos na época — representaram avanços da maior importância na compreensão científica da vida.

No entanto, Lilienfeld estava certo no sentido de que nenhuma teoria sistêmica formal do tipo imaginado por Bogdanov e por Bertalanffy tinha sido aplicada com sucesso em nenhum campo. O objetivo de Bertalanffy, desenvolver sua teoria geral dos sistemas numa "disciplina matemática, em si mesma puramente formal, mas aplicável às várias ciências empíricas", certamente nunca foi alcançado.

A principal razão para esse "malogro" foi a carência de técnicas matemáticas para se lidar com a complexidade dos sistemas vivos. Tanto Bogdanov como Bertalanffy reconheceram que, em sistemas abertos, as interações simultâneas de muitas variáveis geram os padrões de organização característicos da vida, mas eles careciam dos meios para descrever matematicamente a emergência desses padrões. Falando de maneira técnica, os matemáticos de sua época estavam limitados às equações lineares, que são inadequadas para descrever a natureza altamente não-linear dos sistemas vivos.[11]

Os ciberneticistas concentravam-se em fenômenos não-lineares, tais como os laços de realimentação e as redes neurais, e tinham os princípios de uma matemática não-linear correspondente, mas o verdadeiro avanço revolucionário viria várias décadas depois, e estava estreitamente ligado ao desenvolvimento de uma nova geração de poderosos computadores.

Embora as abordagens sistêmicas desenvolvidas na primeira metade do século não tivessem resultado numa teoria matemática formal, eles criaram uma certa maneira de pensar, uma nova linguagem, novas concepções e todo um clima intelectual que tem levado a avanços científicos significativos em anos recentes. Em vez de uma *teoria sistêmica* formal, a década de 80 viu o desenvolvimento de uma série de *modelos sistêmicos* bem-sucedidos que descrevem vários aspectos do fenômeno da vida. Com base nesses modelos, os contornos de uma teoria coerente dos sistemas vivos, junto com a linguagem matemática apropriada, estão agora, finalmente, emergindo.

A Importância do Padrão

Os recentes avanços na nossa compreensão dos sistemas vivos baseiam-se em dois desenvolvimentos que surgiram no final da década de 70, na mesma época que Lilienfeld e outros estavam escrevendo suas críticas do pensamento sistêmico. Um deles foi a descoberta da nova matemática da complexidade, que será discutida no capítulo seguinte. A outra foi a emergência de uma nova e poderosa concepção, a de auto-organização, que esteve implícita nas primeiras discussões dos ciberneticistas, mas não foi explicitamente desenvolvida nos outros trinta anos.

Para compreender o fenômeno da auto-organização, precisamos, em primeiro lugar, compreender a importância do padrão. A idéia de um padrão de organização — uma configuração de relações característica de um sistema em particular — tornou-se o foco explícito do pensamento sistêmico em cibernética, e tem sido uma concepção de importância fundamental desde essa época. A partir do ponto de vista sistêmico, o entendimento da vida começa com o entendimento de padrão.

Temos visto que, ao longo de toda a história da ciência e da filosofia ocidentais, tem havido uma tensão entre o estudo da substância e o estudo da forma.[12] O estudo da substância começa com a pergunta: "Do que ele é feito?"; e o estudo da forma, com a pergunta: "Qual é o padrão?" São duas abordagens muito diferentes, que têm competido uma com a outra ao longo de toda a nossa tradição científica e filosófica.

O estudo da substância começou na Grécia antiga, no século VI antes de Cristo, quando Tales, Parmênides e outros filósofos indagaram: "Do que é feita a realidade? Quais são os constituintes fundamentais da matéria? Qual é a sua essência?" As respostas a essas questões definem as várias escolas da era inicial da filosofia grega. Entre elas estava a idéia dos quatro elementos fundamentais — terra, ar, fogo e água. Nos tempos modernos, esses elementos foram remodelados nos elementos químicos, atualmente em número superior a 100, mas ainda um número finito de elementos últimos, dos quais se pensava que toda a matéria fosse feita. Então, Dalton identificou os elementos com átomos, e com a ascensão das físicas atômica e nuclear no século XX, os átomos foram posteriormente reduzidos a partículas subatômicas.

De maneira semelhante, na biologia os elementos básicos eram, em primeiro lugar, os organismos ou as espécies, e no século XVIII, os biólogos desenvolveram elaborados esquemas de classificação para plantas e animais. Então, com a descoberta das células enquanto elementos comuns de todos os organismos, o foco mudou de organismos para células. Finalmente, a célula foi quebrada em suas macromoléculas — enzimas, proteínas, aminoácidos, e assim por diante — e a biologia molecular tornou-se a nova fronteira das pesquisas. Em todos esses empreendimentos, a questão básica não tinha mudado desde a Antiguidade grega: "Do que é feita a realidade? Quais são os seus constituintes fundamentais?"

Ao mesmo tempo, ao longo de toda a história da filosofia e da ciência, o estudo do padrão sempre esteve presente. Começou com os pitagóricos na Grécia e continuou com os alquimistas, os poetas românticos e vários outros movimentos intelectuais. No entanto, na maior parte do tempo, o estudo do padrão foi eclipsado pelo estudo da substância, até que reemergiu vigorosamente no nosso século, quando foi reconhecido pelos pensadores sistêmicos como sendo essencial para a compreensão da vida.

Devo argumentar que a chave para uma teoria abrangente dos sistemas vivos está na síntese dessas duas abordagens muito diferentes: o estudo da substância (ou estrutura) e o estudo da forma (ou padrão). No estudo da estrutura, medimos ou pesamos coisas. Os padrões, no entanto, não podem ser medidos nem pesados; eles devem ser mapeados. Para entender um padrão, temos de mapear uma configuração de relações. Em outras palavras, a estrutura envolve quantidades, ao passo que o padrão envolve qualidades.

O estudo do padrão tem importância fundamental para a compreensão dos sistemas vivos porque as propriedades sistêmicas, como vimos, surgem de uma configuração de padrões ordenados.[13] Propriedades sistêmicas são propriedades de um padrão. O que é destruído quando um organismo vivo é dissecado é o seu padrão. Os componentes ainda estão aí, mas a configuração de relações entre eles — o padrão — é destruído, e desse modo o organismo morre.

Em sua maioria, os cientistas reducionistas não conseguem apreciar críticas do reducionismo, porque deixam de apreender a importância do padrão. Eles afirmam que todos os organismos vivos são, em última análise, constituídos dos mesmos átomos e moléculas que são os componentes da matéria inorgânica, e que as leis da biologia podem, portanto, ser reduzidas às da física e da química. Embora seja verdade que todos os organismos vivos sejam, em última análise, feitos de átomos e de moléculas, eles não são "nada mais que" átomos e moléculas. Existe alguma coisa a mais na vida, alguma coisa não-material e irredutível — um padrão de organização.

Redes — o Padrão da Vida

Depois de apreciar a importância do padrão para a compreensão da vida, podemos agora indagar: "Há um padrão comum de organização que pode ser identificado em todos os organismos vivos?" Veremos que este é realmente o caso. Esse padrão de organização, comum a todos os sistemas vivos, será discutido detalhadamente mais adiante.[14] Sua propriedade mais importante é a de que é um padrão de rede. Onde quer que encontremos sistemas vivos — organismos, partes de organismos ou comunidades de organismos —

podemos observar que seus componentes estão arranjados à maneira de rede. Sempre que olhamos para a vida, olhamos para redes.

Esse reconhecimento ingressou na ciência na década de 20, quando os ecologistas começaram a estudar teias alimentares. Logo depois disso, reconhecendo a rede como o padrão geral da vida, os pensadores sistêmicos estenderam modelos de redes a todos os níveis sistêmicos. Os ciberneticistas, em particular, tentaram compreender o cérebro como uma rede neural e desenvolveram técnicas matemáticas especiais para analisar seus padrões. A estrutura do cérebro humano é imensamente complexa. Contém cerca de 10 bilhões de células nervosas (neurônios), que estão interligadas numa enorme rede com 1.000 bilhões de junções (sinapses). Todo o cérebro pode ser dividido em subseções, ou sub-redes, que se comunicam umas com as outras à maneira de rede. Tudo isso resulta em intrincados padrões de teias entrelaçadas, teias aninhadas dentro de teias maiores.[15]

A primeira e mais óbvia propriedade de qualquer rede é sua não-linearidade — ela se estende em todas as direções. Desse modo, as relações num padrão de rede são relações não-lineares. Em particular, uma influência, ou mensagem, pode viajar ao longo de um caminho cíclico, que poderá se tornar um laço de realimentação. O conceito de realimentação está intimamente ligado com o padrão de rede.[16]

Devido ao fato de que as redes de comunicação podem gerar laços de realimentação, elas podem adquirir a capacidade de regular a si mesmas. Por exemplo, uma comunidade que mantém uma rede ativa de comunicação aprenderá com os seus erros, pois as conseqüências de um erro se espalharão por toda a rede e retornarão para a fonte ao longo de laços de realimentação. Desse modo, a comunidade pode corrigir seus erros, regular a si mesma e organizar a si mesma. Realmente, a auto-organização emergiu talvez como *a* concepção central da visão sistêmica da vida, e, assim como as concepções de realimentação e de auto-regulação, está estreitamente ligada a redes. O padrão da vida, poderíamos dizer, é um padrão de rede capaz de auto-organização. Esta é uma definição simples e, não obstante, baseia-se em recentes descobertas feitas na própria linha de frente da ciência.

Emergência da Concepção de Auto-Organização

A concepção de auto-organização originou-se nos primeiros anos da cibernética, quando os cientistas começaram a construir modelos matemáticos que representavam a lógica inerente nas redes neurais. Em 1943, o neurocientista Warren McCulloch e o matemático Walter Pitts publicaram um artigo pioneiro intitulado "A Logical Calculus of the Ideas Immanent in Nervous Activity", no qual mostravam que a lógica de qualquer processo fisiológico, de qualquer comportamento, pode ser transformada em regras para a construção de uma rede.[17]

Em seu artigo, os autores introduziram neurônios idealizados, representando-os por elementos comutadores binários — em outras palavras, elementos que podem comutar "ligando" e "desligando" — e modelaram o sistema nervoso como redes complexas desses elementos comutadores binários. Nessa rede de McCulloch-Pitts, os nodos "ligado-desligado" estão acoplados uns com os outros de tal maneira que a atividade de cada nodo é governada pela atividade anterior de outros nodos, de acordo com alguma "regra de comutação". Por exemplo, um nodo pode ser ligado no momento seguinte apenas se um certo número de nodos adjacentes estiverem "ligados" nesse momento. McCulloch e Pitts foram capazes de mostrar que, embora redes binárias desse tipo sejam modelos simplificados, constituem uma boa aproximação das redes embutidas no sistema nervoso.

Na década de 50, os cientistas começaram a construir efetivamente modelos dessas redes binárias, inclusive alguns com pequeninas lâmpadas que piscavam nos nodos. Para o seu grande espanto, descobriram que, depois de um breve tempo de bruxuleio aleatório, alguns padrões ordenados passavam a emergir na maioria das redes. Eles viram ondas de cintilações percorrerem a rede, ou observaram ciclos repetidos. Mesmo que o estado inicial da rede fosse escolhido ao acaso, depois de um certo tempo esses padrões ordenados emergiam espontaneamente, e foi essa emergência espontânea de ordem que se tornou conhecida como "auto-organização".

Tão logo esse termo evocativo apareceu na literatura, os pensadores sistêmicos começaram a utilizá-lo amplamente em diferentes contextos. Ross Ashby, no seu trabalho inicial, foi provavelmente o primeiro a descrever o sistema nervoso como "auto-organizador".[18] O físico e ciberneticista Heinz von Foerster tornou-se um importante catalisador para a idéia de auto-organização no final da década de 50, organizando conferências em torno desse tópico, fornecendo apoio financeiro para muitos dos participantes e publicando as contribuições deles.[19]

Durante duas décadas, Foerster manteve um grupo de pesquisas interdisciplinares dedicado ao estudo de sistemas auto-organizadores. Centralizado no Biological Computer Laboratory da Universidade de Illinois, esse grupo era um círculo fechado de amigos e colegas que trabalhavam afastados da corrente principal reducionista e cujas idéias, estando à frente do seu tempo, não foram amplamente divulgadas. No entanto, essas idéias foram as sementes de muitos dos modelos bem-sucedidos de sistemas de auto-organização desenvolvidos no final da década de 70 e na década de 80.

A própria contribuição de Heinz von Foerster para a compreensão teórica da auto-organização veio muito cedo, e tinha a ver com a concepção de ordem. Ele se perguntou: "Há uma medida de ordem que poderia ser utilizada para se definir o aumento de ordem implicado pela 'organização'?" Para solucionar este problema, Foerster utilizou o conceito de "redundância", definido matematicamente na teoria da informação por Claude Shannon, o qual mede a ordem relativa do sistema contra um fundo de desordem máxima.[20]

Desde essa época, essa abordagem foi substituída pela nova matemática da complexidade, mas no final da década de 50 ela permitiu a Foerster desenvolver um primeiro modelo qualitativo de auto-organização nos sistemas vivos. Ele introduziu a frase "ordem a partir do ruído" para indicar que um sistema auto-organizador não apenas "importa" ordem vinda de seu meio ambiente mas também recolhe matéria rica em energia, integra-a em sua própria estrutura e, por meio disso, aumenta sua ordem interna.

Nas décadas de 70 e de 80, as idéias-chave desse primeiro modelo foram aprimoradas e elaboradas por pesquisadores de vários países, que exploraram o fenômeno da auto-organização em muitos sistemas diferentes, do muito pequeno ao muito grande — Ilya Prigogine na Bélgica, Hermann Haken e Manfred Eigen na Alemanha, James Lovelock na Inglaterra, Lynn Margulis nos Estados Unidos, Humberto Maturana e Francisco Varela no Chile.[21] Os resultantes modelos de sistemas auto-organizadores compartilham certas características-chave, que são os principais ingredientes da emergente teoria unificada dos sistemas vivos que será discutida neste livro.

A primeira diferença importante entre a concepção inicial de auto-organização em cibernética e os modelos posteriores, mais elaborados, está no fato de que estes últimos incluem a criação de novas estruturas e de novos modos de comportamento no processo auto-organizador. Para Ashby, todas as mudanças estruturais possíveis ocorrem no âmbito de um dado "*pool* de variedades" de estruturas, e as chances de sobrevivência do sistema dependem da riqueza ou da "variedade necessária" desse *pool*. Não há criatividade, nem desenvolvimento, nem evolução. Os modelos posteriores, ao contrário, incluem a criação de novas estruturas e de novos modos de comportamento nos processos de desenvolvimento, de aprendizagem e de evolução.

Uma segunda característica comum desses modelos de auto-organização está no fato de que todos eles lidam com sistemas abertos que operam afastados do equilíbrio. É necessário um fluxo constante de energia e de matéria através do sistema para que ocorra a auto-organização. A surpreendente emergência de novas estruturas e de novas formas de comportamento, que é a "marca registrada" da auto-organização, ocorre apenas quando o sistema está afastado do equilíbrio.

A terceira característica da auto-organização, comum a todos os modelos, é a interconexidade não-linear dos componentes do sistema. Fisicamente, esse padrão não-linear resulta em laços de realimentação; matematicamente, é descrito por equações não-lineares.

Resumindo essas três características dos sistemas auto-organizadores, podemos dizer que a auto-organização é a emergência espontânea de novas estruturas e de novas formas de comportamento em sistemas abertos, afastados do equilíbrio, caracterizados por laços de realimentação internos e descritos matematicamente por meio de equações não-lineares.

Estruturas Dissipativas

A primeira e talvez a mais influente descrição detalhada de sistemas auto-organizadores foi a teoria das "estruturas dissipativas", desenvolvida pelo químico e físico Ilya Prigogine, russo de nascimento, prêmio Nobel e professor de físico-química na Universidade Livre de Bruxelas. Prigogine desenvolveu sua teoria a partir de estudos sobre sistemas físicos e químicos, mas, de acordo com suas próprias recordações, foi levado a fazê-lo depois de ponderar a respeito da natureza da vida:

> Eu estava muito interessado no problema da vida. ... Sempre pensei que a existência da vida está nos dizendo alguma coisa muito importante a respeito da natureza.[22]

O que mais intrigava Prigogine era o fato de que os organismos vivos são capazes de manter seus processos de vida em condições de não-equilíbrio. Ele ficou fascinado por sistemas afastados do equilíbrio térmico e começou uma investigação intensiva para descobrir exatamente em que condições situações de não-equilíbrio podem ser estáveis.

O avanço revolucionário fundamental ocorreu para Prigogine no começo da década de 60, quando ele compreendeu que sistemas afastados do equilíbrio devem ser descritos por equações não-lineares. O claro reconhecimento desse elo entre "afastado do equilíbrio" e "não-linearidade" abriu para Prigogine um amplo caminho de pesquisas, que culminariam, uma década depois, na sua teoria da auto-organização.

Para resolver o quebra-cabeça da estabilidade afastada do equilíbrio, Prigogine não estudou sistemas vivos, mas se voltou para o fenômeno muito mais simples da convecção do calor, conhecido como "instabilidade de Bénard", que é hoje considerado como um caso clássico de auto-organização. No começo do século, o físico francês Henri Bénard descobriu que o aquecimento de uma fina camada de líquido pode resultar em estruturas estranhamente ordenadas. Quando o líquido é uniformemente aquecido a partir de baixo, é estabelecido um fluxo térmico constante que se move do fundo para o topo. O próprio líquido permanece em repouso, e o calor é transferido apenas por condução. No entanto, quando a diferença de temperatura entre as superfícies do topo e do fundo atinge um certo valor crítico, o fluxo térmico é substituído pela convecção térmica, na qual o calor é transferido pelo movimento coerente de um grande número de moléculas.

A essa altura, emerge um extraordinário padrão ordenado de células hexagonais ("favo de mel"), no qual o líquido aquecido sobe através dos centros das células, enquanto

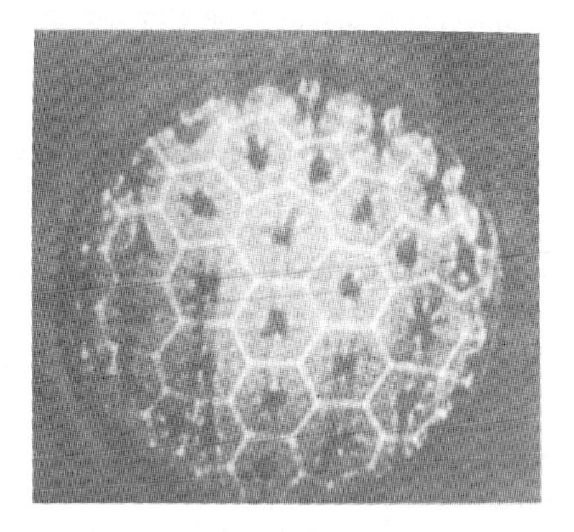

Figura 5-1
Padrão de células hexagonais de Bénard num recipiente cilíndrico, visto de cima. O diâmetro do recipiente é de, aproximadamente, 10 cm, e a altura da coluna líquida é de, aproximadamente, 0,5 cm; extraído de Bergé (1981).

o líquido mais frio desce para o fundo ao longo das paredes das células (veja a Figura 5-1). A detalhada análise que Prigogine fez dessas "células de Bénard" mostrou que, à medida que o sistema se afasta do equilíbrio (isto é, a partir de um estado com temperatura uniforme ao longo de todo o líquido), ele atinge um ponto crítico de instabilidade, no qual emerge o padrão hexagonal ordenado.[23]

A instabilidade de Bénard é um exemplo espetacular de auto-organização espontânea. O não-equilíbrio que é mantido pelo fluxo contínuo de calor através do sistema gera um complexo padrão espacial em que milhões de moléculas se movem coerentemente para formar as células de convecção hexagonais. As células de Bénard, além disso, não estão limitadas a experimentos de laboratório, mas também ocorrem na natureza numa ampla variedade de circunstâncias. Por exemplo, o fluxo de ar quente que provém da superfície da Terra em direção ao espaço exterior pode gerar vórtices de circulação hexagonais que deixam suas marcas em dunas de areia no deserto e em campos de neve árticos.[24]

 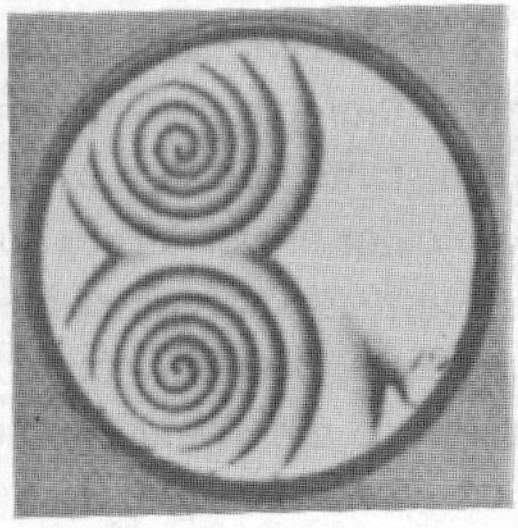 

Figura 5-2
Atividade química ondulatória na chamada reação de Belousov-Zhabotinskii; extraído de Prigogine (1980).

Outro surpreendente fenômeno de auto-organização extensamente estudado por Prigogine e seus colegas de Bruxelas são os assim chamados relógios químicos. São reações afastadas do equilíbrio químico, que produzem notáveis oscilações periódicas.[25] Por exemplo, se houver dois tipos de moléculas na reação, uma "vermelha" e a outra "azul", o sistema será totalmente azul a uma certa altura; em seguida, abruptamente, mudará sua cor para o vermelho; então, novamente para o azul; e assim por diante, em intervalos regulares. Diferentes condições experimentais também podem produzir ondas de atividade química (veja a Figura 5-2).

Para mudar subitamente de cor, o sistema químico tem de atuar como um todo, produzindo um alto grau de ordem graças à atividade coerente de bilhões de moléculas. Prigogine e seus colaboradores descobriram que, como no caso da convecção de Bénard, esse comportamento coerente emerge de maneira espontânea em pontos críticos de instabilidade afastados do equilíbrio.

Na década de 60, Prigogine desenvolveu uma nova termodinâmica não-linear para descrever o fenômeno da auto-organização em sistemas abertos afastados do equilíbrio. "A termodinâmica clássica", explica ele, "leva à concepção de 'estruturas de equilíbrio' tais como os cristais. As células de Bénard também são estruturas, mas de uma natureza totalmente diferente. É por isso que introduzimos a noção de 'estruturas dissipativas', a fim de enfatizar a estreita associação, de início paradoxal, nessas situações, entre estrutura e ordem, de um lado, e dissipação ... do outro."[26] Na termodinâmica clássica, a dissipação de energia na transferência de calor, no atrito e em fenômenos semelhantes sempre esteve associada com desperdício. A concepção de Prigogine de uma estrutura dissipativa introduziu uma mudança radical nessa concepção ao mostrar que, em sistemas abertos, a dissipação torna-se uma fonte de ordem.

Em 1967, Prigogine apresentou pela primeira vez sua concepção de estruturas dissipativas numa conferência que proferiu em um Simpósio Nobel, em Estocolmo,[27] e quatro anos mais tarde publicou, junto com seu colega Paul Glansdorff, a primeira formulação da teoria completa.[28] De acordo com a teoria de Prigogine, as estruturas dissipativas não só se mantêm num estado estável afastado do equilíbrio como podem até mesmo evoluir. Quando o fluxo de energia e de matéria que passa através delas aumenta, elas podem experimentar novas instabilidades e se transformar em novas estruturas de complexidade crescente.

A detalhada análise de Prigogine desse fenômeno notável mostrou que, embora as estruturas dissipativas recebam sua energia do exterior, as instabilidades e os saltos para novas formas de organização são o resultado de flutuações amplificadas por laços de realimentação positivos. Desse modo, a amplificação da realimentação que gera um "aumento disparado", e que sempre foi olhada como destrutiva na cibernética, aparece como uma fonte de nova ordem e complexidade na teoria das estruturas dissipativas.

Teoria do *Laser*

No início da década de 60, na época em que Ilya Prigogine compreendeu a importância fundamental da não-linearidade para a descrição de sistemas auto-organizadores, o físico Hermann Haken, na Alemanha, teve uma percepção muito semelhante enquanto estudava a física dos *lasers*, que acabara de ser inventada. Num *laser*, certas condições especiais se combinam para produzir uma transição da luz de lâmpada normal, que consiste numa mistura "incoerente" (não-ordenada) de ondas luminosas de diferentes freqüências e diferentes fases, para a luz de *laser* "coerente", que consiste num único trem de ondas monocromático e contínuo.

A elevada coerência da luz do *laser* é produzida pela coordenação de emissões de luz provenientes de cada átomo no *laser*. Haken reconheceu que essa emissão coordenada, que resultava na emergência espontânea de coerência, ou ordem, é um processo de auto-organização, e que é necessária uma teoria não-linear para descrever adequadamente esse processo. "Naqueles dias, tive uma série de discussões com vários teóricos norte-americanos", recorda-se Haken, "que também estavam trabalhando com *lasers*, mas utilizavam uma teoria linear, e que não entendiam que algo qualitativamente novo estava acontecendo àquela altura."[29]

Quando o fenômeno do *laser* foi descoberto, os cientistas o interpretaram como um processo de amplificação, que Einstein já descrevera nos dias iniciais da teoria quântica. Os átomos emitem luz quando são "excitados" — isto é, quando seus elétrons são deslocados até órbitas mais elevadas. Depois de um momento, os elétrons saltarão espontaneamente de volta até órbitas mais baixas e, ao fazê-lo, emitirão energia sob a forma de pequenas ondas luminosas. Um feixe de luz comum consiste numa mistura incoerente dessas minúsculas ondulações emitidas por átomos individuais.

No entanto, em circunstâncias especiais, uma onda luminosa, ao passar por um átomo excitado, pode "estimulá-lo" — ou, como Einstein dizia, "induzi-lo" — a emitir sua energia, de tal maneira que a onda luminosa é amplificada. Essa onda amplificada pode, por sua vez, estimular outro átomo a amplificá-la ainda mais, e finalmente haverá uma avalanche de amplificações. O fenômeno resultante foi denominado "amplificação da luz por meio de emissão estimulada de radiação" (*Light Amplification through Stimulated Emission of Radiation*), que deu origem ao acrônimo LASER.

O problema com essa descrição é que diferentes átomos do material do *laser* gerarão simultaneamente diferentes avalanches luminosas, incoerentes umas com relação às outras. Então, como é possível, indagou Haker, que essas ondas desordenadas se combinem para produzir um único trem de ondas coerente? Ele chegou à resposta ao observar que um *laser* é um sistema de muitas partículas afastadas do equilíbrio térmico.[30] Ele precisa ser "bombeado" do exterior para excitar os átomos, que, desse modo, irradiam energia. Assim, há um fluxo constante de energia através do sistema.

Enquanto estudava intensamente esse fenômeno na década de 60, Haken encontrou vários paralelismos com outros sistemas afastados do equilíbrio, o que o levou a especular que a transição da luz normal para a luz de *laser* poderia ser um exemplo dos processos de auto-organização típicos de sistemas afastados do equilíbrio.[31] Haken introduziu o termo "sinergética" para indicar a necessidade de um novo campo de estudo sistemático desses processos, nos quais as ações combinadas de muitas partes individuais, como, por exemplo, os átomos do *laser*, produzem um comportamento coerente do todo. Numa entrevista concedida em 1985, Haken explicou:

> Na física, há o termo "efeitos cooperativos", mas esse termo é utilizado principalmente para sistemas em equilíbrio térmico. ... Eu sentia que precisava introduzir um termo para a cooperação [em] sistemas afastados do equilíbrio térmico. ... Eu queria enfatizar que precisamos de uma nova disciplina para esses processos. ... Portanto, poder-se-ia considerar a sinergética como uma ciência que lida, talvez não de maneira exclusiva, com o fenômeno da auto-organização.[32]

Em 1970, Haken publicou sua teoria não-linear completa do *laser* na prestigiada enciclopédia alemã de física *Handbuch der Physik*.[33] Tratando o *laser* como um sistema auto-organizador afastado do equilíbrio, ele mostrou que a ação do *laser* se estabelece quando a intensidade do bombeamento externo atinge um certo valor crítico. Graças a uma disposição especial de espelhos em ambas as extremidades da cavidade do *laser*, apenas a luz emitida muito perto da direção do eixo do *laser* pode permanecer na cavidade por um tempo longo o suficiente para gerar o processo de amplificação, enquanto todos os outros trens de onda são eliminados.

A teoria de Haken torna claro que, embora o *laser* precise ser bombeado energeticamente a partir do exterior, a fim de permanecer num estado afastado do equilíbrio, a coordenação das emissões é efetuada pela própria luz de *laser*; trata-se de um processo de auto-organização. Desse modo, Haken chegou independentemente a uma descrição precisa de um fenômeno auto-organizador do tipo que Prigogine chamaria de estrutura dissipativa.

As previsões da teoria do *laser* se verificaram com grandes detalhes, e, graças ao trabalho pioneiro de Hermann Haken, o *laser* tornou-se uma importante ferramenta para o estudo da auto-organização. Num simpósio em homenagem ao aniversário de 60 anos de Haken, seu colaborador Robert Graham prestou um eloqüente tributo ao trabalho dele:

> Uma das grandes contribuições de Haken é o reconhecimento de que os *lasers* são não apenas instrumentos tecnológicos extremamente importantes, mas também sistemas físicos altamente interessantes em si mesmos, que podem nos ensinar importantes lições. ... Os *lasers* ocupam uma posição muito interessante entre o mundo quântico e o mundo clássico, e a teoria de Haken nos diz como esses mundos podem ser conectados. ... O *laser* pode ser visto como a encruzilhada entre a física quântica e a física clássica, entre fenômenos de equilíbrio e de não-equilíbrio, entre transições de fase e auto-organização, e entre dinâmica regular e dinâmica caótica. Ao mesmo tempo, é um sistema que entendemos tanto num nível quânti-

co-mecânico microscópico como num nível clássico macroscópico. É um terreno sólido para se descobrir conceitos gerais da física do não-equilíbrio.[34]

Hiperciclos

Enquanto Prigogine e Haken foram levados à concepção de auto-organização estudando sistemas físicos e químicos que passam por pontos de instabilidade e geram novas formas de ordem, o bioquímico Manfred Eigen utilizou a mesma concepção para projetar luz sobre o quebra-cabeça da origem da vida. De acordo com a teoria darwinista padrão, organismos vivos formaram-se aleatoriamente a partir do "caos molecular" por intermédio de mutações aleatórias e de seleção natural. No entanto, tem-se apontado com freqüência que a probabilidade de até mesmo células simples emergirem dessa maneira durante a idade conhecida da Terra é desprezivelmente pequena.

Manfred Eigen, prêmio Nobel de química e diretor do Instituto Max Planck de Físico-Química, em Göttingen, propôs, no começo da década de 70, que a origem da vida na Terra pode ter sido o resultado de um processo de organização progressiva em sistemas químicos afastados do equilíbrio, envolvendo "hiperciclos" de laços de realimentação múltiplos. Eigen, com efeito, postulou uma fase pré-biológica de evolução, na qual processos de seleção ocorrem no domínio molecular "como uma propriedade material inerente em sistemas de reações especiais"[35], e introduziu o termo "auto-organização molecular" para descrever esses processos evolutivos pré-biológicos.[36]

Os sistemas de reações especiais estudados por Eigen são conhecidos como "ciclos catalíticos". Um catalisador é uma substância que aumenta a velocidade de uma reação química sem ser, ele próprio, alterado no processo. Reações catalíticas são processos de importância crucial na química da vida. Os catalisadores mais comuns e mais eficientes são as enzimas, componentes essenciais das células, que promovem processos metabólicos vitais.

Quando Eigen e seus colaboradores estudavam reações catalíticas envolvendo enzimas, na década de 60, observaram que nos sistemas bioquímicos afastados do equilíbrio, isto é, nos sistemas expostos a fluxos de energia, diferentes reações catalíticas combinavam-se para formar redes complexas que podiam conter laços fechados. A Figura 5-3 mostra um exemplo dessa rede catalítica, na qual quinze enzimas catalisam as formações de cada uma das outras de tal maneira que se forma um laço fechado, ou ciclo catalítico.

Esses ciclos catalíticos estão no cerne de sistemas químicos auto-organizadores tais como os relógios químicos estudados por Prigogine, e também desempenham um papel essencial nas funções metabólicas dos organismos vivos. Eles são notavelmente estáveis e podem persistir sob uma ampla faixa de condições.[37] Eigen descobriu que, com tempo suficiente e um fluxo contínuo de energia, os ciclos catalíticos tendem a se encadear para formar laços fechados, nos quais as enzimas produzidas em um ciclo atuam como catalisadores no ciclo subseqüente. Ele introduziu o termo "hiperciclos" para nomear esses laços nos quais cada elo é um ciclo catalítico.

Os hiperciclos mostram-se não apenas notavelmente estáveis, mas também capazes de auto-replicação e de corrigir erros de replicação, o que significa que podem conservar e transmitir informações complexas. A teoria de Eigen mostra que essa auto-replicação — que é, naturalmente, bem conhecida nos organismos vivos — pode ter ocorrido em sistemas químicos antes da emergência da vida, antes da formação de uma estrutura

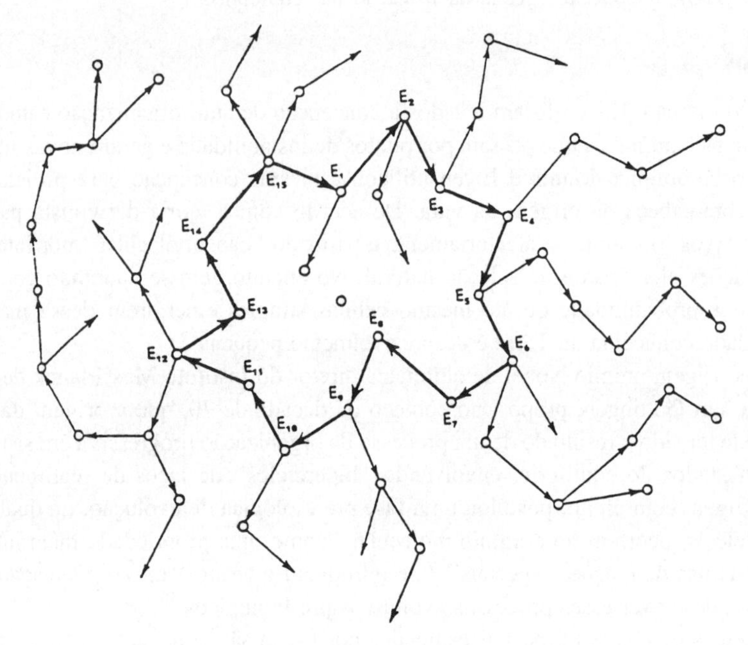

Figura 5-3
Uma rede catalítica de enzimas, incluindo um laço fechado (E1 ... E15); extraído de Eigen (1971).

genética. Assim, esses hiperciclos químicos são sistemas auto-organizadores que não podem ser adequadamente chamados de "vivos" porque carecem de algumas características básicas da vida. No entanto, devem ser entendidos como precursores dos sistemas vivos. Parece que a lição a ser aprendida aqui é a de que as raízes da vida atingem o domínio da matéria não-viva.

Uma das mais notáveis propriedades dos hiperciclos, que os torna semelhantes à vida, é a de que eles podem evoluir passando por instabilidades e criando níveis de organização sucessivamente mais elevados, que se caracterizam por diversidade crescente e pela riqueza de componentes e de estruturas.[38] Eigen assinala que os novos hiperciclos criados dessa maneira podem competir por seleção natural, e se refere explicitamente à teoria de Prigogine para descrever o processo todo: "A ocorrência de uma mutação com vantagem seletiva corresponde a uma instabilidade, que pode ser explicada com a ajuda da [teoria] ... de Prigogine e Glansdorff."[39]

A teoria dos hiperciclos de Manfred Eigen participa das concepções-chave de auto-organização com a teoria das estruturas dissipativas de Ilya Prigogine e a teoria do *laser* de Hermann Haken — o estado do sistema afastado do equilíbrio; o desenvolvimento de processos de amplificação por meio de laços de realimentação positivos; e o aparecimento de instabilidades que levam à criação de novas formas de organização. Além disso, Eigen deu um passo revolucionário ao utilizar uma abordagem darwinista para descrever fenômenos evolutivos em um nível pré-biológico, molecular.

Autopoiese — a Organização dos Seres Vivos

Os hiperciclos estudados por Eigen se auto-organizam, se auto-reproduzem e evoluem. Não obstante, hesita-se em chamar esses ciclos de reações químicas de "vivos". Então, que propriedades um sistema deve ter para ser realmente chamado de vivo? Podemos fazer uma distinção nítida entre sistemas vivos e não-vivos? Qual é precisamente a conexão entre auto-organização e vida?

Eram essas as perguntas que o neurocientista chileno Humberto Maturana fazia a si mesmo na década de 60. Depois de passar seis anos fazendo estudos e pesquisas em biologia na Inglaterra e nos Estados Unidos, onde colaborou com o grupo de Warren McCulloch no MIT, recebendo forte influência da cibernética, Maturana voltou à Universidade de Santiago em 1960. Lá, especializou-se em neurociência e, em particular, no entendimento da percepção da cor.

A partir dessas pesquisas, duas questões principais cristalizaram-se na mente de Maturana. Como ele lembrou mais tarde: "Entrei numa situação na qual minha vida acadêmica ficou dividida, e me orientei para a procura das respostas a duas perguntas que pareciam seguir em sentidos opostos, a saber: 'Qual é a organização da vida?' e 'O que ocorre no fenômeno da percepção?'"[40]

Maturana se debateu com essas questões por quase uma década, e, graças ao seu gênio, encontrou uma resposta comum a ambas. Ao obtê-la, tornou possível a unificação de duas tradições de pensamento sistêmico que estavam preocupadas com fenômenos em diferentes lados da divisão cartesiana. Enquanto biólogos organísmicos tinham investigado a natureza da forma biológica, ciberneticistas tinham tentado entender a natureza da mente. Maturana compreendeu, no final dos anos 60, que a chave para esses dois quebra-cabeças estava no entendimento da "organização da vida".

No outono de 1968, Maturana foi convidado por Heinz von Foerster a se juntar ao seu grupo de pesquisas interdisciplinares na Universidade de Illinois e a participar de um simpósio sobre cognição realizado em Chicago alguns meses depois. Isto lhe deu uma oportunidade ideal para apresentar suas idéias sobre a cognição como um fenômeno biológico.[41] Qual era a idéia principal de Maturana? Em suas próprias palavras:

> Minhas investigações sobre a percepção da cor levaram-me a uma descoberta que foi extraordinariamente importante para mim: o sistema nervoso opera como uma rede fechada de interações, nas quais cada mudança das relações interativas entre certos componentes sempre resulta numa mudança das relações interativas dos mesmos ou de outros componentes.[42]

Com base nessa descoberta, Maturana tirou duas conclusões, que lhe deram as respostas a essas duas grandes questões. Ele supôs que a "organização circular" do sistema nervoso é a organização básica de todos os sistemas vivos: "Os sistemas vivos ... [estão] organizados num processo circular causal fechado que leva em consideração a mudança evolutiva na maneira como a circularidade é mantida, mas não permite a perda da própria circularidade."[43]

Uma vez que todas as mudanças no sistema ocorrem no âmbito dessa circularidade básica, Maturana argumentou que os componentes que especificam a organização circular também devem ser produzidos e mantidos por ela. E concluiu que esse padrão de rede, no qual a função de cada componente é ajudar a produzir e a transformar outros componentes enquanto mantém a circularidade global da rede, é a "organização [básica] da vida".

A segunda conclusão que Maturana extraiu do fechamento circular do sistema nervoso corresponde a uma compreensão radicalmente nova da cognição. Ele postulou que o sistema nervoso é não somente auto-organizador mas também continuamente auto-referente, de modo que a percepção não pode ser vista como a representação de uma realidade externa, mas deve ser entendida como a criação contínua de novas relações dentro da rede neural: "As atividades das células nervosas não refletem um meio ambiente independente do organismo vivo e, conseqüentemente, não levam em consideração a construção de um mundo exterior absolutamente existente."[44]

De acordo com Maturana, a percepção e, mais geralmente, a cognição não *representam* uma realidade exterior, mas, em vez disso, *especificam* uma por meio do processo de organização circular do sistema nervoso. Com base nessa premissa, Maturana deu o passo radical de postular que o próprio processo de organização circular — com ou sem um sistema nervoso — é idêntico ao processo de cognição:

> Sistemas vivos são sistemas cognitivos, e a vida como um processo é um processo de cognição. Essa afirmação vale para todos os organismos, com ou sem um sistema nervoso.[45]

Essa maneira de identificar a cognição com o processo da própria vida é, de fato, uma concepção radicalmente nova. Suas implicações são de longo alcance e serão discutidas detalhadamente nas páginas seguintes.[46]

Depois de publicar suas idéias em 1970, Maturana iniciou uma longa colaboração com Francisco Varela, um neurocientista mais jovem da Universidade de Santiago, que era aluno de Maturana antes de se tornar seu colaborador. De acordo com Maturana, a colaboração entre ambos começou quando Varela o desafiou, numa conversa, a encontrar uma descrição mais formal e mais completa da concepção de organização circular.[47] Imediatamente, eles se puseram a trabalhar numa descrição formal completa da idéia de Maturana antes de tentar construir um modelo matemático, e começaram inventando um novo nome para ela — *autopoiese*.

Auto, naturalmente, significa "si mesmo" e se refere à autonomia dos sistemas auto-organizadores, e *poiese* — que compartilha da mesma raiz grega com a palavra "poesia" — significa "criação", "construção". Portanto, *autopoiese* significa "autocriação". Uma vez que eles introduziram uma palavra nova sem uma história, foi fácil utilizá-la como um termo técnico para a organização característica dos sistemas vivos. Dois anos mais tarde, Maturana e Varela publicaram sua primeira descrição de autopoiese num longo ensaio[48], e por volta de 1974 eles e o seu colega Ricardo Uribe desenvolveram um modelo matemático correspondente para o sistema autopoiético mais simples, a célula viva.[49]

Maturana e Varela começaram seu ensaio sobre autopoiese caracterizando sua abordagem como "mecanicista", para distingui-la das abordagens vitalistas da natureza da vida: "Nossa abordagem será mecanicista: não serão nela aduzidos forças ou princípios que não se encontrem no universo físico." No entanto, a sentença seguinte esclarece, de imediato, que os autores não são mecanicistas cartesianos, mas, sim, pensadores sistêmicos:

Não obstante, nosso problema é o da organização viva e, portanto, nosso interesse não estará nas propriedades dos componentes, mas sim, em processos e nas relações entre processos realizadas por meio de componentes.[50]

Eles prosseguem aprimorando sua posição com a importante distinção entre "organização" e "estrutura", que tem sido um tema implícito durante toda a história do pensamento sistêmico, mas não foi explicitamente abordada até o desenvolvimento da cibernética.[51] Maturana e Varela dão a essa distinção uma clareza cristalina. A organização de um sistema vivo, eles explicam, é o conjunto de relações entre os seus componentes que caracteriza o sistema como pertencendo a uma determinada classe (tal como uma bactéria, um girassol, um gato ou um cérebro humano). A descrição dessa organização é uma descrição abstrata de relações e não identifica os componentes. Os autores supõem que a autopoiese é um padrão geral de organização comum a todos os sistemas vivos, qualquer que seja a natureza dos seus componentes.

A estrutura de um sistema vivo, ao contrário, é constituída pelas relações efetivas entre os componentes físicos. Em outras palavras, a estrutura do sistema é a corporificação física de sua organização. Maturana e Varela enfatizam que a organização do sistema é independente das propriedades dos seus componentes, de modo que uma dada organização pode ser incorporada de muitas maneiras diferentes por muitos tipos diferentes de componentes.

Tendo esclarecido que seu interesse é com a organização, e não com a estrutura, os autores prosseguem então definindo autopoiese, a organização comum a todos os sistemas vivos. Trata-se de uma rede de processos de produção, nos quais a função de cada componente consiste em participar da produção ou da transformação de outros componentes da rede. Desse modo, toda a rede, continuamente, "produz a si mesma". Ela é produzida pelos seus componentes e, por sua vez, produz esses componentes. "Num sistema vivo", explicam os autores, "o produto de sua operação é a sua própria organização."[52]

Uma importante característica dos sistemas vivos é o fato de sua organização autopoiética incluir a criação de uma fronteira que especifica o domínio das operações da rede e define o sistema como uma unidade. Os autores assinalam que os ciclos catalíticos, em particular, não constituem sistemas vivos, pois sua fronteira é determinada por fatores (tais como um recipiente físico) independentes dos processos catalíticos.

É também interessante notar que o físico Geoffrey Chew formulou sua chamada hipótese *bootstrap* a respeito da composição e das interações das partículas subatômicas, que soa bastante semelhante à concepção de autopoiese, cerca de uma década antes que Maturana publicasse suas idéias pela primeira vez.[53] De acordo com Chew, partículas que interagem por interação forte, ou "hádrons", formam uma rede de interações nas quais "cada partícula ajuda a gerar outras partículas, as quais, por sua vez, a geram".[54]

No entanto, há duas diferenças fundamentais entre o *bootstrap* de hádrons e a autopoiese. Hádrons são "estados ligados" potenciais uns dos outros, no sentido probabilístico da teoria quântica, o que não se aplica à "organização da vida" de Maturana. Além disso, uma rede de partículas subatômicas interagindo por meio de colisões de alta energia não pode ser considerada autopoiética porque não forma nenhuma fronteira.

De acordo com Maturana e Varela, a concepção de autopoiese é necessária e suficiente para caracterizar a organização dos sistemas vivos. No entanto, essa caracterização não inclui nenhuma informação a respeito da constituição física dos componentes do sistema. Para entender as propriedades dos componentes e suas interações físicas, deve-se acrescentar à descrição abstrata de sua organização uma descrição da estrutura do sistema na linguagem da física e da química. A clara distinção entre essas duas descrições — uma em termos de estrutura e a outra em termos de organização — torna possível integrar modelos de auto-organização orientados para a estrutura (tais como os de Prigogine e de Haken) e modelos orientados para a organização (como os de Eigen e de Maturana-Varela) numa teoria coerente dos sistemas vivos.[55]

Gaia — a Terra Viva

As idéias-chave subjacentes aos vários modelos de sistemas auto-organizadores que acabamos de descrever cristalizaram-se em poucos anos, no início da década de 60. Nos Estados Unidos, Heinz von Foerster montou seu grupo de pesquisas interdisciplinares e promoveu várias conferências sobre auto-organização; na Bélgica, Ilya Prigogine realizou a ligação fundamental entre sistemas em não-equilíbrio e não-linearidade; na Alemanha, Hermann Haken desenvolveu sua teoria não-linear do *laser* e Manfred Eigen estudou os ciclos catalíticos; e no Chile, Humberto Maturana atacou o quebra-cabeça da organização dos sistemas vivos.

Ao mesmo tempo, o químico especializado na química da atmosfera, James Lovelock, fez uma descoberta iluminadora que o levou a formular um modelo que é, talvez, a mais surpreendente e mais bela expressão da auto-organização — a idéia de que o planeta Terra como um todo é um sistema vivo, auto-organizador.

As origens da ousada hipótese de Lovelock estão nos primeiros dias do programa espacial da NASA. Embora a idéia de uma Terra viva seja muito antiga, e teorias especulativas a respeito do planeta como um sistema vivo tenham sido formuladas várias vezes[56], os vôos espaciais no início da década de 60 permitiram aos seres humanos, pela primeira vez, olhar efetivamente para o nosso planeta a partir do espaço exterior e percebê-la como um todo integrado. Essa percepção da Terra em toda a sua beleza — um globo azul e branco flutuando na profunda escuridão do espaço — comoveu profundamente os astronautas e, como vários deles têm declarado desde essa ocasião, foi uma profunda experiência espiritual, que mudou para sempre o seu relacionamento com a Terra.[57] As magníficas fotografias da Terra inteira que eles trouxeram de volta ofereceram o símbolo mais poderoso do movimento da ecologia global.

Enquanto os astronautas olhavam para o planeta e contemplavam sua beleza, o meio ambiente da Terra também era examinado do espaço exterior pelos sensores dos instrumentos científicos, assim como também o eram o meio ambiente da Lua e dos planetas mais próximos. Na década de 60, os programas espaciais soviético e norte-americano lançaram mais de cinqüenta sondas espaciais, a maioria delas para explorar a Lua, mas algumas viajando para mais além, para Vênus e para Marte.

Nessa época, a NASA convidou James Lovelock para o Jet Propulsion Laboratories, em Pasadena, na Califórnia, para ajudá-los a projetar instrumentos para a detecção de vida em Marte.[58] O plano da NASA era enviar a Marte uma nave espacial que procuraria por vida no local de pouso, executando uma série de experimentos com o solo marciano. Enquanto Lovelock trabalhava sobre problemas técnicos de desenho dos instrumentos, também fazia a si mesmo uma pergunta mais geral: "Como podemos estar certos de que o modo de vida marciano, qualquer que seja ele, se revelará a testes baseados no estilo de vida da Terra?" Nos meses e anos seguintes, essa questão o levou a pensar profundamente sobre a natureza da vida e sobre como ela poderia ser reconhecida.

Ponderando sobre esse problema, Lovelock descobriu que o fato de todos os seres vivos extraírem energia e matéria e descartarem produtos residuais era a mais geral das características da vida que ele podia identificar. De maneira muito parecida com o que ocorreu com Prigogine, ele pensava que seria possível expressar matematicamente essa característica-chave, em termos de entropia, mas então seu raciocínio seguiu por uma direção diferente. Lovelock supôs que a vida em qualquer planeta utilizaria a atmosfera e os oceanos como meio fluido para matérias-primas e produtos residuais. Portanto, especulou, poder-se-ia ser capaz, de algum modo, de detectar a existência de vida analisando-se a composição química da atmosfera de um planeta. Dessa maneira, se houvesse vida em Marte, a atmosfera marciana revelaria algumas combinações de gases, algumas "assinaturas" características, que poderiam ser detectadas até mesmo a partir da Terra.

Essas especulações foram dramaticamente confirmadas quando Lovelock e um colega, Dian Hitchcock, começaram a realizar uma análise sistemática da atmosfera marciana, utilizando observações feitas a partir da Terra, e comparando-a com uma análise semelhante da atmosfera da Terra. Eles descobriram que as composições químicas das duas atmosferas são notavelmente semelhantes. Embora haja muito pouco oxigênio, uma porção de dióxido de carbono (CO_2) e nenhum metano na atmosfera de Marte, a atmosfera da Terra contém grande quantidade de oxigênio, quase nenhum CO_2 e uma porção de metano.

Lovelock compreendeu que a razão para esse perfil atmosférico particular em Marte é que, num planeta sem vida todas as reações químicas possíveis entre os gases na atmosfera foram completadas muito tempo atrás. Hoje, não há mais reações químicas possíveis em Marte; há um total equilíbrio químico na atmosfera marciana.

A situação na Terra é exatamente oposta. A atmosfera terrestre contém gases, como o oxigênio e o metano, que têm probabilidade muito grande de reagir uns com os outros, mas mesmo assim coexistem em altas proporções, resultando numa mistura de gases afastados do equilíbrio químico. Lovelock compreendeu que esse estado especial deve ter por causa a presença de vida na Terra. As plantas produzem constantemente o oxigênio, e outros organismos produzem outros gases, de modo que os gases atmosféricos estão sendo continuamente repostos enquanto sofrem reações químicas. Em outras palavras, Lovelock reconheceu a atmosfera da Terra como um sistema aberto, afastado do equilíbrio, caracterizado por um fluxo constante de energia e de matéria. Sua análise química detectava a própria "marca registrada" da vida.

Essa descoberta foi tão significativa para Lovelock que ele ainda se lembra do exato momento em que ocorreu:

> Para mim, a revelação pessoal de Gaia veio subitamente — como um *flash* de iluminação. Eu estava numa pequena sala do pavimento superior do edifício do Jet Propulsion Laboratory, em Pasadena, na Califórnia. Era o outono de 1965 ... e eu estava conversando com um colega, Dian Hitchcock, sobre um artigo que estávamos preparando. ... Foi nesse momento que, num lampejo, vislumbrei Gaia. Um pensamento assustador veio a mim. A atmosfera da Terra era uma mistura extraordinária e instável de gases, e, não obstante, eu sabia que sua composição se mantinha constante ao longo de períodos de tempo muito

longos. Será que a vida na Terra não somente criou a atmosfera, mas também a regula — mantendo-a com uma composição constante, e num nível favorável aos organismos?[59]

O processo de auto-regulação é a chave da idéia de Lovelock. Ele sabia, pela astrofísica, que o calor do Sol aumentou em 25 por cento desde que a vida começou na Terra e que, não obstante esse aumento, a temperatura da superfície da Terra tem permanecido constante, num nível confortável para a vida, nesses quatro bilhões de anos. E se a Terra fosse capaz de regular sua temperatura, indagou ele, assim como outras condições planetárias — a composição de sua atmosfera, a salinidade de seus oceanos, e assim por diante — assim como os organismos vivos são capazes de auto-regular e de manter constantes a temperatura dos seus corpos e também outras variáveis? Lovelock compreendeu que essa hipótese significava uma ruptura radical com a ciência convencional:

> Considere a teoria de Gaia como uma alternativa à sabedoria convencional que vê a Terra como um planeta morto, feito de rochas, oceanos e atmosfera inanimadas, e meramente habitado pela vida. Considere-a como um verdadeiro sistema, abrangendo toda a vida e todo o seu meio ambiente, estreitamente acoplados de modo a formar uma entidade auto-reguladora.[60]

Os cientistas espaciais da NASA, a propósito, não gostaram, em absoluto, da descoberta de Lovelock. Eles tinham desenvolvido uma impressionante série de experimentos para a detecção de vida, para serem utilizados na missão de sua Viking a Marte, e agora Lovelock estava lhes dizendo que realmente não havia necessidade de enviar uma espaçonave ao Planeta Vermelho à procura de vida. Tudo o que eles precisavam fazer era uma análise espectral da atmosfera marciana, o que poderia ser feito facilmente através de um telescópio na Terra. Não é de se admirar que a NASA tenha desprezado o conselho de Lovelock e tenha continuado a desenvolver o programa Viking. A nave espacial da NASA pousou em Marte vários anos depois, e, como Lovelock havia previsto, não achou lá nenhum traço de vida.

Em 1969, num encontro científico em Princeton, Lovelock, pela primeira vez, apresentou sua hipótese da Terra como um sistema auto-regulador.[61] Logo depois disso, um amigo romancista, reconhecendo que a idéia de Lovelock representava o renascimento de um importante mito antigo, sugeriu o nome "hipótese de Gaia", em honra da deusa grega da Terra. Lovelock, com prazer, aceitou a sugestão e, em 1972, publicou a primeira versão extensa de sua idéia num artigo intitulado "Gaia as Seen through the Atmosphere".[62]

Nessa época, Lovelock não tinha idéia de *como* a Terra poderia regular sua temperatura e a composição de sua atmosfera; o que ele sabia é que os processos auto-reguladores tinham de envolver organismos na biosfera. Também não sabia quais eram os organismos que produziam quais gases. No entanto, ao mesmo tempo, a microbiologista norte-americana Lynn Margulis estava estudando os mesmos processos que Lovelock precisava entender — a produção e a remoção de gases por vários organismos, incluindo especialmente as miríades de bactérias presentes no solo da Terra. Margulis lembra-se de que continuava perguntando: "Por que todos concordam com o fato de que o oxigênio atmosférico ... provém da vida, mas ninguém fala sobre os outros gases atmosféricos que provêm da vida?"[63] Logo depois, vários colegas dela recomendaram que conversasse com

James Lovelock, o que levou a uma longa e proveitosa colaboração, a qual resultou na hipótese de Gaia plenamente científica.

Os *backgrounds* e áreas científicos em que eram peritos James Lovelock e Lynn Margulis converteram-se num perfeito casamento. Margulis não teve dificuldade em responder a Lovelock muitas perguntas a respeito das origens biológicas dos gases atmosféricos, ao passo que Lovelock contribuiu com concepções provenientes da química, da termodinâmica e da cibernética para a emergente teoria de Gaia. Desse modo, ambos os cientistas foram capazes de, gradualmente, identificar uma complexa rede de laços de realimentação, a qual — conforme propuseram como hipótese — criaria a auto-regulação do sistema planetário.

O aspecto de destaque desses laços de realimentação está no fato de que ligam conjuntamente sistemas vivos e não-vivos. Não podemos mais pensar nas rochas, nos animais e nas plantas como estando separados uns dos outros. A teoria de Gaia mostra que há um estreito entrosamento entre as partes vivas do planeta — plantas, microorganismos e animais — e suas partes não-vivas — rochas, oceanos e a atmosfera.

O ciclo do dióxido de carbono é uma boa ilustração desse ponto.[64] Os vulcões da Terra têm vomitado enormes quantidades de dióxido de carbono (CO_2) durante milhões de anos. Uma vez que o CO_2 é um dos principais gases de estufa, Gaia precisa bombeá-lo para fora da atmosfera; caso contrário, ficaria quente demais para a vida. Plantas e animais reciclam grandes quantidades de CO_2 e de oxigênio nos processos da fotossíntese, da respiração e da decomposição. No entanto, essas trocas estão sempre em equilíbrio e não afetam o nível de CO_2 da atmosfera. De acordo com a teoria de Gaia, o excesso de dióxido de carbono na atmosfera é removido e reciclado por um enorme laço de realimentação, que envolve a erosão das rochas como um componente-chave.

No processo da erosão das rochas, estas combinam-se com a água da chuva e com o dióxido de carbono para formar várias substâncias químicas denominadas carbonatos. O CO_2 é então retirado da atmosfera e retido em soluções líquidas. Esses processos são puramente químicos, não exigindo a participação da vida. No entanto, Lovelock e outros descobriram que a presença de bactérias no solo aumenta enormemente a taxa de erosão das rochas. Num certo sentido, essas bactérias do solo atuam como catalisadores do processo de erosão das rochas, e todo o ciclo do dióxido de carbono poderia ser visto como o equivalente biológico dos ciclos catalíticos estudados por Manfred Eigen.

Os carbonatos são então arrastados para o oceano, onde minúsculas algas, invisíveis a olho nu, os absorvem e os utilizam para fabricar primorosas conchas calcárias (de carbonato de cálcio). Desse modo, o CO_2 que estava na atmosfera vai parar nas conchas dessas algas diminutas (Figura 5-4). Além disso, as algas oceânicas também absorvem o dióxido de carbono diretamente do ar.

Quando as algas morrem, suas conchas se precipitam para o fundo do mar, onde formam compactos sedimentos de pedra calcária (outra forma do carbonato de cálcio). Devido ao seu enorme peso, os sedimentos de pedra calcária gradualmente afundam no manto da Terra e se fundem, podendo até mesmo desencadear os movimentos das placas tectônicas. Por fim, parte do CO_2 contido nas rochas fundidas é novamente vomitado para fora por vulcões, e enviado para uma outra rodada do grande ciclo de Gaia.

O ciclo todo — ligando vulcões à erosão das rochas, a bactérias do solo, a algas oceânicas, a sedimentos de pedra calcária e novamente a vulcões — atua como um gigantesco laço de realimentação, que contribui para a regulação da temperatura da Terra.

Figura 5-4
Algas (coccolithophore) oceânicas com conchas calcárias.

À medida que o Sol fica mais quente, a ação bacteriana no solo é estimulada, o que aumenta a taxa de erosão das rochas. Isso, por sua vez, bombeia mais CO_2 para fora da atmosfera e, desse modo, esfria o planeta. De acordo com Lovelock e com Margulis, laços de realimentação semelhantes — interligando plantas e rochas, animais e gases atmosféricos, microorganismos e os oceanos — regulam o clima da Terra, a salinidade dos seus oceanos e outras importantes condições planetárias.

A teoria de Gaia olha para a vida de maneira sistêmica, reunindo geologia, microbiologia, química atmosférica e outras disciplinas cujos profissionais não estão acostumados a se comunicarem uns com os outros. Lovelock e Margulis desafiaram a visão convencional que encarava essas disciplinas como separadas, que afirmava que as forças da geologia estabelecem as condições para a vida na Terra e que as plantas e os animais eram meros passageiros que, por acaso, descobriram justamente as condições corretas para a sua evolução. De acordo com a teoria de Gaia, a vida cria as condições para a sua própria existência. Nas palavras de Lynn Margulis:

> Enunciada de maneira simples, a hipótese [de Gaia] afirma que a superfície da Terra, que sempre temos considerado o *meio ambiente* da vida, é na verdade *parte* da vida. A manta de ar — a troposfera — deveria ser considerada um sistema circulatório, produzido e sustentado pela vida. ... Quando os cientistas nos dizem que a vida se adapta a um meio ambiente essencialmente passivo de química, física e rochas, eles perpetuam uma visão seriamente distorcida. A vida, efetivamente, fabrica e modela e muda o meio ambiente ao qual se adapta. Em seguida, esse "meio ambiente" realimenta a vida que está mudando e atuando e crescendo nele. Há interações cíclicas constantes.[65]

De início, a resistência da comunidade científica a essa nova visão da vida foi tão forte que os autores acharam que era impossível publicar sua hipótese. Os periódicos acadêmicos estabelecidos, tais como *Science* e *Nature*, a rejeitaram. Finalmente, o astrônomo Carl Sagan, que trabalhava como editor da revista *Icarus*, convidou Lovelock e Margulis para publicarem a hipótese de Gaia em sua revista.[66] É intrigante o fato de que, dentre todas as teorias e modelos de auto-organização, foi a hipótese de Gaia que encontrou, de longe, a mais forte resistência. Somos tentados a nos perguntar se a reação altamente irracional por parte do *establishment* científico não teria sido desencadeada pela evocação de Gaia, o poderoso mito arquetípico.

De fato, a imagem de Gaia como um ser sensível foi o principal argumento implícito para a rejeição da hipótese de Gaia depois de sua publicação. Os cientistas expressaram essa rejeição alegando que a hipótese era não-científica porque era teleológica — isto é, implicava a idéia de processos naturais sendo modelados por um propósito. "Nem Lynn Margulis nem eu jamais propusemos que a auto-regulação planetária é propositada", protesta Lovelock. "Não obstante, temos encontrado críticas persistentes, quase dogmáticas, afirmando que nossa hipótese é teleológica."[67]

Essa crítica volta à velha discussão entre mecanicistas e vitalistas. Embora os mecanicistas sustentem que todos os fenômenos biológicos serão finalmente explicados pelas leis da física e da química, os vitalistas postulam a existência de uma entidade não-física, um agente causal dirigindo os processos vitais, que desafia explicações mecanicistas.[68] A teleologia — palavra derivada do grego *telos* ("propósito") — afirma que o agente causal postulado pelo vitalismo é propositado, que há propósito e plano na natureza. Opondo-se energicamente a argumentos vitalistas e teleológicos, os mecanicistas ainda lutam com a metáfora newtoniana de Deus como um relojoeiro. A teoria dos sistemas vivos que está emergindo nos dias atuais finalmente superou a discussão entre mecanicismo e teleologia. Como veremos, ela concebe a natureza viva como consciente (*mindful*) e inteligente sem a necessidade de supor qualquer plano ou propósito global.[69]

Os representantes da biologia mecanicista atacaram a hipótese de Gaia como teleológica porque não eram capazes de imaginar como a vida na Terra poderia criar e regular as condições para a sua própria existência sem ser consciente e propositada. "Há reuniões de comitês das espécies para negociar a temperatura do próximo ano?", perguntaram esses críticos com humor malicioso.[70]

Lovelock respondeu com um engenhoso modelo matemático batizado de "Mundo das Margaridas". Esse modelo representa um sistema de Gaia imensamente simplificado, no qual é absolutamente claro que a regulação da temperatura é uma propriedade emergente do sistema, que surge automaticamente sem nenhuma ação propositada, como uma conseqüência de laços de realimentação entre os organismos do planeta e o meio ambiente desses organismos.[71]

O Mundo das Margaridas é um modelo de computador de um planeta aquecido por um sol cuja radiação térmica aumenta de maneira uniforme e tendo apenas duas espécies vivas crescendo nele — margaridas negras e margaridas brancas. Sementes dessas margaridas estão espalhadas por todo o planeta, que é úmido e fértil por toda parte, mas as margaridas crescerão somente dentro de uma certa faixa de temperaturas.

Lovelock programou seu computador com as equações matemáticas correspondentes a todas essas condições, escolheu uma temperatura planetária no ponto de congelamento como condição de partida, e então deixou o modelo rodar no computador. "Será que a evolução do ecossistema do Mundo das Margaridas levaria a uma auto-regulação do clima?", era a pergunta crucial que ele fazia a si mesmo.

Os resultados foram espetaculares. À medida que o planeta modelado se aquece, em algum ponto o equador fica quente o bastante para a vida vegetal. As margaridas negras aparecerão em primeiro lugar, porque absorvem melhor o calor do que as margaridas brancas, e estão portanto mais bem adaptadas para a sobrevivência e a reprodução. Assim, em sua primeira fase de evolução, o Mundo das Margaridas mostra um anel de margaridas negras espalhadas em torno do equador (Figura 5-5).

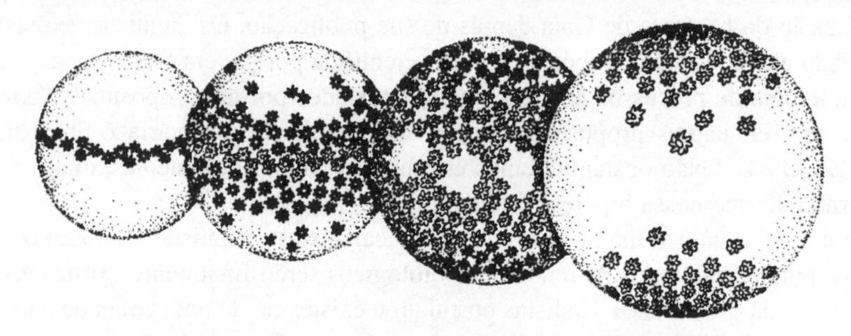

Figura 5-5
As quatro fases evolutivas do Mundo das Margaridas.

À medida que o planeta se aquece mais, o equador vai ficando demasiadamente quente para as margaridas negras sobreviverem, e elas começam a colonizar as zonas subtropicais. Ao mesmo tempo, aparecem margaridas brancas ao redor do equador. Como elas são brancas, refletem calor e se esfriam, o que permite que elas sobrevivam melhor em zonas quentes do que as margaridas negras. Então, na segunda fase, há um anel de margaridas brancas ao redor do equador, e as zonas subtropical e temperada estão cheias de margaridas negras, embora ainda esteja frio demais em torno dos pólos para qualquer margarida crescer aí.

Em seguida, o sol fica ainda mais quente e a vida vegetal se extingue no equador, onde agora o calor é excessivo até mesmo para as margaridas brancas. Enquanto isso, margaridas brancas substituem as negras nas zonas temperadas, e margaridas negras começam a aparecer em torno dos pólos. Desse modo, a terceira fase mostra o equador vazio, as zonas temperadas povoadas por margaridas brancas e as zonas ao redor dos pólos cheias de margaridas negras, e apenas as calotas polares sem nenhuma vida vegetal. Na última fase, finalmente, enormes regiões ao redor do equador e nas zonas subtropicais estão quentes demais para quaisquer tipos de margaridas sobreviverem, embora haja margaridas brancas nas zonas temperadas e margaridas negras nos pólos. Depois disso, o planeta modelado fica quente demais para qualquer tipo de margaridas crescer, e a vida se extingue.

São essas as dinâmicas básicas do sistema do Mundo das Margaridas. A propriedade fundamental do modelo que produz auto-regulação é o fato de que as margaridas negras, absorvendo calor, aquecem não apenas a si mesmas mas também o planeta. De maneira semelhante, embora as margaridas brancas reflitam o calor e se esfriem, elas também esfriam o planeta. Desse modo, o calor é absorvido e refletido ao longo de toda a evolução do Mundo das Margaridas, dependendo da espécie de margaridas que está presente.

Quando Lovelock apresentou em gráfico as mudanças de temperatura sobre o planeta ao longo de toda a sua evolução, obteve o notável resultado de que a temperatura do planeta é mantida constante em todas as quatro fases (Figura 5-6). Quando o sol está relativamente frio, o Mundo das Margaridas aumenta sua própria temperatura graças à absorção térmica pelas margaridas negras; à medida que o sol fica mais quente, a temperatura é gradualmente abaixada devido à predominância progressiva de margaridas brancas refletoras de calor. Assim, o Mundo das Margaridas, sem nenhuma previsão ou planejamento, "regula sua própria temperatura ao longo de um grande intervalo de tempo por meio da dança das margaridas".[72]

Laços de realimentação que ligam influências do meio ambiente ao crescimento das margaridas, as quais, por sua vez, afetam o meio ambiente, constituem uma característica essencial do modelo do Mundo das Margaridas. Quando esse ciclo é quebrado, de modo que não haja influência das margaridas sobre o meio ambiente, as populações de margaridas flutuam descontroladamente, e todo o sistema se torna caótico. Porém, tão logo os laços são fechados ao se ligar de volta as margaridas ao seu meio ambiente, o modelo se estabiliza e ocorre a auto-regulação.

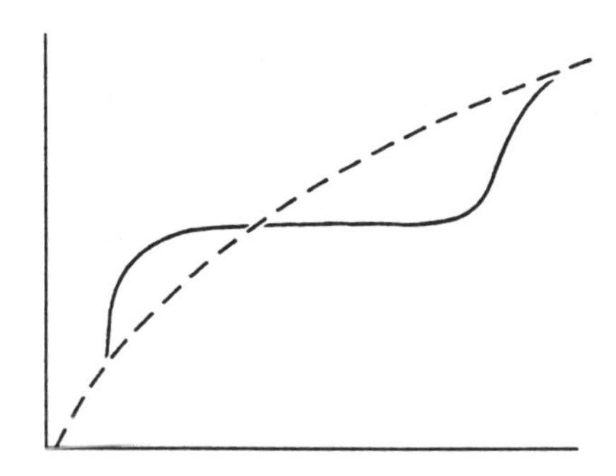

Figura 5-6
Evolução da temperatura no Mundo das Margaridas: a curva tracejada mostra o aumento da temperatura sem vida presente; a curva cheia mostra como a vida mantém uma temperatura constante; extraído de Lovelock (1991).

Desde essa época, Lovelock elaborou versões muito mais sofisticadas do Mundo das Margaridas. Em vez de apenas duas, há, nos novos modelos, muitas espécies de margaridas, com pigmentações variadas; há modelos nos quais as margaridas evoluem e mudam de cor; modelos nos quais coelhos comem as margaridas e raposas comem os coelhos, e assim por diante.[73] O resultado efetivo desses modelos altamente complexos é que as pequenas flutuações de temperatura que estavam presentes no modelo original do Mundo das Margaridas se nivelaram e a auto-regulação se torna progressivamente mais estável à medida que a complexidade do modelo aumenta. Além disso, Lovelock introduziu em seus modelos catástrofes, que dizimam 30 por cento das margaridas em intervalos regulares. Ele descobriu que a auto-regulação do Mundo das Margaridas é notavelmente elástica sob essas sérias perturbações.

Todos esses modelos geraram vívidas discussões entre biólogos, geofísicos e geoquímicos, e, desde a época em que foi publicada pela primeira vez, a hipótese de Gaia ganhou muito mais respeito na comunidade científica. De fato, hoje existem várias equipes de pesquisa em várias partes do mundo que trabalham sobre formulações detalhadas da teoria de Gaia.[74]

Uma Síntese Prévia

No final da década de 70, quase vinte anos depois que os critérios fundamentais da auto-organização foram descobertos em vários contextos, teorias e modelos matemáticos detalhados de sistemas auto-organizadores foram formulados, e um conjunto de características comuns tornou-se evidente: o fluxo contínuo de energia e de matéria através do sistema; o estado estável afastado do equilíbrio; a emergência de novos padrões de ordem; o papel central dos laços de realimentação e a descrição matemática por equações não-lineares.

Nessa época, o físico austríaco Erich Jantsch, então na Universidade da Califórnia, em Berkeley, apresentou uma síntese prévia dos novos modelos de auto-organização num livro intitulado *The Self-Organizing Universe*, que se baseava principalmente na teoria das estruturas dissipativas de Prigogine.[75] Embora o livro de Jantsch esteja hoje, em grande parte, obsoleto, porque foi escrito antes que a nova matemática da complexidade se tornasse amplamente conhecida, e porque não incluía a completa concepção de autopoiese como a organização dos sistemas vivos, teve um tremendo valor na época. Foi o primeiro livro que tornou a obra de Prigogine disponível para uma ampla audiência e tentou integrar um grande número de concepções e de idéias, na época muito novas, num paradigma coerente de auto-organização. Minha própria síntese dessas concepções neste livro é, num certo sentido, uma reformulação da obra pioneira de Erich Jantsch.

6

A Matemática da Complexidade

A concepção dos sistemas vivos como redes auto-organizadoras cujos componentes estão todos interligados e são interdependentes tem sido expressa repetidas vezes, de uma maneira ou de outra, ao longo de toda a história da filosofia e da ciência. No entanto, modelos detalhados de sistemas auto-organizadores só puderam ser formulados muito recentemente, quando novas ferramentas matemáticas se tornaram disponíveis, permitindo aos cientistas modelarem a interconexidade não-linear característica das redes. A descoberta dessa nova "matemática da complexidade" está sendo cada vez mais reconhecida como um dos acontecimentos mais importantes da ciência do século XX.

As teorias e os modelos de auto-organização descritos nas páginas anteriores lidam com sistemas altamente complexos envolvendo milhares de reações químicas interdependentes. Nas três últimas décadas, emergiu um novo conjunto de conceitos e de técnicas para se lidar com essa enorme complexidade que está começando a formar um arcabouço matemático coerente. Ainda não há um nome definitivo para essa nova matemática. Ela é popularmente conhecida como "a nova matemática da complexidade", e tecnicamente como "teoria dos sistemas dinâmicos", "dinâmica dos sistemas", "dinâmica complexa" ou "dinâmica não-linear". O termo "teoria dos sistemas dinâmicos" é talvez o mais amplamente utilizado.

Para evitar confusões, é útil ter sempre em mente o fato de que a teoria dos sistemas dinâmicos não é uma teoria dos fenômenos físicos, mas sim, uma teoria matemática cujos conceitos e técnicas são aplicados a uma ampla faixa de fenômenos. O mesmo é verdadeiro para a teoria do caos e para a teoria das fractais, importantes ramos da teoria dos sistemas dinâmicos.

A nova matemática, como veremos detalhadamente, é uma matemática de relações e de padrões. É mais qualitativa do que quantitativa e, desse modo, incorpora a mudança de ênfase característica do pensamento sistêmico — de objetos para relações, da quantidade para a qualidade, da substância para o padrão. O desenvolvimento de computadores de alta velocidade desempenhou um papel fundamental na nova capacidade de domínio da complexidade. Com a ajuda deles, os matemáticos são agora capazes de resolver equações complexas que, antes, eram intratáveis e de descobrir as soluções sob a forma de curvas num gráfico. Dessa maneira, eles descobriram novos padrões qualitativos de comportamento desses sistemas complexos e um novo nível de ordem subjacente ao caos aparente.

Ciência Clássica

Para apreciar a novidade da nova matemática da complexidade é instrutivo contrastá-la com a matemática da ciência clássica. A ciência, no sentido moderno da palavra, começou no final do século XVI com Galileu Galilei, que foi o primeiro a realizar experimentos sistemáticos e a utilizar linguagem matemática para formular as leis da natureza que descobriu. Nessa época, a ciência ainda era chamada de "filosofia natural", e quando Galileu dizia matemática estava se referindo à geometria. "A filosofia", escreveu ele, "está escrita nesse grande livro que sempre se encontra à frente dos nossos olhos; porém, não podemos entendê-lo se não aprendermos antes a linguagem e os caracteres nos quais ele está escrito. Essa linguagem é a matemática, e os caracteres são triângulos, círculos e outras figuras geométricas."[1]

Galileu herdou essa visão dos filósofos da antiga Grécia, que tendiam a geometrizar todos os problemas matemáticos e a procurar respostas em termos de figuras geométricas. Dizia-se que a Academia de Platão, em Atenas, a principal escola grega de ciência e de filosofia durante nove séculos, ostentava uma tabuleta acima de sua porta de entrada com os dizeres: "Não entre aqui se não estiver familiarizado com a geometria."

Vários séculos depois, uma abordagem muito diferente para a resolução de problemas matemáticos, conhecida como álgebra, foi desenvolvida por filósofos islâmicos na Pérsia, os quais, por sua vez, a aprenderam de matemáticos indianos. A palavra deriva do árabe *al-jabr* ("ligar conjuntamente") e se refere ao processo de reduzir o número de quantidades desconhecidas ligando-as conjuntamente em equações. A álgebra elementar envolve equações nas quais certas letras — tiradas, por convenção, do começo do alfabeto — significam vários números constantes. Um exemplo bem conhecido, que a maioria dos leitores se lembrará de seus anos de ginásio, é esta equação:

$$(a + b)^2 = a^2 + 2ab + b^2$$

A álgebra superior envolve relações, denominadas "funções", entre números variáveis desconhecidos, ou "variáveis", que são denotados por letras tiradas, por convenção, do fim do alfabeto. Por exemplo, na equação:

$$y = x + 1$$

diz-se que a variável y é "função de x", o que, na grafia concisa da matemática é representado por $y = f(x)$.

Assim, na época de Galileu, havia duas abordagens diferentes para resolver problemas matemáticos: a geometria e a álgebra, que provinham de culturas diferentes. Essas duas abordagens foram unificadas por René Descartes. Uma geração mais jovem do que Galileu, Descartes é usualmente considerado o fundador da filosofia moderna, e foi também um brilhante matemático. A invenção por Descartes de um método para tornar as formas e as equações algébricas visíveis como formas geométricas foi a maior dentre suas muitas contribuições à matemática.

O método, agora conhecido como geometria analítica, envolve coordenadas cartesianas, o sistema de coordenadas inventado por Descartes e assim denominado em sua homenagem. Por exemplo, quando a relação entre as duas variáveis x e y, no nosso exemplo anterior, a equação $y = x + 1$, é representada num gráfico com coordenadas

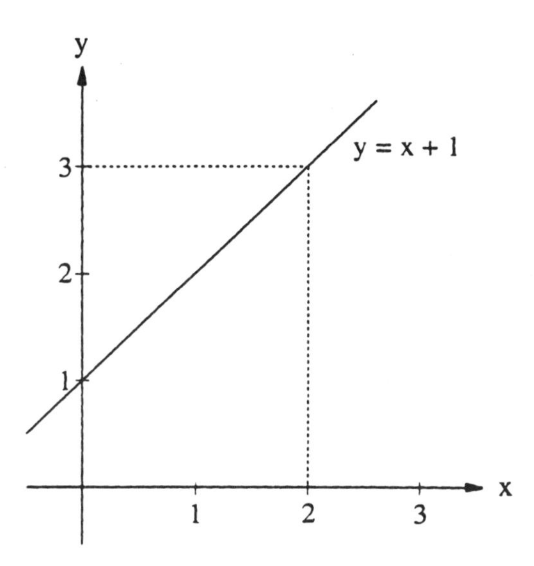

Figura 6-1
Gráfico correspondente à equação $y = x + 1$. Para qualquer ponto sobre a linha reta, o valor da coordenada y é sempre uma unidade maior do que o da coordenada x.

cartesianas, vemos que ela corresponde a uma linha reta (Figura 6-1). É por isso que equações desse tipo são chamadas de equações "lineares".

De maneira semelhante, a equação $y = x^2$ é representada por uma parábola (Figura 6-2). Equações desse tipo, que correspondem a curvas na grade cartesiana, são chamadas de equações "não-lineares". Elas possuem, como característica distintiva, o fato de que uma ou várias de suas variáveis são elevadas ao quadrado ou a potências maiores.

Equações Diferenciais

Com o novo método de Descartes, as leis da mecânica que Galileu descobrira podiam ser expressas quer em forma algébrica, como equações, quer em forma geométrica, como formas visuais. No entanto, havia um problema matemático de grande importância, que nem Galileu nem Descartes nem nenhum de seus contemporâneos pôde resolver. Eles não foram capazes de encontrar uma equação que descrevesse o movimento de um corpo animado de velocidade variável, acelerando ou desacelerando.

Para entender o problema, consideremos dois corpos em movimento, um deles viajando com velocidade constante e o outro acelerando. Se representarmos a correspondência entre a distância percorrida por eles e o tempo gasto para percorrê-la, obteremos os dois gráficos mostrados na Figura 6-3. No caso do corpo em aceleração, a velocidade muda a cada instante, e isso é algo que Galileu e seus contemporâneos não podiam expressar matematicamente. Em outras palavras, eles eram incapazes de calcular a velocidade exata do corpo em aceleração num dado instante.

Isso foi conseguido um século depois por Isaac Newton, o gigante da ciência clássica, e, por volta da mesma época, pelo filósofo e matemático alemão Gottfried Wilhelm

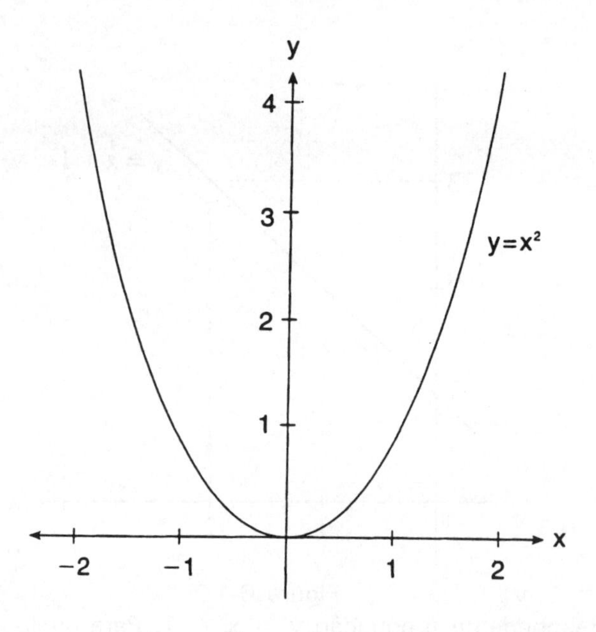

Figura 6-2
Gráfico correspondente à equação $y = x^2$. Para qualquer ponto da parábola, a coordenada y é igual ao quadrado da coordenada x.

Leibniz. Para solucionar o problema que tinha atormentado matemáticos e filósofos naturais durante séculos, Newton e Leibniz, independentemente, inventaram um novo método matemático, que é agora conhecido como cálculo e é considerado o portal para a "matemática superior".

É muito instrutivo ver como Newton e Leibniz tentaram resolver o problema, e isso não requer nenhuma linguagem técnica. Todos nós sabemos como calcular a velocidade de um corpo em movimento se essa velocidade permanecer constante. Se você está dirigindo a 30 km/h, isto significa que em uma hora você terá percorrido uma distância de trinta quilômetros, em duas horas percorrerá sessenta quilômetros, e assim por diante. Portanto, para obter a velocidade de um carro, você simplesmente divide a distância (por exemplo, sessenta quilômetros) pelo tempo que ele demorou para cobrir essa distância (por exemplo, duas horas). No nosso gráfico, isto significa que temos de dividir a diferença entre duas coordenadas de distância pela diferença entre duas coordenadas de tempo, como é mostrado na Figura 6-4.

Quando a velocidade do carro varia, como naturalmente acontece em qualquer situação real, você terá dirigido mais, ou menos, de trinta quilômetros em uma hora, dependendo do quanto você acelere ou desacelere nesse tempo. Nesse caso, como podemos calcular a velocidade exata num determinado instante?

Eis como Newton resolveu o problema. Ele disse: vamos primeiro calcular (no exemplo do movimento acelerado) a velocidade aproximada entre dois pontos substituindo a curva entre elas por uma linha reta. Como é mostrado na Figura 6-5, a velocidade é, mais uma vez, a razão entre $(d_2 - d_1)$ e $(t_2 - t_1)$. Essa não será a velocidade exata em nenhum dos dois pontos, mas se fizermos a distância entre eles suficientemente pequena, será uma boa aproximação.

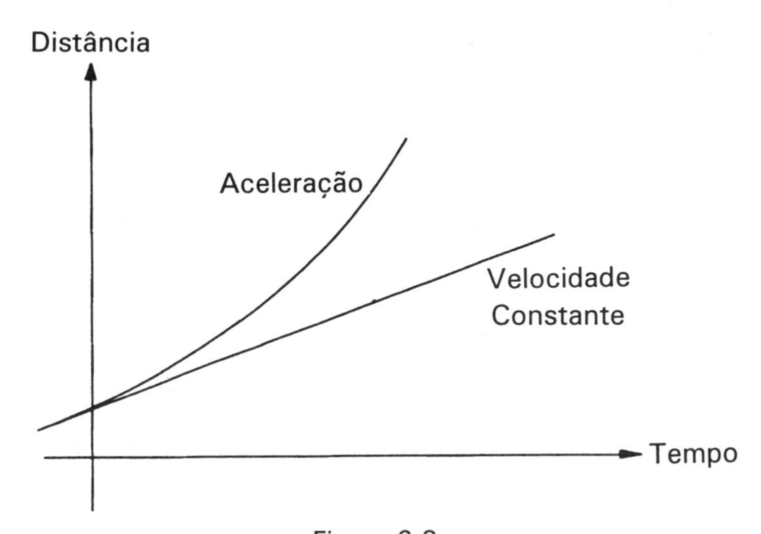

Figura 6-3
Gráficos mostrando o movimento de dois corpos, um deles movendo-se com velocidade constante e o outro acelerando.

Então, disse Newton, vamos reduzir o tamanho do triângulo formado pela curva e pelas diferenças entre as coordenadas, aproximando mais e mais os dois pontos da curva. À medida que o fazemos, a linha reta entre os dois pontos se aproximará cada vez mais da curva, e o erro no cálculo da velocidade entre os dois pontos será cada vez menor. Finalmente, quando atingirmos *o limite de diferenças infinitamente pequenas* — e esse é o passo crucial! — ambos os pontos da curva se fundirão num só, e obteremos a velocidade exata nesse ponto. Geometricamente, a linha reta será então tangente à curva.

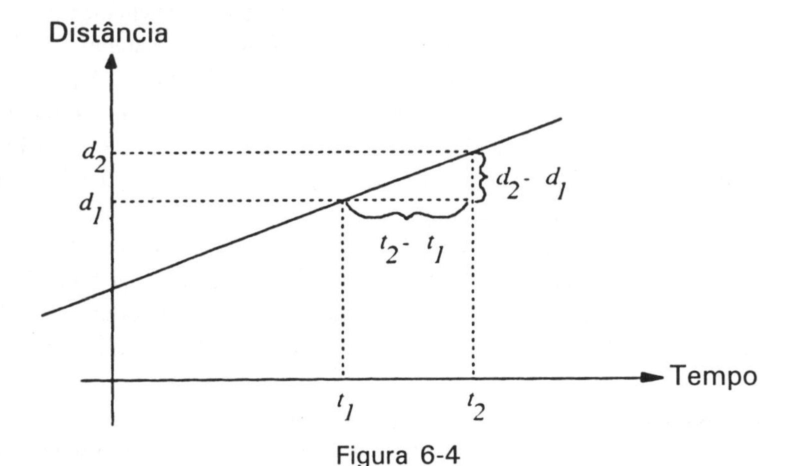

Figura 6-4
Para calcular uma velocidade constante, divida a diferença entre as coordenadas de distância ($d_2 - d_1$) pela diferença entre as coordenadas de tempo ($t_2 - t_1$).

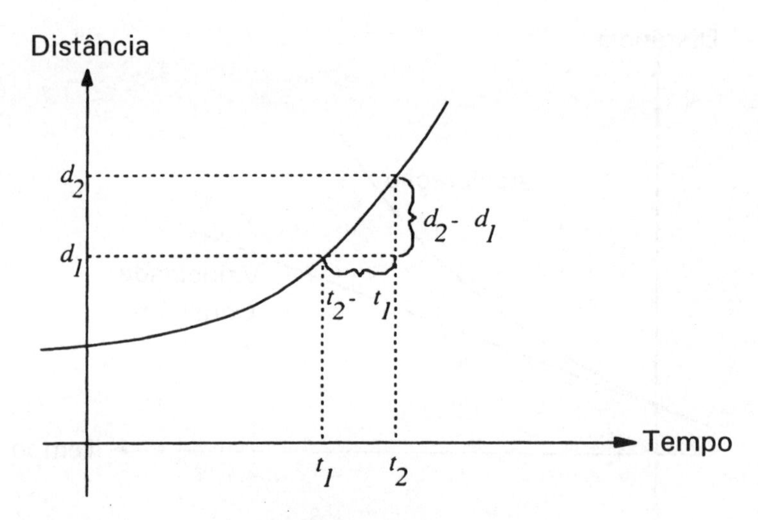

Figura 6-5
Cálculo da velocidade aproximada entre dois pontos no caso do movimento acelerado.

Reduzir matematicamente esse triângulo a zero e calcular a razão entre duas diferenças infinitamente pequenas é algo que está longe do trivial. A definição precisa do limite do infinitamente pequeno é o ponto fundamental de todo o cálculo. Em linguagem técnica, uma diferença infinitamente pequena é denominada "diferencial", e por isso o cálculo inventado por Newton e Leibniz é conhecido como "cálculo diferencial". Equações envolvendo diferenciais são denominadas equações diferenciais.

Para a ciência, a invenção do cálculo diferencial foi um passo gigantesco. Pela primeira vez na história humana, a concepção de infinito, que tinha intrigado filósofos e poetas desde tempos imemoriais, tinha recebido uma definição matemática precisa, que abria inúmeras possibilidades novas para a análise dos fenômenos naturais.

O poder dessa nova ferramenta analítica pode ser ilustrado com o célebre paradoxo de Zenão, proveniente da antiga escola Eleata de filosofia grega. De acordo com Zenão, o grande atleta Aquiles nunca pode alcançar uma tartaruga numa corrida na qual se concede a esta uma vantagem inicial. Isto porque, quando Aquiles tiver completado a distância correspondente a essa vantagem, a tartaruga terá percorrido uma distância a mais; quando Aquiles tiver transposto essa distância a mais, a tartaruga terá avançado mais um pouco, e assim por diante, até o infinito. Embora a defasagem do atleta continue diminuindo, ela nunca desaparecerá. Em qualquer dado momento, a tartaruga sempre estará à frente. Portanto, concluiu Zenão, Aquiles, o mais rápido corredor da Antiguidade, nunca poderá alcançar a tartaruga.

Os filósofos gregos e seus sucessores argumentaram durante séculos a respeito desse paradoxo, mas nunca puderam resolvê-lo porque a definição exata do infinitamente pequeno lhes escapava. A falha no argumento de Zenão reside no fato de que, mesmo que Aquiles precise de um número infinito de *passos* para alcançar a tartaruga, esse processo não requer um *tempo* infinito. Com as ferramentas do cálculo de Newton, é facil mostrar que um corpo em movimento percorrerá um número infinito de intervalos infinitamente pequenos num tempo finito.

No século XVII, Isaac Newton usou esse cálculo para descrever todos os movimentos possíveis de corpos sólidos em termos de um conjunto de equações diferenciais, que ficaram conhecidas, a partir dessa época, como as "equações do movimento de Newton". Esse feito foi saudado por Einstein como "talvez o maior avanço no pensamento que um único indivíduo teve o privilégio de realizar". [2]

Encarando a Complexidade

Nos séculos XVIII e XIX, as equações newtonianas do movimento foram modeladas em formas mais gerais, mais abstratas e mais elegantes por algumas das maiores mentes da história da matemática. Sucessivas reformulações por Pierre Laplace, Leonhard Euler, Joseph Lagrange e William Hamilton não mudaram o conteúdo das equações de Newton, mas sua crescente sofisticação permitiu aos cientistas analisar uma faixa cada vez mais ampla de fenômenos naturais.

Aplicando sua teoria ao movimento dos planetas, o próprio Newton foi capaz de reproduzir as características básicas do sistema solar, embora não os seus detalhes mais precisos. No entanto, Laplace aprimorou e aperfeiçoou os cálculos de Newton em tal medida que foi capaz de explicar os movimentos dos planetas, das luas e dos cometas até os seus menores detalhes, bem como o fluxo das marés e outros fenômenos relacionados com a gravidade.

Encorajados por esse brilhante sucesso da mecânica newtoniana, físicos e matemáticos estenderam-na ao movimento dos fluidos e às vibrações de cordas, sinos e outros corpos elásticos, e mais uma vez ela funcionou. Esses sucessos impressionantes fizeram os cientistas do começo do século XIX acreditar que o universo era, de fato, um grande sistema mecânico funcionando de acordo com as leis newtonianas do movimento. Desse modo, as equações diferenciais de Newton tornaram-se o fundamento matemático do paradigma mecanicista. A máquina newtoniana do mundo era vista como completamente causal e determinista. Tudo o que acontecia tinha uma causa definida e dava origem a um efeito definido, e o futuro de qualquer parte do sistema poderia — em princípio — ser previsto com certeza absoluta se o seu estado em qualquer instante fosse conhecido em todos os seus detalhes.

Na prática, naturalmente, as limitações do modelamento da natureza por meio das equações do movimento de Newton ficaram logo evidentes. Como assinalou o físico inglês Ian Stewart: "*Montar* as equações é uma coisa, *resolvê-las* é totalmente outra." [3] As soluções exatas estavam restritas a alguns fenômenos simples e regulares, enquanto a complexidade de várias áreas parecia esquivar-se a todo modelamento mecanicista. Por exemplo, o movimento relativo de dois corpos sob a força da gravidade podia ser calculado de maneira precisa; mas quando se chegava aos gases, com milhões de partículas, a situação parecia sem esperança.

Por outro lado, durante um longo tempo, físicos e químicos tinham observado, no comportamento dos gases, regularidades que tinham sido formuladas em termos das chamadas leis dos gases — relações matemáticas simples entre a temperatura, o volume e a pressão de um gás. Como poderia essa simplicidade aparente derivar da enorme complexidade de movimentos de cada molécula?

No século XIX, o grande físico James Clerk Maxwell encontrou uma resposta. Mesmo que o comportamento exato das moléculas de um gás não possa ser determinado, Maxwell argumentou que seu comportamento *médio* poderia dar origem às regularidades observadas. Por isso, propôs o uso de métodos estatísticos para formular as leis de movimento dos gases:

> A menor porção de matéria que podemos submeter à experiência consiste em milhões de moléculas, e nenhuma delas jamais se torna individualmente sensível a nós. Não podemos, pois, determinar o movimento real de nenhuma dessas moléculas; portanto, somos obrigados a abandonar o método histórico restrito e adotar o método estatístico de lidar com grandes grupos de moléculas.[4]

O método de Maxwell foi de fato altamente bem-sucedido. Ele permitiu aos físicos explicar de imediato as propriedades básicas de um gás de acordo com o comportamento médio das suas moléculas. Por exemplo, tornou-se claro que a pressão de um gás é a força causada pelo empurrão médio das moléculas,[5] ao passo que a temperatura se revelou proporcional à energia média de movimento dessas moléculas. A estatística e a teoria das probabilidades, sua base teórica, tem-se desenvolvido desde o século XVII e podia ser facilmente aplicada à teoria dos gases. A combinação de métodos estatísticos com a mecânica newtoniana resultou num novo ramo da ciência, apropriadamente denominado "mecânica estatística", que se tornou o fundamento teórico da termodinâmica, a teoria do calor.

Não-linearidade

Desse modo, por volta do final do século XIX, os cientistas desenvolveram duas diferentes ferramentas matemáticas para modelar os fenômenos naturais — as equações do movimento exatas, deterministas, para sistemas simples; e as equações da termodinâmica, baseadas em análises estatísticas de quantidades médias, para sistemas complexos.

Embora essas duas técnicas fossem muito diferentes, tinham uma coisa em comum. Ambas exibiam equações *lineares*. As equações newtonianas do movimento são muito gerais, apropriadas tanto para fenômenos lineares como para não-lineares; na verdade, equações não-lineares vez ou outra sempre foram formuladas. Porém, como estas, em geral, eram muito complexas para serem resolvidas, e devido à natureza aparentemente caótica dos fenômenos físicos associados — tais como fluxos turbulentos de água e de ar — os cientistas geralmente evitavam estudar os sistemas não-lineares.[6]

Portanto, desde que apareceram equações não-lineares, elas foram imediatamente "linearizadas" — em outras palavras, substituídas por aproximações lineares. Desse modo, em vez de descrever os fenômenos em sua plena complexidade, as equações da ciência clássica lidam com *pequenas* oscilações, ondas *baixas*, *pequenas* mudanças de temperatura, e assim por diante. Como observa Ian Stewart, esse hábito tornou-se tão arraigado que muitas equações eram linearizadas *enquanto ainda estavam sendo construídas*, de modo que os manuais de ciência nem mesmo incluíam as versões não-lineares completas. Em conseqüência, a maioria dos cientistas e dos engenheiros veio a acreditar que praticamente todos os fenômenos naturais poderiam ser descritos por equações lineares. "Assim como o mundo era um mecanismo de relojoaria para o século XVIII, ele foi um mundo linear para o século XIX e para a maior parte do século XX."[7]

A mudança decisiva que esteve ocorrendo ao longo das três últimas décadas foi o reconhecimento de que a natureza, como Stewart afirma, é "inflexivelmente não-linear". Fenômenos não-lineares dominam uma parcela muito maior do mundo inanimado do que tínhamos presumido, e constituem um aspecto essencial dos padrões de rede dos sistemas vivos. A teoria dos sistemas dinâmicos é a primeira matemática que permite aos cientistas lidar com a plena complexidade desses fenômenos não-lineares.

A exploração dos sistemas não-lineares ao longo das últimas décadas tem exercido um profundo impacto sobre a ciência como um todo, pois está nos obrigando a reavaliar algumas noções muito básicas sobre as relações entre um modelo matemático e os fenômenos que ele descreve. Uma dessas noções refere-se à nossa compreensão da simplicidade e da complexidade.

No mundo das equações lineares, nós pensávamos que sabíamos que sistemas descritos por equações simples se comportavam de maneira simples, ao passo que aqueles descritos por equações complicadas se comportavam de maneiras complicadas. No mundo não-linear — que inclui a maior parte do mundo real, como começamos a descobrir — equações deterministas simples podem produzir uma riqueza e uma variedade de comportamentos insuspeitadas. Por outro lado, comportamentos complexos e aparentemente caóticos podem dar origem a estruturas ordenadas, a padrões belos e sutis. De fato, na teoria do caos, o termo "caos" adquiriu um novo significado técnico. O comportamento de sistemas caóticos não é meramente aleatório, mas exibe um nível mais profundo de ordem padronizada. Como veremos adiante, as novas técnicas matemáticas nos permitem tornar esses padrões subjacentes visíveis sob formas distintas.

Outra importante propriedade das equações não-lineares que tem perturbado os cientistas está no fato de que a previsão exata é, com freqüência, impossível, mesmo que as equações possam ser estritamente deterministas. Veremos que essa característica notável da não-linearidade tem dado origem a uma importante mudança de ênfase da análise quantitativa para a qualitativa.

Realimentação e Iterações

A terceira propriedade importante dos sistemas não-lineares é um resultado da freqüente ocorrência de processos de realimentação de auto-reforço. Nos sistemas lineares, pequenas mudanças produzem pequenos efeitos, e grandes efeitos se devem a grandes mudanças ou a uma soma de muitas pequenas mudanças. Em sistemas não-lineares, ao contrário, pequenas mudanças podem ter efeitos dramáticos, pois podem ser amplificadas repetidamente por meio de realimentação de auto-reforço. Esses processos de realimentação não-lineares constituem a base das instabilidades e da súbita emergência de novas formas de ordem, tão típicas da auto-organização.

Matematicamente, um laço de realimentação corresponde a um tipo especial de processo não-linear conhecido como iteração (palavra que em latim significa "repetição"), na qual uma função opera repetidamente sobre si mesma. Por exemplo, se a função consiste em multiplicar a variável x por 3 — isto é, $f(x) = 3x$ — a iteração consiste em multiplicações repetidas. Na concisa linguagem matemática, isto se escreve da seguinte maneira:

$$x \rightarrow 3x$$
$$3x \rightarrow 9x$$
$$9x \rightarrow 27x$$
etc.

Cada um desses passos é chamado de "mapeamento". Se visualizarmos a variável x como uma linha de números, a operação $x \rightarrow 3x$ mapeia cada número em outro número da linha. De maneira mais geral, um mapeamento que consiste em multiplicar x por um número constante k é escrito assim:

$$x \rightarrow kx$$

Uma iteração encontrada com freqüência em sistemas não-lineares, que é muito simples e, não obstante, produz uma abundante complexidade, é o mapeamento:

$$x \rightarrow kx(1 - x)$$

onde a variável x está restrita a valores entre 0 e 1. Esse mapeamento, conhecido pelos matemáticos como "mapeamento logístico", tem muitas aplicações importantes. É utilizado por ecologistas para descrever o crescimento de uma população sujeita a tendências opostas e, por isso, também é conhecida como "equação de crescimento".[8]

Explorar as iterações de vários mapeamentos logísticos é um exercício fascinante, que pode ser efetuado facilmente com uma pequena calculadora de bolso.[9] Para perceber o aspecto essencial dessas iterações, vamos escolher novamente o valor $k = 3$:

$$x \rightarrow 3x(1 - x)$$

A variável x pode ser visualizada como um segmento de reta que vai de 0 a 1, e é fácil calcular os mapeamentos para alguns pontos, como se segue:

0	→	0(1 - 0)	= 0
0,2	→	0,6 (1 - 0,2)	= 0,48
0,4	→	1,2 (1 - 0,4)	= 0,72
0,6	→	1,8 (1 - 0,6)	= 0,72
0,8	→	2,4 (1 - 0,8)	= 0,48
1	→	3(1 - 1)	= 0

Quando marcamos esses números sobre dois segmentos de reta, vemos que números entre 0 e 0,5 são mapeados em números entre 0 e 0,75. Desse modo, 0,2 torna-se 0,48, e 0,4 torna-se 0,72. Números entre 0,5 e 1 são mapeados no mesmo segmento, mas em ordem inversa. Assim, 0,6 torna-se 0,72 e 0,8 torna-se 0,48. O efeito global é mostrado na Figura 6-6. Vemos que o mapeamento estende o segmento de modo que ele cubra a distância de 0 a 1,5, e em seguida dobra-o de volta sobre si mesmo, o que resulta num segmento que vai de 0 a 0,75 e volta.

Uma iteração desse mapeamento resultará em repetidas operações de estender e dobrar, de maneira muito parecida com aquela pela qual um padeiro estende e dobra, repetidas vezes, a massa de farinha. Por isso, essa iteração é denominada, muito propriamente, a "transformação do padeiro". À medida que o estender e o dobrar prosseguem, pontos vizinhos no segmento de reta se afastarão cada vez mais uns dos outros, e é impossível predizer onde um determinado ponto acabará ficando depois de muitas iterações.

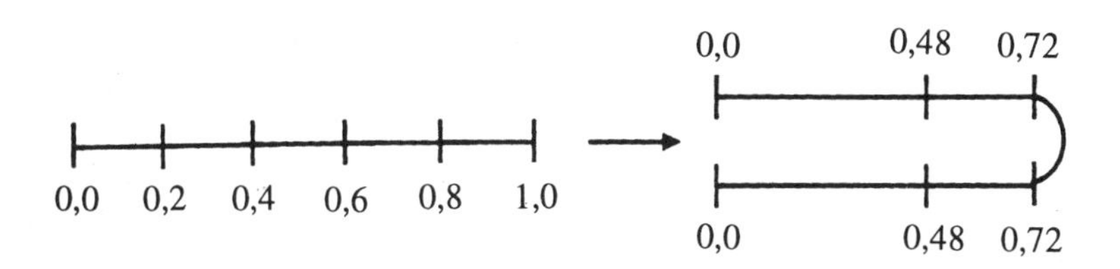

Figura 6-6
O mapeamento logístico, ou "transformação do padeiro".

Até mesmo os computadores mais poderosos arredondam os seus cálculos após um certo número de casas decimais, e, depois de um certo número de iterações, até mesmo os mais diminutos erros arredondados terão se acumulado a ponto de produzirem uma incerteza suficiente para tornar impossíveis as previsões. A transformação do padeiro é um protótipo dos processos não-lineares, altamente complexos e imprevisíveis, conhecidos tecnicamente como caos.

Poincaré e as Pegadas do Caos

A teoria dos sistemas dinâmicos, a matemática que tornou possível trazer ordem ao caos, foi desenvolvida muito recentemente, mas seus fundamentos foram estabelecidos na virada do século por um dos maiores matemáticos da Idade Moderna, Jules Henri Poincaré. Dentre todos os matemáticos deste século, Poincaré foi o último grande generalista. Ele fez inúmeras contribuições praticamente em todos os ramos da matemática. Suas obras reunidas abrangem várias centenas de volumes.

A partir da posição vantajosa do final do século XX, podemos ver que a maior contribuição de Poincaré foi a de trazer o imaginário visual de volta à matemática.[10] Do século XVII em diante, o estilo europeu da matemática mudou gradualmente a partir da geometria, a matemática das formas visuais, para a álgebra, a matemática das fórmulas. Laplace, em particular, foi um dos grandes formalizadores que se vangloriava pelo fato de a sua obra *Mecânica Analítica* não conter figuras. Poincaré inverteu essa tendência, quebrando o laço apertado da análise e das fórmulas, que se tinham tornado cada vez mais opacas, e voltando novamente para os padrões visuais.

No entanto, a matemática visual de Poincaré não é a geometria de Euclides. É uma geometria de um novo tipo, uma matemática de padrões e de relações, conhecida como topologia. A topologia é uma geometria na qual todos os comprimentos, ângulos e áreas podem ser distorcidos à vontade. Desse modo, um triângulo pode ser transformado, com continuidade, num retângulo, o retângulo num quadrado, o quadrado num círculo. De maneira semelhante, um cubo pode ser transformado num cilindro, o cilindro num cone, o cone numa esfera. Devido a essas transformações contínuas, a topologia é popularmente conhecida como "geometria de folha de borracha". Todas as figuras que podem ser transformadas umas nas outras por meio de dobramento, estiramento e torção são ditas "topologicamente equivalentes".

No entanto, nem tudo é modificável por meio dessas transformações topológicas. De fato, a topologia está preocupada precisamente com aquelas propriedades das figuras geométricas que não mudam quando essas figuras são transformadas. Por exemplo, intersecções de linhas continuam sendo intersecções, e um buraco numa rosquinha não pode ser transformado. Portanto, uma rosquinha pode ser transformada topologicamente numa xícara de café (o buraco transformando-se numa asa), mas nunca numa panqueca. Assim, a topologia é, na verdade, uma matemática de relações, de padrões imutáveis, ou "invariantes".

Poincaré utilizou concepções topológicas para analisar as características qualitativas de complexos problemas dinâmicos e, ao fazê-lo, assentou os fundamentos da matemática da complexidade, que emergiriam um século mais tarde. Dentre os problemas que Poincaré analisou dessa maneira estava o célebre problema dos três corpos em mecânica celeste — o movimento relativo de três corpos sob sua mútua atração gravitacional — que ninguém fora capaz de resolver.[11] Aplicando seu método topológico a um problema dos três corpos ligeiramente simplificado, Poincaré foi capaz de determinar a forma geral de suas trajetórias e verificou que era de uma complexidade assustadora:

> Quando se tenta representar a figura formada por essas duas curvas e sua infinidade de intersecções ... [descobre-se que] essas intersecções formam uma espécie de rede, de teia ou de malha infinitamente apertada; nenhuma das duas curvas pode jamais cruzar consigo mesma, mas deve dobrar de volta sobre si mesma de uma maneira bastante complexa a fim de cruzar infinitas vezes os elos da teia. Fica-se perplexo diante da complexidade dessa figura, que eu nem mesmo tento desenhar.[12]

O que Poincaré representou em sua mente é hoje denominado "atrator estranho". Nas palavras de Ian Stewart, "Poincaré estava olhando fixo para as pegadas do caos".[13]

Ao mostrar que equações do movimento, simples e deterministas, podem produzir uma complexidade inacreditável, que se esquiva a todas as tentativas de previsão, Poincaré desafiou os próprios fundamentos da mecânica newtoniana. No entanto, devido a um capricho da história, os cientistas, na virada do século, não enfrentaram esse desafio. Poucos anos depois que Poincaré publicou seu trabalho sobre o problema dos três corpos, Max Planck descobriu os quanta de energia e Albert Einstein publicou sua teoria especial da relatividade.[14] No meio século seguinte, físicos e matemáticos estavam fascinados com os desenvolvimentos revolucionários da física quântica e da teoria da relatividade, e a descoberta abaladora de Poincaré retirou-se para os bastidores. Foi apenas na década de 60 que os cientistas, involuntariamente, reingressaram nas complexidades do caos.

Trajetórias em Espaços Abstratos

As técnicas matemáticas que permitiram aos pesquisadores, nas três últimas décadas, descobrir padrões ordenados em sistemas caóticos baseiam-se na abordagem topológica de Poincaré e estão estreitamente ligadas com o desenvolvimento de computadores. Com a ajuda dos computadores atuais de alta velocidade, os cientistas podem resolver equações não-lineares por meio de técnicas que antes não estavam disponíveis. Esses poderosos computadores podem facilmente traçar as trajetórias complexas que Poincaré nem mesmo tentou desenhar.

Como os leitores, em sua maioria, se lembrarão dos seus dias de ginásio, uma equação é resolvida ao ser manipulada até que se obtenha uma fórmula final como solução. Chama-se a isto resolver a equação "analiticamente". O resultado é sempre uma fórmula. Para a maior parte das equações não-lineares que descrevem fenômenos naturais é muito difícil obter soluções por meios analíticos. Mas há uma outra maneira, que é chamada de resolver "numericamente" a equação. Ela envolve tentativa e erro. Você testa várias combinações de números para as variáveis até descobrir as únicas que se ajustam à equação. Técnicas e truques especiais foram desenvolvidos para realizar isso de maneira eficiente, mas, para a maioria das equações, o processo é extremamente incômodo, toma muito tempo e oferece apenas soluções muito grosseiras e aproximadas.

Tudo isso mudou quando os novos e poderosos computadores entraram em cena. Agora, temos programas para resolver numericamente uma equação por caminhos extremamente rápidos e precisos. Com os novos métodos, equações não-lineares podem ser resolvidas até qualquer grau de precisão. No entanto, as soluções são de um tipo muito diferente. O resultado não é uma fórmula, mas uma grande coleção de valores para as variáveis, que satisfazem a equação, e o computador pode ser programado para desenhar a solução como uma curva, ou um conjunto de curvas, num gráfico. Essa técnica permitiu aos cientistas resolver as complexas equações não-lineares associadas com fenômenos caóticos e descobrir ordem sob o caos aparente.

Para revelar esses padrões ordenados, as variáveis de um sistema complexo são exibidas num espaço matemático abstrato denominado "espaço de fase". Essa é uma técnica bem conhecida, que foi desenvolvida na termodinâmica, na virada do século.[15] Cada uma das variáveis do sistema está associada com uma diferente coordenada nesse espaço abstrato. Vamos ilustrar esse fato com um exemplo muito simples: uma bola que oscila de um lado para o outro num pêndulo. Para descrever completamente o movimento pendular, precisamos de duas variáveis: o ângulo, que pode ser positivo ou negativo, e a velocidade, que pode igualmente ser positiva ou negativa, dependendo do sentido do balanço. Com essas duas variáveis, ângulo e velocidade, podemos descrever completamente o estado de movimento de um pêndulo, em qualquer momento.

Se traçarmos agora um sistema de coordenadas cartesianas no qual uma das coordenadas é o ângulo e a outra a velocidade (veja a Figura 6-7), esse sistema de coordenadas estenderá um espaço bidimensional no qual certos pontos correspondem aos estados de movimento possíveis de um pêndulo. Vejamos onde estão situados esses pontos. Nas elongações extremas, a velocidade é igual a zero. Isso nos dá dois pontos no eixo horizontal. No centro, onde o ângulo é zero, a velocidade se encontra em seu máximo, seja ela positiva (balançando em um sentido) ou negativa (balançando no outro sentido). Isso nos fornece dois pontos sobre o eixo vertical. Esses quatro pontos no espaço de fase, que marcamos na Figura 6-7, representam os estados extremos do pêndulo — elongação máxima e velocidade máxima. A localização exata desses pontos dependerá de nossas unidades de medida.

Se prosseguirmos e marcarmos os pontos correspondentes aos estados de movimento

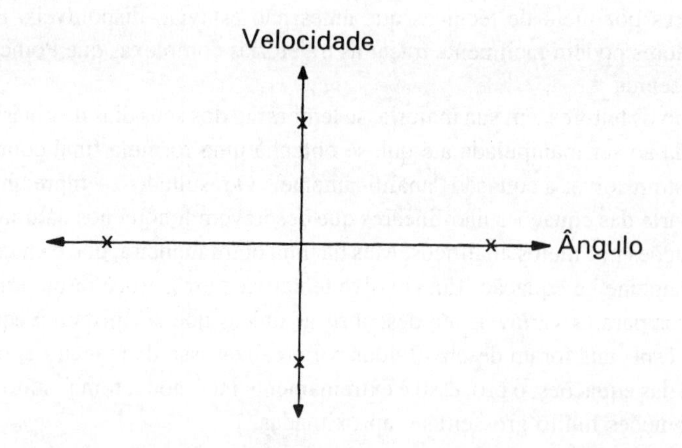

Figura 6-7
O espaço de fase bidimensional de um pêndulo.

entre os quatro extremos, descobriremos que eles se distribuem num laço fechado. Poderíamos torná-lo um círculo escolhendo apropriadamente nossas unidades de medida, mas em geral será algum tipo de elipse (Figura 6-8). Esse laço é chamado de trajetória do pêndulo no espaço de fase. Ele descreve completamente o movimento do sistema. Todas as variáveis do sistema (duas em nosso caso simples) são representadas por um único ponto, que sempre estará em algum lugar sobre esse laço. Conforme o pêndulo balança de um lado para o outro, o ponto no espaço de fase percorrerá o laço circular. Em qualquer momento, podemos medir as duas coordenadas do ponto no espaço de fase, e saberemos

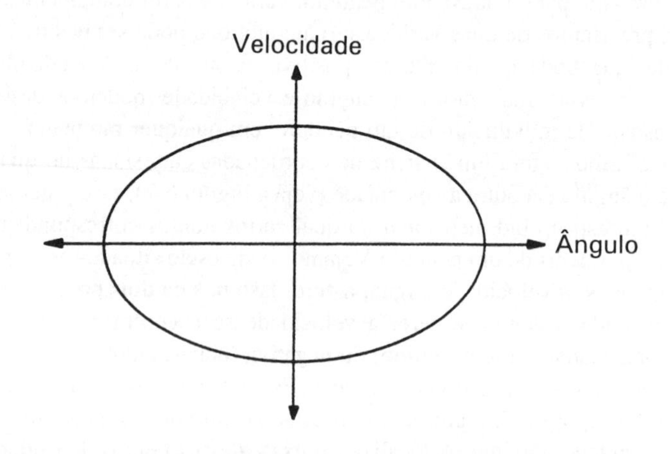

Figura 6-8
Trajetória do pêndulo no espaço de fase.

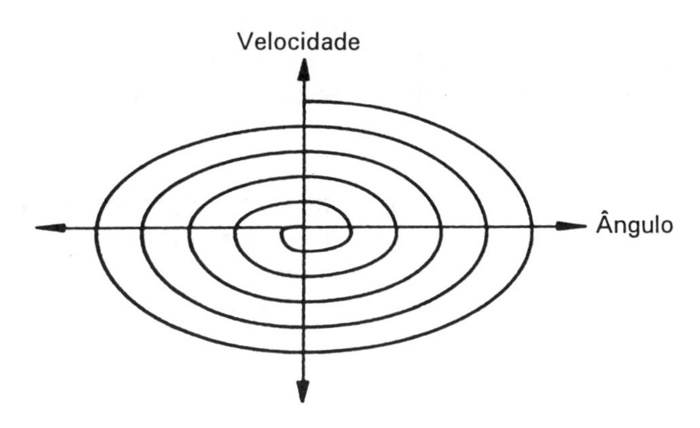

Figura 6-9
Trajetória no espaço de fase de um pêndulo com atrito.

o estado exato — ângulo e velocidade — do sistema. Note que esse laço não é, em nenhum sentido, uma trajetória da bola do pêndulo. É uma curva num espaço geométrico abstrato, composta das duas variáveis do sistema.

Portanto, esta é a técnica do espaço de fase. As variáveis do sistema são representadas num espaço abstrato, onde um único ponto descreve todo o sistema. Conforme o sistema muda, o ponto descreve uma trajetória no espaço de fase — um laço fechado no nosso exemplo. Quando o sistema não é um pêndulo simples, mas muito mais complicado, terá muito mais variáveis, mas a técnica ainda é a mesma. Cada variável é representada por uma coordenada em uma dimensão diferente do espaço de fase. Se houver dezesseis variáveis, haverá um espaço de dezesseis dimensões. Um único ponto nesse espaço descreverá completamente o estado de todo o sistema, pois esse único ponto terá dezesseis coordenadas, cada uma delas correspondendo a uma das dezesseis variáveis do sistema.

Naturalmente, não podemos visualizar um espaço de fase com dezesseis dimensões; é por isso que ele é chamado de espaço matemático abstrato. Os matemáticos não parecem ter nenhum problema com essas abstrações. Eles estão igualmente à vontade em espaços que não podem ser visualizados. De qualquer maneira, à medida que o sistema muda, o ponto que representa o seu estado no espaço de fase se moverá por esse espaço, descrevendo uma trajetória. Diferentes estados iniciais do sistema correspondem a diferentes pontos de partida no espaço de fase, e, em geral, darão origem a diferentes trajetórias.

Atratores Estranhos

Agora, voltemos ao nosso pêndulo e notemos que era um pêndulo idealizado, sem atrito, oscilando de um lado para o outro em perpétuo movimento. Este é um exemplo típico de física clássica, onde o atrito geralmente é negligenciado. Um pêndulo real sempre terá algum atrito, que provocará sua desaceleração, até que finalmente acabe parando. No espaço de fase bidimensional, esse movimento é representado por uma curva que se espirala para dentro, em direção ao centro, como é mostrado na Figura 6-9. Essa trajetória é chamada de "atrator", pois os matemáticos dizem, metaforicamente, que o ponto fixo no centro do sistema de coordenadas "atrai" a trajetória. Essa metáfora tem sido estendida de modo a incluir laços fechados, tais como aquele que representa o pêndulo sem atrito. Uma trajetória em laço fechado é chamada de "atrator periódico", ao passo que a trajetória que espirala para dentro é chamada de "atrator punctiforme".

Nos últimos vinte anos, a técnica do espaço de fase tem sido utilizada para se explorar uma ampla variedade de sistemas complexos. Caso após caso, cientistas e matemáticos estabeleceriam equações não-lineares, resolveriam numericamente essas equações, e deixariam os computadores desenhar as soluções como trajetórias no espaço de fase. Para sua grande surpresa, esses pesquisadores descobriram que há um número muito limitado de atratores diferentes. Suas formas podem ser classificadas topologicamente, e as propriedades dinâmicas gerais de um sistema podem ser deduzidas da forma de seu atrator.

Há três tipos básicos de atrator: atratores punctiformes, correspondentes a sistemas que atingem um equilíbrio estável; atratores periódicos, correspondentes a oscilações periódicas; e os assim chamados atratores estranhos, correspondentes a sistemas caóticos. Um exemplo típico de sistema com um atrator estranho é o "pêndulo caótico", estudado pela primeira vez pelo matemático japonês Yoshisuke Ueda no final da década de 60. É um circuito eletrônico não-linear com um acionador externo, que é relativamente simples mas produz um comportamento extraordinariamente complexo.[16] Cada balanço desse oscilador caótico é único. O sistema nunca se repete, de modo que cada ciclo cobre uma nova região do espaço de fase. No entanto, a despeito do movimento aparentemente errático, os pontos no espaço de fase não estão distribuídos aleatoriamente. Juntos, eles formam um padrão complexo, altamente organizado — um atrator estranho, que hoje leva o nome de Ueda.

Figura 6-10
O atrator de Ueda; extraído de Ueda *et al.* (1993).

O atrator de Ueda é uma trajetória num espaço de fase bidimensional que gera padrões que quase se repetem, mas não totalmente. Esta é uma característica típica de todos os sistemas caóticos. A imagem mostrada na Figura 6-10 contém mais de cem mil pontos. Pode ser visualizada como um corte através de um pedaço de massa de farinha que foi repetidamente esticado e dobrado de volta sobre si mesmo. Desse modo, vemos que a matemática subjacente ao atrator de Ueda é a da "transformação do padeiro".

Um fato notável a respeito de atratores estranhos é que eles tendem a ser de dimensionalidade muito baixa, mesmo num espaço de fase com um elevado número de dimensões. Por exemplo, um sistema pode ter cinqüenta variáveis, mas seu movimento pode estar restrito a um atrator estranho de três dimensões, uma superfície dobrada nesse espaço de cinqüenta dimensões. Isso, naturalmente, representa um alto grau de ordem.

Desse modo, vemos que o comportamento caótico, no novo sentido científico do termo, é muito diferente do movimento aleatório, errático. Com a ajuda de atratores estranhos, pode-se fazer uma distinção entre a mera aleatoriedade, ou "ruído", e o caos. O comportamento caótico é determinista e padronizado, e os atratores estranhos nos permitem transformar os dados aparentemente aleatórios em formas visíveis distintas.

O "Efeito Borboleta"

Como vimos no caso da transformação do padeiro, os sistemas caóticos são caracterizados por uma extrema sensibilidade às condições iniciais. Mudanças diminutas no estado inicial do sistema levarão, ao longo do tempo, a conseqüências em grande escala. Na teoria do caos, isto é conhecido como "efeito borboleta", devido à afirmação semijocosa de que uma borboleta que, hoje, agita o ar em Pequim pode causar, daqui a um mês, uma tempestade em Nova York. O efeito borboleta foi descoberto no começo da década de 60 pelo meteorologista Edward Lorenz, que desenhara um modelo simples de condições meteorológicas consistindo em três equações não-lineares acopladas. Ele constatou que as soluções das suas equações eram extremamente sensíveis às condições iniciais. A partir de dois pontos de partida praticamente idênticos, desenvolver-se-iam duas trajetórias por caminhos completamente diferentes, o que tornava impossível qualquer previsão a longo prazo.[17]

Essa descoberta provocou ondas de choque em meio à comunidade científica, que estava acostumada a contar com equações deterministas para predizer fenômenos tais como eclipses solares ou o aparecimento de cometas com grande precisão ao longo de grandes lapsos de tempo. Parecia inconcebível que equações do movimento estritamente deterministas pudessem levar a resultados imprevisíveis. Não obstante, era exatamente isto o que Lorenz havia descoberto. Em suas próprias palavras:

> O indivíduo médio, ao ver que podemos predizer muito bem as marés com alguns meses de antecedência, diria: "Por que não podemos fazer o mesmo com a atmosfera? É apenas um sistema diferente de fluidos, as leis são igualmente complicadas." Mas compreendi que *qualquer* sistema físico que se comporte de maneira não-periódica seria imprevisível.[18]

O modelo de Lorenz não é uma representação realista de um fenômeno meteorológico particular, mas é um exemplo notável de como um simples conjunto de equações não-lineares pode gerar um comportamento enormemente complexo. Sua publicação, em 1963, marcou o início da teoria do caos, e o modelo de atrator conhecido desde essa época como atrator de Lorenz tornou-se o mais célebre e o mais amplamente estudado dos atratores estranhos. Enquanto o atrator de Ueda se acomoda em duas dimensões, o de Lorenz é tridimensional (Figura 6-11). Para representá-lo graficamente, o ponto no espaço de fase se move de uma maneira aparentemente aleatória, com algumas oscilações de amplitude crescente ao redor de um ponto, seguidas de algumas oscilações ao redor de um segundo ponto, e então voltando a oscilar ao redor do primeiro ponto, e assim por diante.

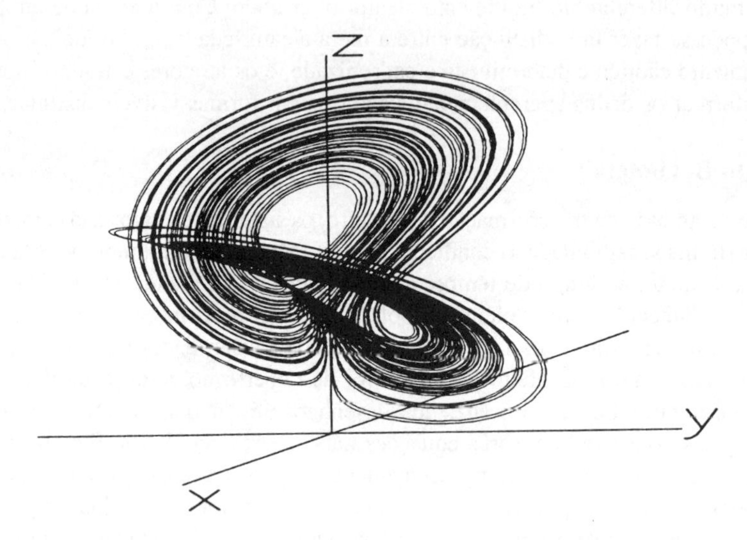

Figura 6-11
O atrator de Lorenz; extraído de Mosekilde *et al.* (1994).

Da Quantidade para a Qualidade

A impossibilidade de predizer por que ponto do espaço de fase a trajetória do atrator de Lorenz passará num certo instante, mesmo que o sistema seja governado por equações deterministas, é uma característica comum de todos os sistemas caóticos. No entanto, isto não significa que a teoria do caos não é capaz de quaisquer previsões. Ainda podemos fazer previsões muito precisas, mas elas se referem às características qualitativas do comportamento do sistema e não aos valores precisos de suas variáveis num determinado instante. Assim, a nova matemática representa uma mudança da quantidade para a qualidade, o que é característico do pensamento sistêmico em geral. Enquanto a matemática convencional lida com quantidades e com fórmulas, a teoria dos sistemas dinâmicos lida com qualidades e com padrões.

De fato, a análise de sistemas não-lineares, em termos das características topológicas de seus atratores, é conhecida como "análise qualitativa". Um sistema não-linear pode ter vários atratores, que podem ser de diferentes tipos, tanto "caóticos", ou "estranhos", como "não-caóticos". Todas as trajetórias que começam dentro de uma certa região do espaço de fase levarão, mais cedo ou mais tarde, ao mesmo atrator. Essa região é denominada "bacia de atração" desse atrator. Desse modo, o espaço de fase de um sistema não-linear é repartido entre várias bacias de atração, cada uma delas alojando separadamente seu atrator separado.

Assim, a análise qualitativa de um sistema dinâmico consiste em identificar os atratores e as bacias de atração do sistema, e em classificá-los de acordo com suas características topológicas. O resultado é uma figura dinâmica de todo o sistema, denominada "retrato de fase". Os métodos matemáticos para se analisar retratos de fase baseiam-se na obra pioneira de Poincaré e foram, posteriormente, desenvolvidos e aprimorados pelo topologista norte-americano Stephen Smale no começo da década de 60.[19]

Smale utilizou essa técnica não apenas para analisar sistemas descritos por um dado conjunto de equações não-lineares, mas também para estudar como esses sistemas se comportam com pequenas alterações de suas equações. À medida que os parâmetros das equações mudam lentamente, o retrato de fase — por exemplo, as formas dos seus atratores e bacias de atração — em geral sofrerá alterações suaves correspondentes sem quaisquer mudanças em suas características básicas. Smale usou o termo "estruturalmente estável" para descrever esses sistemas, nos quais pequenas mudanças nas equações deixam inalterável o caráter básico do retrato de fase.

No entanto, em muitos sistemas não-lineares, pequenas mudanças em certos parâmetros podem produzir mudanças dramáticas nas características básicas do retrato de fase. Atratores podem desaparecer ou converter-se uns nos outros, ou novos atratores podem aparecer subitamente. Diz-se que esses sistemas são estruturalmente instáveis, e os pontos críticos de instabilidade são denominados "pontos de bifurcação", pois são pontos na evolução do sistema, nos quais aparece subitamente um forqueamento, e o sistema se ramifica em uma nova direção. Matematicamente, pontos de bifurcação marcam mudanças súbitas no retrato de fase do sistema. Fisicamente, eles correspondem a pontos de instabilidade, nos quais o sistema muda abruptamente e novas formas de ordem aparecem de repente. Como mostrou Prigogine, essas instabilidades somente podem ocorrer em sistemas abertos que operam afastados do equilíbrio.[20]

Assim como há somente um pequeno número de tipos diferentes de atratores, também há somente um pequeno número de diferentes tipos de eventos de bifurcação; e assim como os atratores, as bifurcações também podem ser classificadas topologicamente. Um dos primeiros a fazer isso foi o matemático francês René Thom, na década de 70, que utilizou o termo "catástrofes" em vez de "bifurcações", e identificou sete catástrofes elementares.[21] Atualmente, os matemáticos sabem a respeito de um número três vezes maior de bifurcações. Ralph Abraham, professor de matemática da Universidade da Califónia, em Santa Cruz, e o artista gráfico Christopher Shaw criaram uma série de livros de matemática visuais, sem nenhuma equação ou fórmula, e que eles vêem como o princípio de uma enciclopédia completa de bifurcações.[22]

Geometria Fractal

Enquanto os primeiros atratores estranhos estavam sendo estudados, nas décadas de 60 e de 70, uma nova geometria, denominada "geometria fractal", foi inventada independentemente da teoria do caos. Essa geometria iria fornecer uma convincente linguagem matemática para descrever a estrutura em "escala fina" dos atratores caóticos. O autor dessa nova linguagem é o matemático francês Benoît Mandelbrot. No final da década de 50, Mandelbrot começou a estudar a geometria de uma ampla variedade de fenômenos naturais irregulares, e na década de 60 ele compreendeu que todas essas formas geométricas tinham algumas características comuns bastante notáveis.

Ao longo dos dez anos seguintes, Mandelbrot inventou um novo tipo de matemática para descrever e para analisar essas características. Ele introduziu o termo "fractal" para caracterizar sua invenção e publicou seus resultados num livro espetacular, *The Fractal Geometry of Nature*, que exerceu enorme influência sobre a nova geração de matemáticos que estavam desenvolvendo a teoria do caos e outros ramos da teoria dos sistemas dinâmicos.[23]

Numa entrevista recente, Mandelbrot explicou que a geometria fractal lida com um aspecto da natureza do qual quase todos têm estado cientes, mas que ninguém foi capaz de descrever em termos matemáticos formais.[24] Algumas características da natureza são geométricas no sentido tradicional da palavra. O tronco de uma árvore tem mais ou menos a forma de um cilindro; a lua cheia assemelha-se mais ou menos a um disco circular; os planetas giram ao redor do Sol em órbitas mais ou menos comparáveis a elipses. Mas essas características são exceções, como nos lembra Mandelbrot:

> A maior parte da natureza é muito, muito complicada. Como se poderia descrever uma nuvem? Uma nuvem não é uma esfera. ... É como uma bola, porém muito irregular. Uma montanha? Uma montanha não é um cone. ... Se você quer falar de nuvens, de montanhas, de rios, de relâmpagos, a linguagem geométrica aprendida na escola é inadequada.

Portanto, Mandelbrot criou a geometria fractal — "uma linguagem para falar de nuvens" — para descrever e para analisar a complexidade das formas irregulares no mundo natural que nos cerca.

A propriedade mais notável dessas formas "fractais" é que seus padrões característicos são repetidamente encontrados em escala descendente, de modo que suas partes, em qualquer escala, são, na forma, semelhantes ao todo. Mandelbrot ilustra essa propriedade da "auto-similaridade" arrancando um pedaço de uma couve-flor e indicando que, por si mesmo, esse pedaço se parece exatamente com uma pequena couve-flor.[25] Ele repete essa demonstração dividindo ainda mais esse pedaço arrancado e mostrando que o novo pedacinho ainda se parece com uma minúscula couve-flor. Desse modo, cada parte se parece com a hortaliça inteira. A forma do todo é semelhante a si mesma em todos os níveis de escala.

Há muitos outros exemplos de auto-similaridade na natureza. Rochas em montanhas assemelham-se a pequenas montanhas; ramificações de relâmpagos, ou bordas de nuvens, repetem o mesmo padrão muitas e muitas vezes; linhas litorâneas dividem-se em porções progressivamente menores, cada uma delas mostrando arranjos semelhantes de praias e de promontórios. Fotografias de um delta de rio, as ramificações de uma árvore ou as ramificações repetidas dos vasos sanguíneos podem exibir padrões de uma semelhança tão notável que somos incapazes de dizer qual é qual. Essa semelhança de imagens provenientes de escalas muito diferentes tem sido conhecida desde há longo tempo, mas, antes de Mandelbrot, ninguém dispunha de uma linguagem matemática para descrevê-la.

Quando Mandelbrot publicou seu livro pioneiro em meados da década de 70, ele ainda não estava ciente das conexões entre a geometria fractal e a teoria do caos, mas não demorou muito para que ele e seus colegas matemáticos descobrissem que os atratores estranhos são exemplos extraordinários de fractais. Se partes da sua estrutura são ampliadas, elas revelam uma subestrutura em muitas camadas nas quais os mesmos padrões são repetidos muitas e muitas vezes. Por isso, tornou-se comum definir atratores estranhos como trajetórias no espaço de fase que exibem geometria fractal.

Outro elo importante entre a teoria do caos e a geometria fractal é a mudança da quantidade para a qualidade. Como vimos, é impossível predizer os valores das variáveis de um sistema caótico em um instante determinado, mas *podemos* predizer as características qualitativas do comportamento do sistema. De maneira semelhante, é impossível calcular o comprimento ou a área de uma forma fractal, mas podemos definir o grau de "denteamento" de uma maneira qualitativa.

Mandelbrot acentuou essa característica dramática das formas fractais fazendo uma pergunta provocativa: "Qual é o comprimento do litoral da Inglaterra?" Ele mostrou que, desde que o comprimento medido pode ser indefinidamente estendido se nos dirigirmos para escalas cada vez menores, não há uma resposta bem definida para essa pergunta. No entanto, é possível definir um número entre 1 e 2 que caracterize o "denteamento" do litoral. Para a costa britânica, esse número é aproximadamente igual a 1,58; para a costa norueguesa, muito mais acidentada, ele mede aproximadamente 1,70.[26]

Uma vez que se pode mostrar que esse número tem certas propriedades de uma dimensão, Mandelbrot o chamou de dimensão fractal. Podemos entender intuitivamente essa idéia compreendendo que uma linha denteada em um plano preenche mais espaço do que uma linha reta, que tem dimensão 1, porém menos do que o plano, que tem dimensão 2. Quanto mais denteada for a linha, mais perto de 2 estará sua dimensão fractal. De maneira semelhante, um pedaço de papel amarrotado ocupa mais espaço do que um plano, porém menos do que uma esfera. Desse modo, quanto mais amarrotado e apertado estiver o papel, mais perto de 3 estará sua dimensão fractal.

Esse conceito de dimensão fractal, que foi, de início, uma idéia matemática puramente abstrata, tornou-se uma ferramenta muito poderosa para analisar a complexidade das formas fractais, pois corresponde muito bem à nossa experiência da natureza. Quanto mais denteados forem os contornos de um relâmpago ou as bordas de uma nuvem, e quanto mais acidentadas forem as formas de uma linha litorânea e de uma montanha, mais altas serão suas dimensões fractais.

Para modelar as formas fractais que ocorrem na natureza, podem ser construídas figuras geométricas que exibem auto-similaridade precisa. A técnica principal para se construir essas fractais matemáticas é a iteração — isto é, a repetição incessante de uma certa operação geométrica. O processo da iteração, que nos leva à transformação do padeiro (a característica matemática subjacente aos atratores estranhos), revela-se dessa forma como o aspecto matemático central que liga a teoria do caos à geometria fractal.

Uma das formas fractais mais simples geradas por iteração é a assim chamada curva de Koch, ou curva de floco de neve.[27] A operação geométrica consiste em dividir uma linha em três partes iguais e substituir a seção central por dois lados de um triângulo equilátero, como é mostrado na Figura 6-12. Repetindo essa operação muitas e muitas vezes, e em escalas cada vez menores, é criada uma curva de floco de neve denteada (Figura 6-13). Assim como um linha litorânea, uma curva de Koch torna-se infinitamente

Figura 6-12
Operação geométrica para construir uma curva de Koch.

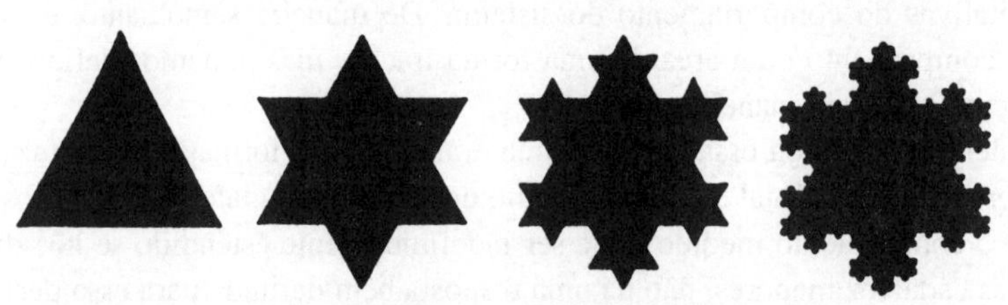

Figura 6-13
A curva de floco de neve de Koch.

longa se a iteração prosseguir ao infinito. De fato, a curva de Koch pode ser vista como um modelo muito bruto de uma linha litorânea (Figura 6-14).

Com a ajuda de computadores, iterações geométricas simples podem ser aplicadas milhares de vezes em diferentes escalas para produzir os assim chamados forjamentos (*forgeries*) fractais — modelos, gerados por computador, de plantas, árvores, montanhas, linhas litorâneas e tudo aquilo que manifeste uma semelhança espantosa com as formas reais encontradas na natureza. A Figura 6-15 mostra um exemplo de tal forjamento fractal. Iterando o desenho de uma simples vareta em várias escalas, é gerada a bela e complexa figura de uma samambaia.

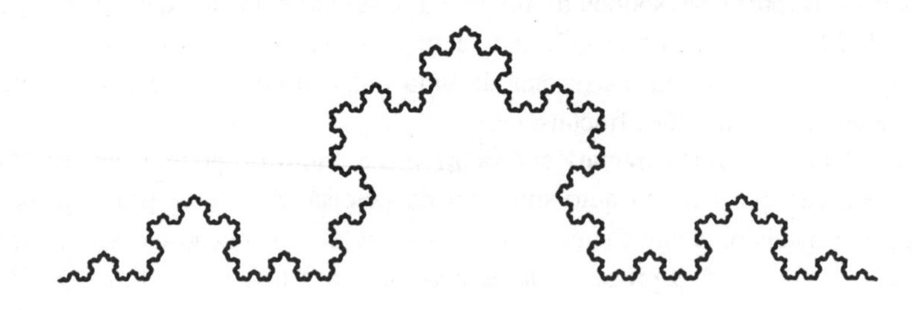

Figura 6-14
Modelagem de uma linha litorânea com uma curva de Koch.

Com essas novas técnicas matemáticas, os cientistas têm sido capazes de construir modelos precisos de uma ampla variedade de formas naturais irregulares, e, ao fazê-lo, descobriram o aparecimento extensamente difundido das fractais. Dentre todas essas, os padrões fractais das nuvens, que originalmente inspiraram Mandelbrot a procurar por uma

Figura 6-15
Forjamento fractal de uma samambaia; extraído de Garcia (1991).

nova linguagem matemática, são talvez os mais impressionantes. Sua auto-similaridade estende-se ao longo de sete ordens de grandeza, e isso significa que a borda de uma nuvem ampliada dez milhões de vezes ainda exibe a mesma forma familiar.

Números Complexos

A culminação da geometria fractal foi a descoberta que Mandelbrot fez de uma estrutura matemática de complexidade assustadora, e que, não obstante, pode ser gerada por meio de um procedimento iterativo muito simples. Para entender essa surpreendente figura fractal, conhecida como conjunto de Mandelbrot, precisamos primeiro nos familiarizar com um dos mais importantes conceitos matemáticos — o de números complexos.

A descoberta dos números complexos é um capítulo fascinante da história da matemática.[28] Quando a álgebra foi desenvolvida, na Idade Média, e os matemáticos exploraram todos os tipos de equações e classificaram suas soluções, logo encontraram por acaso problemas que não tinham solução em termos do conjunto de números que conheciam. Em particular, equações como $x + 5 = 3$ os levaram a estender a concepção de número aos números negativos, de modo que a solução podia ser escrita como $x = -2$. Posteriormente, todos os chamados números reais — inteiros positivos e negativos, frações e números irracionais (como raízes quadradas e o famoso número π) — foram representados como pontos numa única linha de números densamente compactados (Figura 6-16).

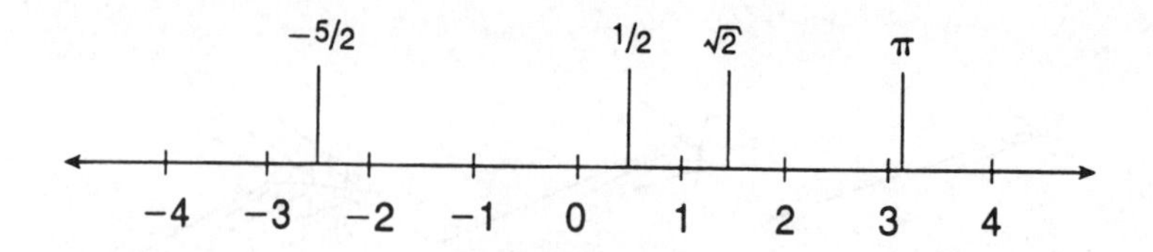

Figura 6-16
A linha dos números.

Com essa concepção expandida de números, todas as equações algébricas podiam, em princípio, ser resolvidas, exceto aquelas que envolviam raízes quadradas de números negativos. A equação $x^2 = 4$ tem duas soluções, $x = 2$ e $x = -2$; mas para $x^2 = -4$ parecia não haver solução, pois nem +2 nem −2 darão −4 quando elevados ao quadrado.

Os primeiros algebristas indianos e árabes encontravam repetidamente essas equações, mas se recusavam a escrever expressões como $\sqrt{-4}$ porque pensavam que fossem completamente sem significado. Foi apenas no século XVI que raízes quadradas de números negativos apareceram em textos algébricos, e mesmo então os autores se apressavam em assinalar que essas expressões realmente nada significavam.

Descartes chamava de "imaginária" a raiz quadrada de um número negativo, e acreditava que a ocorrência desses números "imaginários" em um cálculo significava que o problema não tinha solução. Outros matemáticos utilizavam termos tais como "fictícias", "sofisticadas" ou "impossíveis" para rotular essas quantidades que hoje, seguindo Descartes, ainda chamamos de "números imaginários".

Uma vez que a raiz quadrada de um número negativo não pode ser colocada em lugar algum na linha de números, os matemáticos, até o século XIX, não podiam atribuir nenhum sentido de realidade a essas quantidades. O grande Leibniz, inventor do cálculo diferencial, atribuía uma qualidade mística à raiz quadrada de −1, vendo-a como uma manifestação do "Espírito Divino" e chamando-a de "aquele anfíbio entre o ser e o não-ser".[29] Um século mais tarde, Leonhard Euler, o mais prolífico matemático de todos os tempos, expressou o mesmo sentimento em sua *Álgebra*, em palavras que, embora menos poéticas, ainda ecoam a mesma sensação de espanto:

> Todas as expressões do tipo $\sqrt{-1}$, $\sqrt{-2}$, etc., são conseqüentemente números impossíveis, ou imaginários, uma vez que representam raízes de quantidades negativas; e desses números podemos realmente afirmar que eles nem são nada, nem maiores do que nada, nem menores do que nada, o que, necessariamente, os torna imaginários ou impossíveis.[30]

No século XIX, outro gigante da matemática, Karl Friedrich Gauss, finalmente declarou vigorosamente que "uma existência objetiva pode ser atribuída a esses seres imaginários".[31] Gauss compreendeu, naturalmente, que não havia lugar na linha de números para os números imaginários, e por isso deu o corajoso passo de colocá-los sobre um eixo perpendicular, passando pelo ponto zero, e criando assim um sistema de coordenadas cartesianas. Nesse sistema, todos os números reais são colocados sobre o "eixo real", e todos os números imaginários sobre o "eixo imaginário" (Figura 6-17). A raiz quadrada de -1 é denominada "unidade imaginária", recebendo o símbolo i, e uma vez que qualquer raiz quadrada de um número negativo sempre pode ser escrita como $\sqrt{-a} = \sqrt{-1}\ \sqrt{a} = i\ \sqrt{a}$, todos os números imaginários podem ser colocados no eixo imaginário como múltiplos de i.

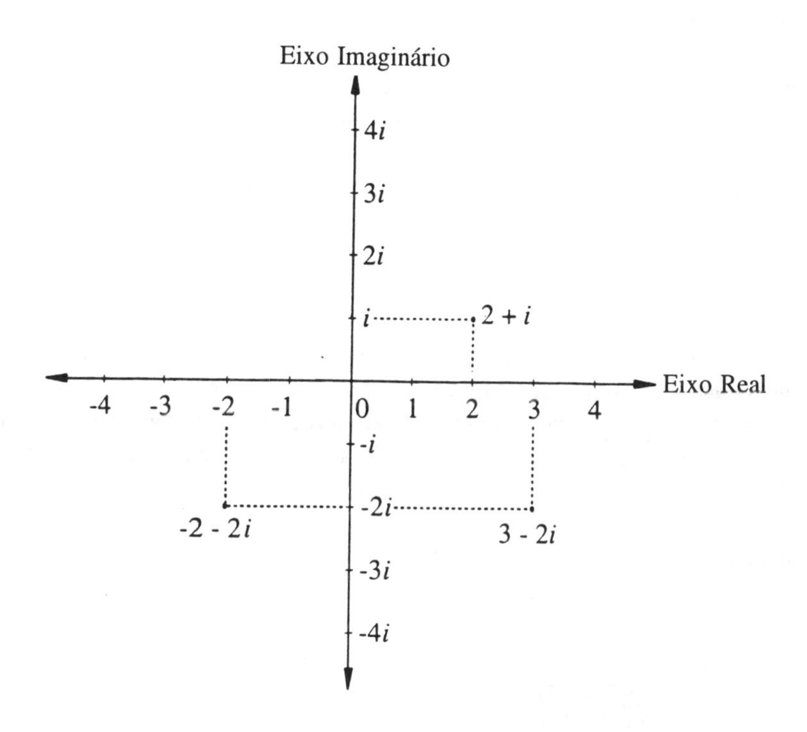

Figura 6-17
O plano complexo.

Graças a esse engenhoso dispositivo, Gauss criou uma residência não apenas para os números imaginários, mas também para todas as combinações possíveis de números reais e imaginários, tais como $(2 + i)$, $(3 - 2i)$, e assim por diante. Tais combinações são denominadas "números complexos" e são representadas por pontos no plano definido pelos eixos real e imaginário, que é chamado de "plano complexo". Em geral, qualquer número complexo pode ser escrito como

$$z = x + iy$$

onde x é chamado de "parte real" e y de "parte imaginária".

Com a ajuda dessa definição, Gauss criou uma álgebra especial de números complexos e desenvolveu muitas idéias fundamentais a respeito de funções de variáveis complexas. Isto finalmente levou a um ramo totalmente novo da matemática, conhecido como "análise complexa", que tem um enorme espectro de aplicações em todos os campos da ciência.

Padrões dentro de Padrões

A razão pela qual fizemos essa incursão pela história dos números complexos é que muitas formas fractais podem ser matematicamente geradas por meio de procedimentos iterativos no plano complexo. No final da década de 70, depois de publicar seu livro pioneiro, Mandelbrot voltou sua atenção para uma classe particular daquelas fractais matemáticas conhecidas como conjuntos de Julia.[32] Foram descobertas pelo matemático francês Gaston Julia durante os primeiros anos do século, mas logo caíram na obscuridade. Na verdade, Mandelbrot viera a conhecer casualmente o trabalho de Julia quando ainda era estudante, olhara para os seus desenhos rudimentares (feitos, nessa época, sem a ajuda de um computador) e logo perdera o interesse. Agora, no entanto, Mandelbrot compreendeu que os desenhos de Julia eram toscas traduções de complexas formas fractais, e se empenhou em reproduzi-las com finos detalhes, recorrendo aos computadores mais poderosos que pôde encontrar. Os resultados foram espantosos.

A base do conjunto de Julia é o mapeamento simples

$$z \rightarrow z^2 + c$$

onde z é uma variável complexa e c é uma constante complexa. O procedimento iterativo consiste em apanhar qualquer número z no plano complexo, elevá-lo ao quadrado, somá-lo com uma constante c, elevar esse resultado novamente ao quadrado, somá-lo outra vez com a constante c, e assim por diante. Quando isso é feito com diferentes valores de partida para z, alguns deles continuarão aumentando e se moverão para o infinito à medida que a iteração se processa, ao passo que outros permanecerão finitos.[33] O conjunto de Julia é o conjunto de todos esses valores de z, ou pontos no plano complexo, que permanecem finitos sob a iteração.

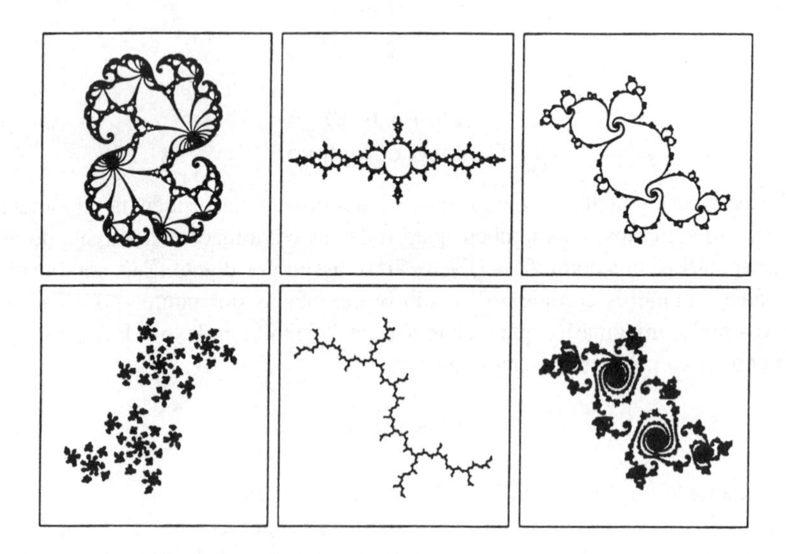

Figura 6-18
Diversos tipos de conjuntos de Julia;
extraído de Peitgen e Richter (1986).

Para determinar a forma do conjunto de Julia para uma determinada constante c, a iteração tem de ser efetuada para milhares de pontos, até que se torne claro se eles continuarão aumentando ou permanecerão finitos. Se os pontos que permanecerem finitos forem pintados de preto, enquanto aqueles que continuarem aumentando permanecerem brancos, o conjunto de Julia emergirá como uma forma em preto no final. O procedimento todo é muito simples, mas consome muito tempo. É evidente que o uso de um computador de alta velocidade é essencial se se quer obter uma forma precisa num tempo razoável.

Para cada constante c será obtido um conjunto diferente; portanto, há um número infinito desses conjuntos. Alguns deles são peças (ou pedaços) isoladas e conexas; outros estão quebrados em várias peças desconexas; outros ainda parecem ter explodido em poeira (Figura 6-18). Todos têm a aparência denteada característica das fractais, e é impossível descrever a maior parte deles na linguagem da geometria clássica. "Você consegue uma variedade incrível de conjuntos de Julia", maravilha-se o matemático francês Adrien Douady. "Alguns são nuvens gordas, outros são macilentos arbustos cheios de espinhos, alguns se parecem com faíscas que flutuam no ar depois que um fogo de artifício se desfez. Um tem a forma de um coelho, muitos deles têm caudas de cavalo-marinho."[34]

Essa rica variedade de formas, muitas das quais são reminiscentes de coisas vivas, é surpreendente. Mas a verdadeira magia começa quando ampliamos o contorno de qualquer porção de um conjunto de Julia. Como no caso de uma nuvem ou de uma linha litorânea, a mesma riqueza é exibida à medida que nos aprofundamos ao longo de todas as escalas. Com resolução crescente (isto é, com um número cada vez maior de casas decimais do número z que entram no cálculo), mais e mais detalhes do contorno fractal aparecem, revelando uma seqüência fantástica de padrões dentro de padrões — todos eles semelhantes sem jamais ser idênticos.

Quando Mandelbrot analisou diferentes representações matemáticas de conjuntos de Julia no final da década de 70, e tentou classificar sua imensa variedade, descobriu uma maneira muito simples de criar, no plano complexo, uma imagem única que servisse de catálogo de todos os possíveis conjuntos de Julia. Essa imagem, que desde essa época se tornou o principal símbolo visual da nova matemática da complexidade, é o conjunto Mandelbrot (Figura 6-19). É simplesmente a coleção de todos os pontos da constante c no plano complexo para os quais os conjuntos de Julia correspondentes são peças isoladas e conexas. Portanto, para construir o conjunto de Mandelbrot, é preciso construir um conjunto de Julia separado para cada ponto c no plano complexo e determinar se esse conjunto de Julia em particular é "conexo" ou "desconexo". Por exemplo, dentre os conjuntos de Julia mostrados na Figura 6-18, os três conjuntos de cima e o conjunto do meio e de baixo são conexos (isto é, consistem numa única peça), ao passo que os outros dois conjuntos de baixo, o da esquerda e o da direita, são desconexos (consistem em várias peças).

Gerar conjuntos de Julia para milhares de valores de c, cada um deles envolvendo milhares de pontos que exigem iterações repetidas, parece uma tarefa impossível. No entanto, felizmente existe um poderoso teorema, descoberto pelo próprio Gaston Julia, que reduz drasticamente o número de passos necessários.[35] Para descobrir se um determinado conjunto de Julia é conexo ou desconexo, tudo o que se tem a fazer é iterar o ponto de partida $z = 0$. Se esse ponto permanecer finito sob iterações repetidas, o conjunto de Julia é sempre conexo, por mais enrugado que possa ser; se não permanecer finito, ele é sempre desconexo. Portanto, tudo o que se precisa realmente é iterar somente esse

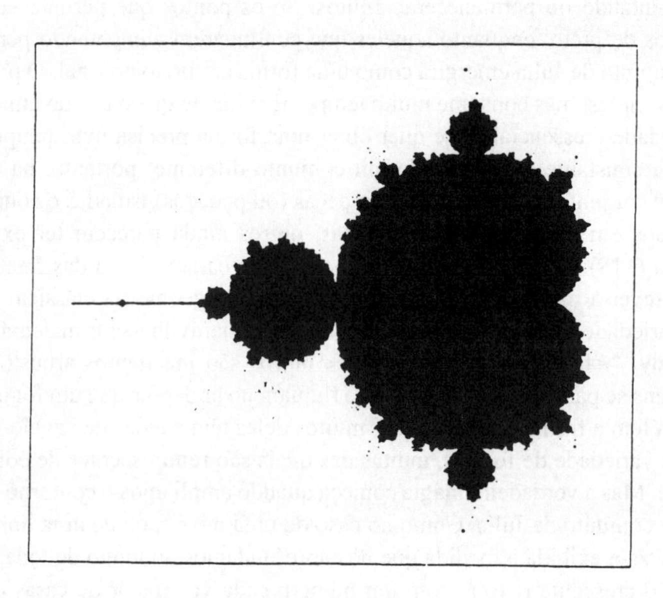

Figura 6-19
O conjunto de Mandelbrot; extraído de Peitgen e Richter (1986).

ponto, z = 0, para cada valor de c, para construir o conjunto de Mandelbrot. Em outras palavras, gerar o conjunto de Mandelbrot envolve o mesmo número de passos que os necessários para gerar um conjunto de Julia.

Embora haja um número infinito de conjuntos de Julia, o conjunto de Mandelbrot é único. Essa estranha figura é o objeto matemático mais complexo já inventado. Embora as regras para a sua construção sejam muito simples, a variedade e a complexidade que ela revela sob estreita inspeção são inacreditáveis. Quando o conjunto de Mandelbrot é gerado sob uma baixa resolução, dois discos aparecem na tela do computador: o menor é aproximadamente circular, e o maior tem, vagamente, a forma de um coração. Cada um desses dois discos exibe várias formas discoidais menores presas ao seu contorno, e uma resolução maior revela uma profusão dessas formas discoidais, cada vez menores, e aparentando não ser muito diferentes de espinhos pontiagudos.

Desse ponto em diante, a riqueza de imagens reveladas pela ampliação crescente do contorno do conjunto (isto é, aumentando-se a resolução nos cálculos) é quase impossível de descrever. Essa viagem pelo interior do conjunto de Mandelbrot, vista melhor em videoteipe, é uma experiência inesquecível.[36] À medida que a câmera aumenta o *zoom* e amplia o contorno, brotos e gavinhas parecem crescer dele e, com uma ampliação ainda maior, dissolvem-se numa multidão de formas — espirais dentro de espirais, cavalos-marinhos e vórtices, repetindo incessantemente os mesmos padrões (Figura 6-20). Em cada escala dessa viagem fantástica — para a qual a potência dos computadores atuais pode produzir ampliações de até cem milhões de vezes! — a figura assemelha-se a um litoral ricamente fragmentado, mas delineia formas que parecem orgânicas em sua complexidade

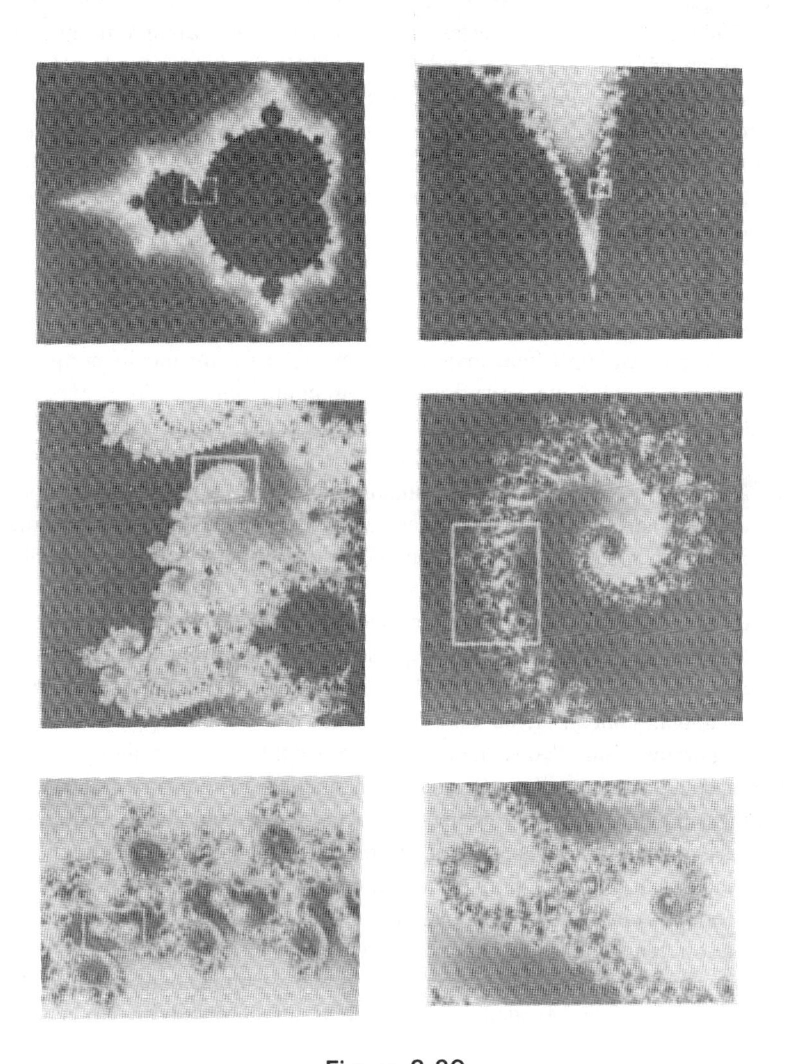

Figura 6-20
Estágios de uma viagem pelo interior de um conjunto de Mandelbrot. Em cada figura, a área que será ampliada na figura seguinte é marcada com um retângulo branco; extraído de Peitgen e Richter (1986).

sem fim. E, de vez em quando, fazemos uma descoberta estranha e misteriosa — uma réplica minúscula de todo o conjunto de Mandelbrot enterrada nas profundezas da estrutura do seu contorno.

Desde que o conjunto de Mandelbrot apareceu na capa da *Scientific American* de agosto de 1985, centenas de entusiastas por computadores utilizaram o programa iterativo publicado nesse número da revista para empreender sua própria jornada pelo interior do conjunto em seus microcomputadores. Cores vívidas foram acrescentadas aos padrões descobertos nessas jornadas, e as figuras resultantes foram publicadas em numerosos livros e mostradas em exibições de arte por computador no mundo todo.[37] Olhando para essas figuras assombrosamente belas de espirais turbilhonantes, de redemoinhos que geram cavalos-marinhos, de formas orgânicas irrompendo em brotos e explodindo em poeira, é impossível deixar de notar a impressionante semelhança com a arte psicodélica da década de 60. Era uma arte inspirada por viagens semelhantes, facilitada não pelos computadores e pela nova matemática, mas pelo LSD e por outras drogas psicodélicas.

O termo *psicodélico* ("que manifesta a mente") foi inventado porque pesquisas detalhadas demonstraram que essas drogas atuam como amplificadores, ou como catalisadores, de processos mentais inerentes.[38] Pareceria, portanto, que os padrões fractais que constituem uma característica tão notável da experiência com o LSD devem, de alguma maneira, estar incorporados no cérebro humano. O fato de a geometria fractal e o LSD surgirem em cena aproximadamente na mesma época é uma dessas notáveis coincidências — ou seriam sincronicidades? — que têm ocorrido com tanta freqüência na história das idéias.

O conjunto de Mandelbrot é um armazém de padrões de detalhes e de variações infinitas. Estritamente falando, ele não apresenta auto-similaridade porque não apenas repete incessantemente os mesmos padrões, inclusive pequenas réplicas de todo o conjunto, mas também contém elementos provenientes de um número infinito de conjuntos de Julia! É, portanto, uma "superfractal" de inconcebível complexidade.

Porém, essa estrutura cuja riqueza desafia a imaginação humana é gerada por algumas regras muito simples. Por isso, a geometria fractal, assim como a teoria do caos, forçou os cientistas e os matemáticos a reexaminarem a própria concepção de complexidade. Na matemática clássica, fórmulas simples correspondem a formas simples, e fórmulas complicadas a formas complicadas. Na nova matemática da complexidade, a situação é dramaticamente diferente. Equações simples podem gerar atratores estranhos enormemente complexos, e regras simples de iteração dão origem a estruturas mais complicadas do que podemos sequer imaginar. Mandelbrot vê isto como um desenvolvimento científico novo e muito instigante:

> Trata-se de uma conclusão muito otimista porque, no final das contas, o significado inicial do estudo do caos foi a tentativa de descobrir regras simples no universo ao nosso redor. ... O esforço foi sempre o de procurar explicações simples para realidades complicadas. Mas a discrepância entre simplicidade e complexidade nunca foi, em nenhum outro lugar, comparável àquela que encontramos neste contexto.[39]

Mandelbrot também vê o tremendo interesse pela geometria fractal fora da comunidade matemática como um desenvolvimento saudável. Ele espera que esse interesse ponha um fim ao isolamento da matemática com relação a outras atividades humanas e à conseqüente ignorância difundida da linguagem matemática até mesmo entre pessoas muito instruídas.

Esse isolamento da matemática é um sinal notável de nossa fragmentação intelectual e, como tal, é um fenômeno relativamente recente. Ao longo de todos os séculos, muitos dos grandes matemáticos também fizeram contribuições notáveis em outros campos. No século XI, o poeta persa Omar Khayyám, famoso em todo o mundo como o autor do *Rubáiyát*, também escreveu um livro pioneiro sobre a álgebra, e serviu como astrônomo oficial na corte do califa. Descartes, o fundador da filosofia moderna, foi um brilhante matemático, e também praticou a medicina. Ambos os inventores do cálculo diferencial, Newton e Leibniz, exerceram sua atividade em muitos campos além da matemática. Newton era um "filósofo natural", que deu contribuições fundamentais a, praticamente, todos os ramos da ciência conhecidos no seu tempo, além de estudar alquimia, teologia e história. Leibniz é conhecido, antes de mais nada, como filósofo, mas foi também o fundador da lógica simbólica, e foi atuante como diplomata e como historiador durante a maior parte da sua vida. O grande matemático Gauss também foi físico e astrônomo, e inventou vários instrumentos úteis, inclusive o telégrafo elétrico.

Esses exemplos, aos quais dezenas de outros poderiam ser acrescentados, mostra que, ao longo de toda a nossa história intelectual, a matemática nunca foi separada de outras áreas do conhecimento e da atividade humanos. No entanto, no século XX, o reducionismo, a fragmentação e a especialização crescentes levaram a um extremo isolamento da matemática, até mesmo no âmbito da comunidade científica. Desse modo, o teórico do caos Ralph Abraham se lembra:

> Quando comecei meu trabalho profissional em matemática, em 1960, o que não faz muito tempo, a matemática moderna, na sua totalidade — na sua totalidade —, foi rejeitada pelos físicos, inclusive pelos físicos teóricos mais vanguardistas. ... Tudo o que estivesse apenas um ano ou dois além do que Einstein utilizara era totalmente rejeitado. ... Os físicos matemáticos recusavam aos seus alunos de graduação permissão para seguir cursos de matemática ministrados por matemáticos: "Façam matemática conosco. Nós lhes ensinaremos tudo o que vocês precisam saber. ..." Isto foi em 1960. Por volta de 1968, a situação se inverteu totalmente.[40]

O grande fascínio que a teoria do caos e a geometria fractal exercem sobre pessoas envolvidas em todas as disciplinas — desde cientistas a empresários e a artistas — pode ser, de fato, um sinal de esperança de que o isolamento da matemática está terminando. Hoje, a nova matemática da complexidade está levando mais e mais pessoas a entenderem que a matemática é muito mais do que áridas fórmulas; que o entendimento do padrão é de importância crucial para o entendimento do mundo vivo que nos cerca; e que todos os assuntos relativos a padrão, a ordem e a complexidade são essencialmente matemáticos.

PARTE QUATRO

A Natureza da Vida

7

Uma Nova Síntese

Podemos agora voltar à questão central deste livro: "O que é a vida?" Minha tese é a de que uma teoria dos sistemas vivos consistente com o arcabouço filosófico da ecologia profunda, incluindo uma linguagem matemática apropriada e implicando uma compreensão não-mecanicista e pós-cartesiana da vida, está emergindo nos dias de hoje.

Padrão e Estrutura

A emergência e o aprimoramento da concepção de "padrão de organização" tem sido um elemento fundamental para o desenvolvimento dessa nova maneira de pensar. De Pitágoras até Aristóteles, Goethe e os biólogos organísmicos, há uma contínua tradição intelectual que luta para entender o padrão, percebendo que ele é fundamental para a compreensão da forma viva. Alexander Bogdanov foi o primeiro a tentar a integração das concepções de organização, de padrão e de complexidade numa teoria sistêmica coerente. Os ciberneticistas focalizaram padrões de comunicação e de controle — em particular, os padrões de causalidade circular subjacentes à concepção de realimentação — e, ao fazê-lo, foram os primeiros a distinguir claramente o padrão de organização de um sistema a partir de sua estrutura física.

As "peças do quebra-cabeça" que faltavam foram identificadas e analisadas ao longo dos últimos vinte anos — a concepção de auto-organização e a nova matemática da complexidade. Mais uma vez, a noção de padrão tem sido central para esses dois desenvolvimentos. A concepção de auto-organização originou-se do reconhecimento da rede como o padrão geral da vida, e foi posteriormente aprimorada por Maturana e Varela em sua concepção de autopoiese. A nova matemática da complexidade é essencialmente uma matemática de padrões visuais — atratores estranhos, retratos de fase, fractais, e assim por diante — que são analisados no âmbito do arcabouço da topologia, que teve Poincaré como pioneiro.

O entendimento do padrão será, então, de importância fundamental para a compreensão científica da vida. No entanto, para um entendimento pleno de um sistema vivo, o entendimento de seu padrão de organização, embora seja de importância crítica, não é suficiente. Também precisamos entender a estrutura do sistema. De fato, vimos que o estudo da estrutura tem sido a principal abordagem na ciência e na filosofia ocidentais e, enquanto tal, eclipsou repetidas vezes o estudo do padrão.

Vim a acreditar que a chave para uma teoria abrangente dos sistemas vivos reside na síntese dessas duas abordagens — o estudo do padrão (ou forma, ordem, qualidade) e o estudo da estrutura (ou substância, matéria, quantidade). Devo seguir Humberto Maturana e Francisco Varela em suas definições desses dois critérios fundamentais de um sistema vivo — seu padrão de organização e sua estrutura.[1] O *padrão de organização* de qualquer sistema, vivo ou não-vivo, é a configuração de relações entre os componentes do sistema que determinam as características essenciais desse sistema. Em outras palavras, certas relações devem estar presentes para que algo seja reconhecido como — digamos — uma cadeira, uma bicicleta ou uma árvore. Essa configuração de relações que confere a um sistema suas características essenciais é o que entendemos por seu padrão de organização.

A *estrutura* de um sistema é a incorporação física de seu padrão de organização. Enquanto a descrição do padrão de organização envolve um mapeamento abstrato de relações, a descrição da estrutura envolve a descrição dos componentes físicos efetivos do sistema — suas formas, composições químicas, e assim por diante.

Para ilustrar a diferença entre padrão e estrutura, vamos nos voltar para um sistema não-vivo bastante conhecido, a bicicleta. Para que algo seja chamado de bicicleta, deve haver várias relações funcionais entre os componentes, conhecidos como chassi, pedais, guidão, rodas, corrente articulada, roda dentada, e assim por diante. A configuração completa dessas relações funcionais constitui o padrão de organização da bicicleta. Todas essas relações devem estar presentes para dar ao sistema as características essenciais de uma bicicleta.

A estrutura da bicicleta é a incorporação física de seu padrão de organização em termos de componentes de formas específicas, feitos de materiais específicos. O mesmo padrão "bicicleta" pode ser incorporado em muitas estruturas diferentes. O guidão será diferentemente modelado para uma bicicleta de passeio, uma bicicleta de corrida ou uma bicicleta de montanha; o chassi pode ser pesado e sólido, ou leve e delicado; os pneus podem ser estreitos ou largos, com câmara de ar ou em borracha sólida. Todas essas combinações e muitas outras serão facilmente reconhecidas como diferentes materializações do mesmo padrão de relações que define uma bicicleta.

Os Três Critérios Fundamentais

Numa máquina tal como a bicicleta, as peças foram planejadas, fabricadas e em seguida reunidas para formar uma estrutura com componentes fixos. Num sistema vivo, ao contrário, os componentes mudam continuamente. Há um incessante fluxo de matéria através de um organismo vivo. Cada célula sintetiza e dissolve estruturas continuamente, e elimina produtos residuais. Tecidos e órgãos substituem suas células em ciclos contínuos. Há crescimento, desenvolvimento e evolução. Desse modo, a partir do princípio mesmo da biologia, o entendimento da estrutura viva tem sido inseparável do entendimento dos processos metabólicos e desenvolvimentais.[2]

Essa notável propriedade dos sistemas vivos sugere o processo como um terceiro critério para uma descrição abrangente da natureza da vida. O processo da vida é a atividade envolvida na contínua incorporação do padrão de organização do sistema. Desse modo, o critério do processo é a ligação entre padrão e estrutura. No caso da bicicleta, o padrão de organização é representado pelos rascunhos de desenho que são utilizados para construir a bicicleta, a estrutura é uma bicicleta física específica e a ligação entre padrão e estrutura está na mente do desenhista. No entanto, no caso de um organismo vivo, o padrão de organização está sempre incorporado na estrutura do organismo, e a ligação entre padrão e estrutura reside no processo da incorporação contínua.

O critério do processo completa o arcabouço conceitual de minha síntese da teoria emergente dos sistemas vivos. As definições dos três critérios — padrão, estrutura e processo — são novamente listadas na tabela a seguir. Todos os três critérios são totalmente interdependentes. O padrão de organização só poderá ser reconhecido se estiver incorporado numa estrutura física, e nos sistemas vivos essa incorporação é um processo em andamento. Assim, estrutura e processo estão inextricavelmente ligados. Pode-se dizer que os três critérios — padrão, estrutura e processo — são três perspectivas diferentes mas inseparáveis do fenômeno da vida. Formarão as três dimensões conceituais da minha síntese.

Compreender a natureza da vida a partir de um ponto de vista sistêmico significa identificar um conjunto de critérios gerais por cujo intermédio podemos fazer uma clara distinção entre sistemas vivos e não-vivos. Ao longo de toda a história da biologia, muitos critérios foram sugeridos, mas todos eles acabavam se revelando falhos de uma maneira ou de outra. No entanto, as recentes formulações de modelos de auto-organização e a matemática da complexidade indicam que hoje é possível identificar tais critérios. A idéia-chave da minha síntese consiste em expressar esses critérios em termos das três dimensões conceituais: padrão, estrutura e processo.

Em resumo, proponho entender a autopoiese, tal como é definida por Maturana e Varela, como o padrão da vida (isto é, o padrão de organização dos sistemas vivos);[3] a estrutura dissipativa, tal como é definida por Prigogine, como a estrutura dos sistemas vivos;[4] e a cognição, tal como foi definida inicialmente por Gregory Bateson e mais plenamente por Maturana e Varela, como o processo da vida.

Critérios Fundamentais de um Sistema Vivo

padrão de organização
a configuração de relações que determina as características essenciais do sistema

estrutura
a incorporação física do padrão de organização do sistema

processo vital
a atividade envolvida na incorporação contínua do padrão de organização do sistema

---

O padrão de organização determina as características essenciais de um sistema. Em particular, determina se o sistema é vivo ou não-vivo. A autopoiese — o padrão de organização dos sistemas vivos — é, pois, a característica que define a vida na nova teoria. Para descobrir se um determinado sistema — um cristal, um vírus, uma célula ou o planeta Terra — é vivo, tudo o que precisamos fazer é descobrir se o seu padrão de organização é o de uma rede autopoiética. Se for, estamos lidando com um sistema vivo; se não for, o sistema é não-vivo.

A cognição, o processo da vida, está inextricavelmente ligada com a autopoiese, como veremos. Autopoiese e cognição constituem dois diferentes aspectos do mesmo fenômeno da vida. Na nova teoria, todos os sistemas vivos são sistemas cognitivos, e a cognição sempre implica a existência de uma rede autopoiética.

Com o terceiro critério da vida, o da estrutura dos sistemas vivos, a situação é ligeiramente diferente. Embora a estrutura de um sistema vivo seja sempre uma estrutura dissipativa, nem todas as estruturas dissipativas são redes autopoiéticas. Desse modo, uma estrutura dissipativa pode ser um sistema vivo ou não-vivo. Por exemplo, as células de Bénard e os relógios químicos, extensamente estudados por Prigogine, são estruturas dissipativas mas não são sistemas vivos.[5]

Os três critérios fundamentais da vida e as teorias subjacentes a eles serão discutidos detalhadamente nos capítulos seguintes. A essa altura, quero simplesmente oferecer um breve resumo.

Autopoiese — o Padrão da Vida

Desde o início do século, tem sido reconhecido que o padrão de organização de um sistema vivo é sempre um padrão de rede.[6] No entanto, também sabemos que nem todas as redes são sistemas vivos. De acordo com Maturana e Varela, a característica-chave de uma rede viva é que ela produz continuamente a si mesma. Desse modo, "o ser e o fazer dos [sistemas vivos] são inseparáveis, e esse é o seu modo específico de organização".[7] A autopoiese, ou "autocriação", é um padrão de rede no qual a função de cada componente consiste em participar da produção ou da transformação dos outros componentes da rede. Dessa maneira, a rede, continuamente, cria a si mesma. Ela é produzida pelos seus componentes e, por sua vez, produz esses componentes.

O mais simples dos sistemas vivos que conhecemos é uma célula, e Maturana e Varela têm utilizado extensamente a biologia da célula para explorar os detalhes das redes autopoiéticas. O padrão básico de autopoiese pode ser ilustrado convenientemente pela célula de uma planta. A Figura 7-1 mostra a representação simplificada dessa célula, na qual os componentes receberam nomes descritivos em português. Os termos técnicos correspondentes, derivados do grego e do latim, estão listados no glossário mais adiante.

Assim como qualquer outra célula, uma célula vegetal típica consiste numa membrana celular que encerra o fluido celular. Esse fluido é uma rica sopa molecular de nutrientes da célula — isto é, dos elementos químicos a partir dos quais a célula constrói suas estruturas. Suspenso no fluido celular, encontramos o núcleo da célula, um grande número de minúsculos centros de produção, onde são produzidos os principais blocos de construção estruturais e várias partes especializadas, denominadas "organelas", que são análogas aos órgãos do corpo. As mais importantes dessas organelas são as bolsas de armazenamento, os centros de reciclagem, as casas de força e as usinas solares. Assim como a célula como um todo, o núcleo e as organelas são circundados por membranas semipermeáveis que selecionam o que entra e o que sai. A membrana da célula, em particular, absorve alimentos e dissipa resíduos.

O núcleo da célula contém o material genético — as moléculas de ADN transportam a informação genética, e as moléculas de ARN, que são fabricadas pelo ADN para liberar instruções aos centros de produção.[8] O núcleo também contém um "mininúcleo" menor, no qual os centros de produção são fabricados antes de ser distribuídos por toda a célula.

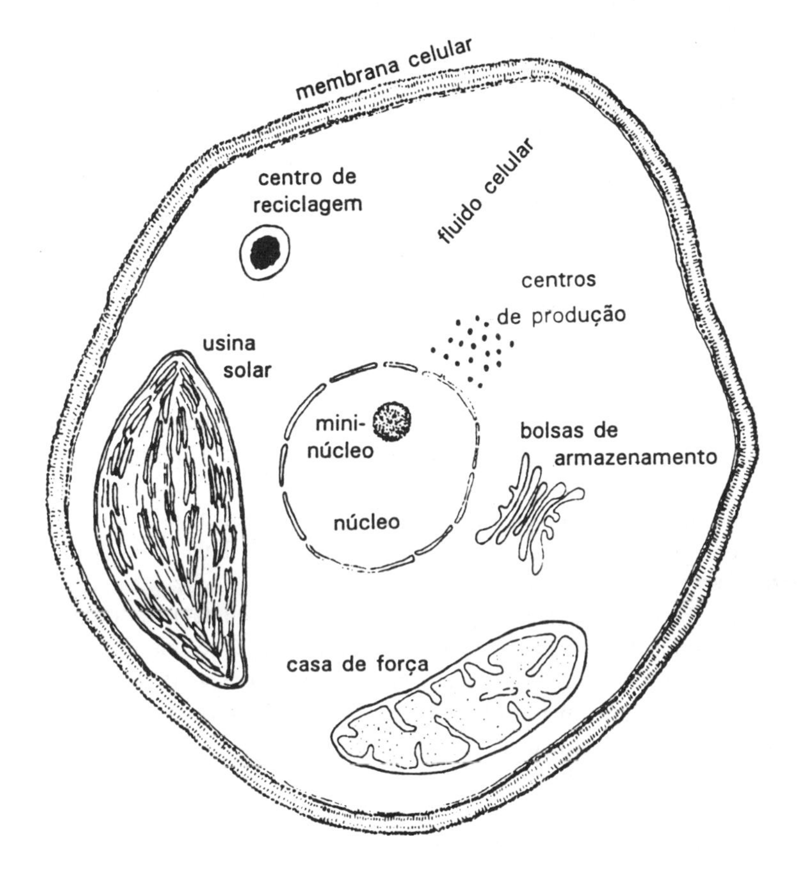

Figura 7-1
Componentes básicos de uma célula vegetal.

Glossário de Termos Técnicos

fluido celular: *citoplasma* ("fluido da célula")

mininúcleo: *nucléolo* ("pequeno núcleo")

centros de produção: *ribossomo*; composto de *ácido ribonucléico* (ARN) e de *microssomo* ("corpo microscópico"), denotando um minúsculo grânulo contendo ARN

bolsa de armazenamento: *complexo de Golgi* (em homenagem ao médico italiano Camillo Golgi)

centro de reciclagem: *lisossomo* ("corpo dissolvente")

casa de força: *mitocôndria* ("grânulo filiforme")

transportador de energia: *trifosfato de adenosina* (TFA), composto químico consistindo em uma base, um açúcar e três fosfatos

usina solar: *cloroplasto* ("folha verde")

Os centros de produção são corpos granulares nos quais são produzidas as proteínas das células. Estas incluem proteínas estruturais, assim como as enzimas, os catalisadores que promovem todos os processos celulares. Há cerca de quinhentos mil centros de produção em cada célula.

As bolsas de armazenamento são pilhas de bolsas achatadas, um tanto semelhantes a uma pilha de pães de fibra, onde vários produtos celulares são armazenados e, em seguida, rotulados, acondicionados e enviados aos seus destinos.

Os centros de reciclagem são organelas que contêm enzimas para digerir alimentos, componentes danificados da célula e várias moléculas não-usadas. Os elementos quebrados são, em seguida, reciclados e utilizados na construção de novos componentes das células.

As casas de força executam a respiração celular — em outras palavras, elas usam o oxigênio para quebrar as moléculas orgânicas em dióxido de carbono e água. Isso libera a energia que está aprisionada em transportadores de energia especiais. Esses transportadores de energia são compostos moleculares complexos que viajam até as outras partes da célula para fornecer energia a todos os processos celulares, conhecidos coletivamente como "metabolismo da célula". Os transportadores de energia atuam como as principais unidades de energia da célula, de maneira parecida com o dinheiro vivo na economia humana.

Só foi descoberto recentemente que as casas de força contêm seu próprio material genético e são replicadas independentemente da replicação da célula. De acordo com a teoria de Lynn Margulis, elas evoluíram a partir de bactérias simples, que passaram a viver em células complexas maiores há cerca de dois bilhões de anos.[9] Desde essa época, elas têm sido moradoras permanentes em todos os organismos superiores, passando de geração em geração e vivendo em simbiose íntima com cada célula.

Assim como as casas de força, as usinas solares contêm seu próprio material genético e se auto-reproduzem, mas são encontradas somente em plantas verdes. São os centros para a fotossíntese, transformando energia solar, dióxido de carbono e água em açúcares e oxigênio. Então, os açúcares viajam até as casas de força, onde sua energia é extraída e armazenada em transportadores de energia. Para suplementar os açúcares, as plantas também absorvem nutrientes e elementos residuais da terra por meio de suas raízes.

Vemos que, para dar uma idéia mesmo aproximada da organização celular, a descrição dos componentes da célula tem de ser muito elaborada; e a complexidade aumenta dramaticamente quando tentamos imaginar como esses componentes da célula estão interligados numa imensa rede, envolvendo milhares de processos metabólicos. As enzimas, por si sós, formam uma intrincada rede de reações catalíticas, promovendo todos os processos metabólicos, e as transportadoras de energia formam uma rede energética correspondente para acioná-las. A Figura 7-2 mostra outro desenho de nossa célula vegetal simplificada, desta vez com várias setas indicando alguns dos elos da rede de processos metabólicos.

Para ilustrar a natureza dessa rede, vamos olhar para um único laço. O ADN no núcleo da célula produz moléculas de ARN, que contêm instruções para a produção de proteínas, inclusive as enzimas. Dentre estas, há um grupo de enzimas especiais que podem reconhecer, remover e substituir seções danificadas do ADN.[10] A Figura 7-3 é um desenho esquemático de algumas das relações envolvidas nesse laço. O ADN produz ARN, que libera instruções para os centros de produção produzirem as enzimas, as quais

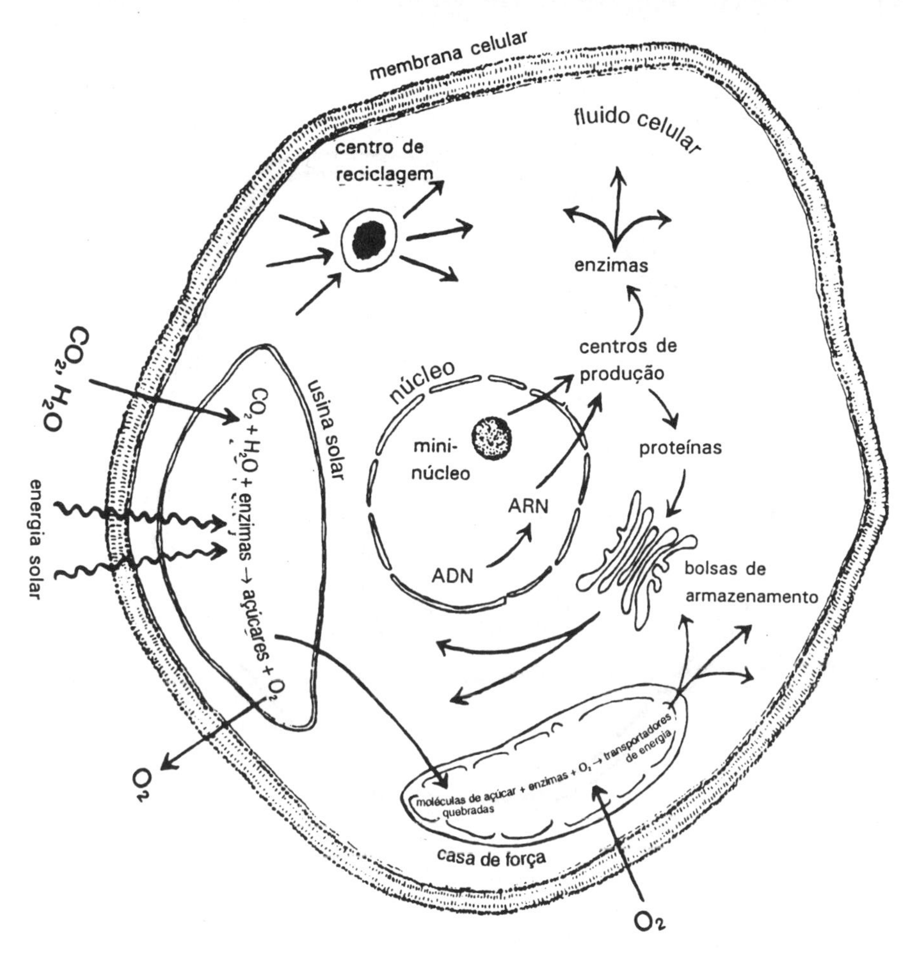

Figura 7-2
Processos metabólicos numa célula vegetal.

entram no núcleo da célula a fim de reparar o ADN. Cada componente nessa rede parcial ajuda a produzir ou a transformar outros componentes; portanto, a rede é claramente autopoiética. O ADN produz o ARN, que libera instruções para que os centros de produção produzam as enzimas, as quais entram no núcleo da célula para reparar o ADN. Cada componente nessa rede parcial ajuda a produzir ou a transformar outros componentes; desse modo, a rede é claramente autopoiética. O ADN produz o ARN; o ARN especifica as enzimas; e as enzimas reparam o ADN.

Para completar a figura, teríamos de acrescentar os blocos de construção com os quais o ADN, o ARN e as enzimas são feitos; os transportadores de energia alimentam cada um dos processos representados; a geração de energia nas casas de força a partir das moléculas de açúcar quebradas; a produção de açúcares por fotossíntese nas usinas solares; e assim por diante. Em cada adição à rede, veríamos que os novos componentes também ajudam a produzir e a transformar outros componentes e, desse modo, a natureza autopoiética, autocriadora, de toda a rede se tornaria cada vez mais evidente.

O invólucro da membrana celular é especialmente interessante. Trata-se de uma fron-

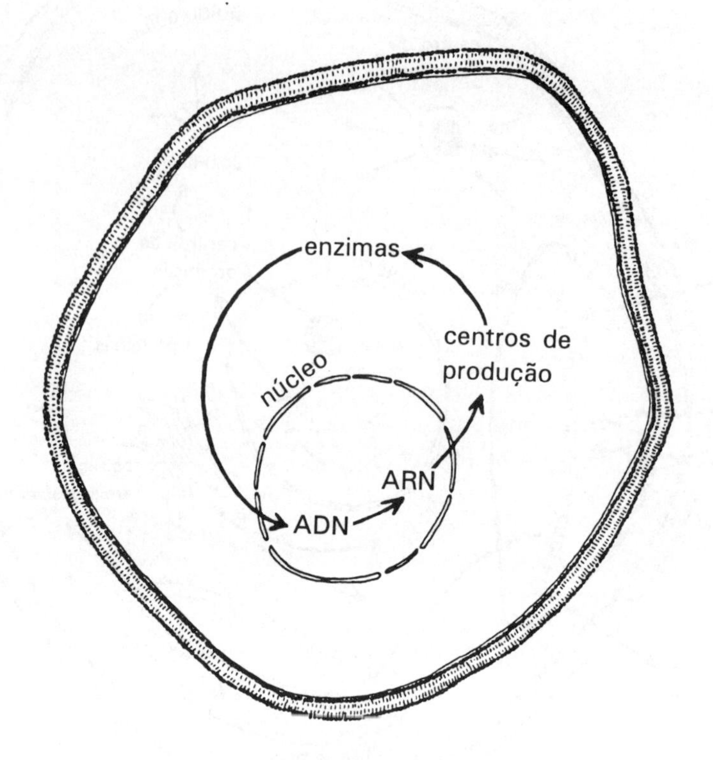

Figura 7-3
Componentes de uma rede autopoiética
envolvida na reparação do ADN.

teira da célula, formada por alguns dos componentes da célula, que encerra a rede de processos metabólicos e, desse modo, limita a sua extensão. Ao mesmo tempo, a membrana participa da rede ao selecionar, por meio de filtros especiais, a matéria-prima para os processos de produção (o alimento da célula), e ao dispersar os resíduos no ambiente exterior. Desse modo, a rede autopoiética cria sua própria fronteira, que define a célula como um sistema distinto e, além disso, é uma parte ativa da rede.

Uma vez que todos os componentes de uma rede autopoiética são produzidos por outros componentes na rede, todo o sistema é *organizacionalmente fechado*, mesmo sendo aberto com relação ao fluxo de energia e de matéria. Esse fechamento organizacional implica que um sistema vivo é auto-organizador no sentido de que sua ordem e seu comportamento não são impostos pelo meio ambiente, mas são estabelecidos pelo próprio sistema. Em outras palavras, os sistemas vivos são autônomos. Isto não significa que são isolados do seu meio ambiente. Pelo contrário, interagem com o meio ambiente por intermédio de um intercâmbio contínuo de energia e de matéria. Mas essa interação não determina sua organização — eles são *auto*-organizadores. Então, a autopoiese é vista como o padrão subjacente ao fenômeno da auto-organização, ou autonomia, que é tão característico de todos os sistemas vivos.

Graças às suas interações com o meio ambiente, os organismos vivos se mantêm e se renovam continuamente, usando, para esse propósito, energia e recursos extraídos do meio ambiente. Além disso, a contínua autocriação também inclui a capacidade de formar novas estruturas e novos padrões de comportamento. Veremos que essa criação de novidades, que resulta em desenvolvimento e em evolução, é um aspecto intrínseco da autopoiese.

Um ponto sutil mas importante na definição de autopoiese é o fato de que uma rede autopoiética não é um conjunto de relações entre *componentes* estáticos (como, por exemplo, o padrão de organização de um cristal), mas, sim, um conjunto de relações entre *processos de produção* de componentes. Se esses processos param, toda a organização também pára. Em outras palavras, redes autopoiéticas devem, continuamente, regenerar a si mesmas para manter sua organização. Esta, naturalmente, é uma característica bem-conhecida da vida.

Maturana e Varela vêem a diferença das relações entre componentes estáticos e relações entre processos como uma distinção-chave entre fenômenos físicos e biológicos. Uma vez que os processos num fenômeno biológico envolvem componentes, é sempre possível abstrair deles uma descrição desses componentes em termos puramente físicos. No entanto, os autores argumentam que essa descrição puramente física não captará o fenômeno biológico. Eles sustentam que uma explicação biológica deve ser elaborada com base nas relações de processos dentro do contexto da autopoiese.

Estrutura Dissipativa — a Estrutura dos Sistemas Vivos

Quando Maturana e Varela descrevem o padrão da vida como uma rede autopoiética, sua ênfase principal é no fechamento organizacional desse padrão. Quando Ilya Prigogine descreve a estrutura de um sistema vivo como uma estrutura dissipativa, sua ênfase principal é, ao contrário, na abertura dessa estrutura ao fluxo de energia e de matéria. Assim, um sistema vivo é, ao mesmo tempo, aberto e fechado — é estruturalmente aberto, mas

Figura 7-4
Funil de redemoinho de água numa banheira.

organizacionalmente fechado. A matéria flui continuamente através dele, mas o sistema mantém uma forma estável, e o faz de maneira autônoma, por meio da auto-organização.

Para acentuar essa coexistência aparentemente paradoxal da mudança e da estabilidade, Prigogine introduziu o termo "estruturas dissipativas". Como já mencionei, nem todas as estruturas dissipativas são sistemas vivos, e para visualizar a coexistência do fluxo contínuo com a estabilidade estrutural, é mais fácil nos voltarmos para estruturas dissipativas simples e não-vivas. Uma das estruturas mais simples desse tipo é um vórtice de água fluente — por exemplo, um redemoinho de água numa banheira. A água flui continuamente pelo vórtice e, não obstante, sua forma característica, as bem-conhecidas espirais e o funil que se estreita, permanecem notavelmente estáveis (Figura 7-4). É uma estrutura dissipativa.

Um exame detalhado da origem e da progressão desse vórtice revela uma série de fenômenos bastante complexos.[11] Imagine uma banheira com água rasa e imóvel. Quando a tampa é retirada, a água começa a escoar, fluindo radialmente em direção ao sorvedouro e aumentando a velocidade à medida que se aproxima do ralo sob a força aceleradora da gravidade. Desse modo, é estabelecido um fluxo contínuo e uniforme. No entanto, o fluxo não permanece por muito tempo nesse estado de escoamento suave. Minúsculas irregularidades no movimento da água, movimentos do ar sobre a superfície da água e irregularidades no tubo de drenagem farão com que um pouco mais de água se aproxime do ralo de um lado do que do outro, e assim um movimento rotatório, em redemoinho, é introduzido no fluxo.

À medida que as partículas da água são arrastadas para baixo em direção ao ralo, suas duas velocidades, radial e rotacional, aumentam. Elas são aceleradas radialmente devido à força aceleradora da gravidade, e adquirem velocidade rotacional à medida que o raio de sua rotação diminui, como acontece com uma patinadora no gelo, quando ela puxa os braços para junto de si durante uma pirueta.[12] Como resultado, as partículas de água movem-se para baixo em espirais, formando um tubo de linhas de fluxo que se estreitam, conhecido como tubo de vórtices.

Devido ao fato de que o fluxo básico ainda está dirigido radialmente para dentro, o tubo de vórtices é continuamente espremido pela água, que pressiona contra ele de todos os lados. Essa pressão diminui o seu raio e intensifica ainda mais a rotação. Usando a linguagem de Prigogine, podemos dizer que a rotação introduz uma instabilidade dentro do fluxo inicial uniforme. A força da gravidade, a pressão da água e o raio do tubo de vórtices que diminui constantemente combinam-se, todos eles, para acelerar o movimento de redemoinho para velocidades sempre maiores.

No entanto, essa aceleração contínua não termina numa catástrofe, mas sim, num novo estado estável. Numa certa velocidade de rotação, as forças centrífugas entram em cena, empurrando a água radialmente para fora do ralo. Desse modo, a superfície da água acima do ralo desenvolve uma depressão, a qual rapidamente se converte num funil. Por fim, um furacão em miniatura se forma no interior desse funil, criando estruturas não-lineares e altamente complexas — ondulações, ondas e turbulências — na superfície da água dentro do vórtice.

No final, a força da gravidade, puxando a água pelo ralo, a pressão da água empurrando para dentro e as forças centrífugas empurrando para fora equilibram-se umas às outras e resultam num estado estável, no qual a gravidade mantém o fluxo de energia na escala maior, e o atrito dissipa uma parte dela em escalas menores. As forças atuantes estão agora interligadas em laços de realimentação de auto-equilibração, que conferem grande estabilidade à estrutura do vórtice como um todo.

Semelhantes estruturas dissipativas de grande estabilidade surgem em trovoadas em condições atmosféricas especiais. Furacões e tornados são vórtices de ar em violento movimento giratório, que podem viajar por grandes distâncias e desencadear forças destrutivas sem mudanças significativas em sua estrutura de vórtice. Os fenômenos detalhados nesses vórtices atmosféricos são muito mais ricos do que aqueles que ocorrem no redemoinho de água nas banheiras, pois vários novos fatores entram em jogo — diferenças de temperatura, expansões e contrações de ar, efeitos da umidade, condensações e evaporações, e assim por diante. As estruturas resultantes são, desse modo, muito mais complexas do que os redemoinhos na água fluente, e exibem uma maior variedade de comportamentos dinâmicos. Temporais com relâmpagos e trovões podem converter-se em estruturas dissipativas com dimensões e formas características; em condições especiais, alguns deles podem até mesmo dividir-se em dois.

Metaforicamente, também podemos visualizar uma célula como um redemoinho de água — isto é, como uma estrutura estável com matéria e energia fluindo continuamente através dela. No entanto, as forças e os processos em ação numa célula são muito diferentes — e muitíssimo mais complexos — do que aqueles que atuam num vórtice. Embora as forças equilibrantes num redemoinho de água sejam mecânicas — sendo que a força dominante é a da gravidade —, aquelas que se acham em ação nas células são químicas. Mais precisamente, essas forças são os laços catalíticos na rede autopoiética da célula, os quais atuam como laços de realimentação de auto-equilibração.

De maneira semelhante, a origem da instabilidade do redemoinho de água é mecânica, surgindo como uma conseqüência do movimento rotatório inicial. Na célula, há diferentes tipos de instabilidades, e sua natureza é mais química do que mecânica. Elas têm origem, igualmente, nos ciclos catalíticos, que são uma característica fundamental de todos os processos metabólicos. A propriedade fundamental desses ciclos é a sua capacidade para atuar como laços de realimentação não somente de auto-equilibração, mas também de auto-amplificação, os quais podem afastar o sistema, cada vez mais, para longe do equilíbrio, até que seja alcançado um limiar de estabilidade. Esse limiar é denominado "ponto de bifurcação". Trata-se de um ponto de instabilidade, do qual novas formas de ordem podem emergir espontaneamente, resultando em desenvolvimento e em evolução.

Matematicamente, um ponto de bifurcação representa uma dramática mudança da trajetória do sistema no espaço de fase.[13] Um novo atrator pode aparecer subitamente, de modo que o comportamento do sistema como um todo "se bifurca", ou se ramifica, numa nova direção. Os estudos detalhados de Prigogine a respeito desses pontos de bifurcação têm revelado algumas fascinantes propriedades das estruturas dissipativas, como veremos num capítulo posterior.[14]

As estruturas dissipativas formadas por redemoinhos de água ou por furacões só poderão manter sua estabilidade enquanto houver um fluxo estacionário de matéria, vindo do meio ambiente, através da estrutura. De maneira semelhante, uma estrutura dissipativa viva, como, por exemplo, um organismo, necessita de um fluxo contínuo de ar, de água e de alimento vindo do meio ambiente através do sistema para permanecer vivo e manter sua ordem. A vasta rede de processos metabólicos mantém o sistema num estado afastado do equilíbrio e, através de seus laços de realimentação inerentes, dá origem a bifurcações e, desse modo, ao desenvolvimento e à evolução.

Cognição — o Processo da Vida

Os três critérios fundamentais da vida — padrão, estrutura e processo — estão a tal ponto estreitamente entrelaçados que é difícil discuti-los separadamente, embora seja importante distingui-los entre si. A autopoiese — o padrão da vida — é um conjunto de relações entre *processos* de produção; e uma estrutura dissipativa só pode ser entendida por intermédio de *processos* metabólicos e desenvolvimentais. A dimensão do processo está, desse modo, implícita tanto no critério do padrão como no da estrutura.

Na teoria emergente dos sistemas vivos, o processo da vida — a incorporação contínua de um padrão de organização autopoiético numa estrutura dissipativa — é identificado com a cognição, o processo do conhecer. Isso implica uma concepção radicalmente nova de mente, que é talvez o aspecto mais revolucionário e mais instigante dessa teoria, uma vez que ela promete, finalmente, superar a divisão cartesiana entre mente e matéria.

De acordo com a teoria dos sistemas vivos, a mente não é uma coisa mas sim um processo — o próprio processo da vida. Em outras palavras, a atividade organizadora dos sistemas vivos, em todos os níveis da vida, é a atividade mental. As interações de um organismo vivo — planta, animal ou ser humano — com seu meio ambiente são interações cognitivas, ou mentais. Desse modo, a vida e a cognição se tornam inseparavelmente ligadas. A mente — ou, de maneira mais precisa, o processo mental — é imanente na matéria em todos os níveis da vida.

A nova concepção de mente foi desenvolvida, independentemente, por Gregory Bateson e por Humberto Maturana na década de 60. Bateson, que participou regularmente das lendárias Conferências Macy nos primeiros anos da cibernética, foi um pioneiro na aplicação do pensamento sistêmico e dos princípios da cibernética em diversas áreas.[15] Em particular, desenvolveu uma abordagem sistêmica para a doença mental e um modelo cibernético do alcoolismo, que o levou a definir "processo mental" como um fenômeno sistêmico característico dos organismos vivos.

Bateson discriminou um conjunto de critérios aos quais os sistemas precisam satisfazer para que a mente ocorra.[16] Qualquer sistema que satisfaça esses critérios será capaz de desenvolver os processos que associamos com a mente — aprendizagem, memória, tomada de decisões, e assim por diante. Na visão de Bateson, esses processos mentais são uma conseqüência necessária e inevitável de uma certa complexidade que começa muito antes de os organismos desenvolverem cérebros e sistemas nervosos superiores. Ele também enfatizou o fato de que a mente se manifesta não apenas em organismos individuais, mas também em sistemas sociais e em ecossistemas.

Bateson apresentou sua nova concepção de processo mental, pela primeira vez, em 1969, no Havaí, num artigo que divulgou numa conferência sobre saúde mental.[17] Foi nesse mesmo ano que Maturana apresentou uma formulação diferente da mesma idéia básica na conferência sobre cognição organizada por Heinz von Foerster, em Chicago.[18] Portanto, dois cientistas, ambos fortemente influenciados pela cibernética, chegaram simultaneamente à mesma concepção revolucionária de mente. No entanto, seus métodos eram muito diferentes, assim como o eram as linguagens por cujo intermédio descreveram sua descoberta revolucionária.

Todo o pensamento de Bateson era desenvolvido em termos de padrões e de relações. Seu principal objetivo, assim como o de Maturana, era descobrir o padrão de organização comum a todas as criaturas vivas. "Que padrão", indagava ele, "conecta o caranguejo com a lagosta e a orquídea com a primavera e todos os quatro comigo? E eu com você?"[19]

Bateson pensava que, para descrever a natureza com precisão, deve-se tentar falar a linguagem da natureza, a qual, insistia, é uma linguagem de relações. As relações constituem a essência do mundo vivo, de acordo com Bateson. A forma biológica consiste em relações, e não em partes, e ele enfatizou que esse também é o modo como as pessoas pensam. Por isso, deu ao livro no qual discutiu sua concepção de processo mental o nome de *Mind and Nature: A Necessary Unity.*

Bateson tinha uma capacidade única para ir juntando, aos poucos, introvisões da natureza por meio de profundas observações. Estas não eram apenas observações científicas comuns. Ele, de alguma maneira, era capaz de observar, com todo o seu ser, uma planta ou um animal, com empatia e paixão. E quando falava sobre isso, descrevia essa planta em detalhes minuciosos e amorosos, usando o que considerava como sendo a linguagem da natureza para falar a respeito dos princípios gerais, que ele deduzia de seu contato direto com a planta. Ele era muito sensível à beleza que se manifestava na complexidade das relações padronizadas da natureza, e a descrição desses padrões proporcionava-lhe grande prazer estético.

Bateson desenvolveu intuitivamente seus critérios de processo mental, a partir de sua aguda observação do mundo vivo. Era claro para ele que o fenômeno da mente estava inseparavelmente ligado com o fenômeno da vida. Quando olhava para o mundo vivo, reconhecia sua atividade organizadora como sendo, essencialmente, uma atividade mental. Em suas próprias palavras, "a mente é a essência do estar vivo".[20]

Não obstante o seu lúcido reconhecimento da unidade da mente e da vida — ou da mente e da natureza, como ele diria —, Bateson nunca perguntou: "O que é a vida?" Ele nunca sentiu necessidade de desenvolver uma teoria, ou mesmo um modelo, dos sistemas vivos que pudesse fornecer um arcabouço conceitual para seus critérios de processo mental. Desenvolver esse arcabouço foi precisamente a abordagem de Maturana.

Por coincidência — ou seria talvez por intuição? — Maturana se debateu, simultaneamente, com duas questões que, para ele, pareciam levar a sentidos opostos: "Qual é a natureza da vida?" e "O que é cognição?"[21] Finalmente, ele acabou descobrindo que a resposta à primeira questão — a autopoiese — lhe fornecia o arcabouço teórico para responder à segunda. O resultado é uma teoria sistêmica da cognição, desenvolvida por Maturana e Varela, que às vezes é chamada de teoria de Santiago.

A introvisão central da teoria de Santiago é a mesma que a de Bateson — a identificação da cognição, o processo do conhecer, com o processo da vida.[22] Isso representa uma expansão radical da concepção tradicional de mente. De acordo com a teoria de Santiago, o cérebro não é necessário para que a mente exista. Uma bactéria, ou uma planta, não tem cérebro mas tem mente. Os organismos mais simples são capazes de percepção, e portanto de cognição. Eles não vêem, mas, não obstante, percebem mudanças em seu meio ambiente — diferenças entre luz e sombra, entre quente e frio, concentrações mais altas e mais baixas de alguma substância química, e coisas semelhantes.

A nova concepção de cognição, o processo do conhecer, é, pois, muito mais ampla que a concepção do pensar. Ela envolve percepção, emoção e ação — todo o processo da vida. No domínio humano, a cognição também inclui a linguagem, o pensamento conceitual e todos os outros atributos da consciência humana. No entanto, a concepção geral é muito mais ampla e não envolve necessariamente o pensar.

A teoria de Santiago fornece, a meu ver, o primeiro arcabouço científico coerente que, de maneira efetiva, supera a divisão cartesiana. Mente e matéria não surgem mais como pertencendo a duas categorias separadas, mas são concebidas como representando, simplesmente, diferentes aspectos ou dimensões do mesmo fenômeno da vida.

Para ilustrar o avanço conceitual representado por essa visão unificada de mente, matéria e vida, vamos voltar a uma questão que tem confundido cientistas e filósofos por mais de cem anos: "Qual é a relação entre a mente e o cérebro?" Os neurocientistas sabiam, desde o século XIX, que as estruturas cerebrais e as funções mentais estão intimamente ligadas, mas a exata relação entre mente e cérebro sempre permaneceu um mistério. Até mesmo recentemente, em 1994, os editores de uma antologia intitulada *Consciousness in Philosophy and Cognitive Neuroscience* afirmaram sinceramente em sua introdução: "Mesmo que todos concordem com o fato de que a mente tem algo a ver com o cérebro, ainda não existe um acordo geral quanto à natureza exata da relação entre ambos."[23]

Na teoria de Santiago, a relação entre mente e cérebro é simples e clara. A caracterização, feita por Descartes, da mente como sendo "a coisa pensante" (*res cogitans*) finalmente é abandonada. A mente não é uma coisa, mas um processo — o processo de cognição, que é identificado com o processo da vida. O cérebro é uma estrutura específica por meio da qual esse processo opera. Portanto, a relação entre mente e cérebro é uma relação entre processo e estrutura.

O cérebro não é, naturalmente, a única estrutura por meio da qual o processo de cognição opera. Toda a estrutura dissipativa do organismo participa do processo da cognição, quer o organismo tenha ou não um cérebro e um sistema nervoso superior. Além disso, pesquisas recentes indicam fortemente que, no organismo humano, o sistema nervoso, o sistema imunológico e o sistema endócrino, os quais, tradicionalmente, têm sido concebidos como três sistemas separados, formam na verdade uma única rede cognitiva.[24]

A nova síntese de mente, matéria e vida, que será explorada em grandes detalhes nas páginas seguintes, envolve duas unificações conceituais. A interdependência entre padrão e estrutura permite-nos integrar duas abordagens da compreensão da natureza, as quais têm-se mantido separadas e competindo uma com a outra ao longo de toda a história da ciência e da filosofia ocidentais. A interdependência entre processo e estrutura nos permite curar a ferida aberta entre mente e matéria, a qual tem assombrado nossa era moderna desde Descartes. Juntas, essas duas unificações fornecem as três dimensões conceituais interdependentes para a nova compreensão científica da vida.

8

Estruturas Dissipativas

Estrutura e Mudança

Desde os primeiros dias da biologia, filósofos e cientistas têm notado que as formas vivas, de muitas maneiras aparentemente misteriosas, combinam a estabilidade da estrutura com a fluidez da mudança. Como redemoinhos de água, elas dependem de um fluxo constante de matéria através delas; como chamas, transformam os materiais de que se nutrem para manter sua atividade e para crescer; mas, diferentemente dos redemoinhos ou das chamas, as estruturas vivas também se desenvolvem, reproduzem e evoluem.

Na década de 40, Ludwig von Bertalanffy chamou essas estruturas vivas de "sistemas abertos" para enfatizar o fato de elas dependerem de contínuos fluxos de energia e de recursos. Ele introduziu o termo *Fliessgleichgewicht* ("equilíbrio fluente") para expressar a coexistência de equilíbrio e de fluxo, de estrutura e de mudança, em todas as formas de vida.[1] Posteriormente, os ecologistas começaram a visualizar ecossistemas por meio de fluxogramas, mapeando os caminhos da energia e da matéria em várias teias alimentares. Esses estudos estabeleceram a reciclagem como o princípio-chave da ecologia. Sendo sistemas abertos, todos os organismos de um ecossistema produzem resíduos, mas o que é resíduo para uma espécie é alimento para outra, de modo que os resíduos são continuamente reciclados e o ecossistema como um todo geralmente permanece isento de resíduos.

Plantas verdes desempenham um papel vital no fluxo de energia através de todos os ciclos ecológicos. Suas raízes extraem água e sais minerais da terra, e os sucos resultantes sobem até as folhas, onde se combinam com dióxido de carbono (CO_2) retirado do ar para formar açúcares e outros compostos orgânicos. (Estes incluem a celulose, o principal elemento estrutural das paredes da célula.) Nesse processo maravilhoso, conhecido como fotossíntese, a energia solar é convertida em energia química e confinada nas substâncias orgânicas, ao passo que o oxigênio é liberado no ar para ser novamente assimilado por outras plantas, e por animais, no processo da respiração.

Misturando água e sais minerais, vindos de baixo, com luz solar e CO_2, vindos de cima, as plantas verdes ligam a Terra e o céu. Tendemos a acreditar que as plantas crescem do solo, mas, na verdade, a maior parte da sua substância provém do ar. A maior parte da celulose e dos outros compostos orgânicos produzidos por meio da fotossíntese consiste em pesados átomos de carbono e de oxigênio, que as plantas tiram diretamente do ar sob a forma de CO_2. Assim, o peso de uma tora de madeira provém quase que totalmente do ar. Quando queimamos lenha numa lareira, o oxigênio e o carbono combinam-se novamente em CO_2, e na luz e no calor do fogo recuperamos parte da energia solar que fora utilizada na formação da madeira.

A Figura 8-1 mostra uma representação de uma cadeia (ou ciclo) alimentar típica. À medida que as plantas são comidas por animais, que por sua vez são comidos por outros animais, os nutrientes das plantas passam pela teia alimentar, enquanto a energia é dissipada como calor por meio da respiração e como resíduos por meio da excreção. Os resíduos, bem como os animais e as plantas mortas, são decompostos pelos assim chamados organismos decompositores (insetos e bactérias), que os quebram em nutrientes básicos, para serem mais uma vez assimilados pelas plantas verdes. Dessa maneira, nutrientes e outros elementos básicos circulam continuamente através do ecossistema, embora a energia seja dissipada em cada estágio. Daí a máxima de Eugene Odum: "A matéria circula, a energia se dissipa."[2] O único resíduo gerado pelo ecossistema como um todo é a energia térmica da respiração, que é irradiada para a atmosfera e reabastecida continuamente pelo Sol graças à fotossíntese.

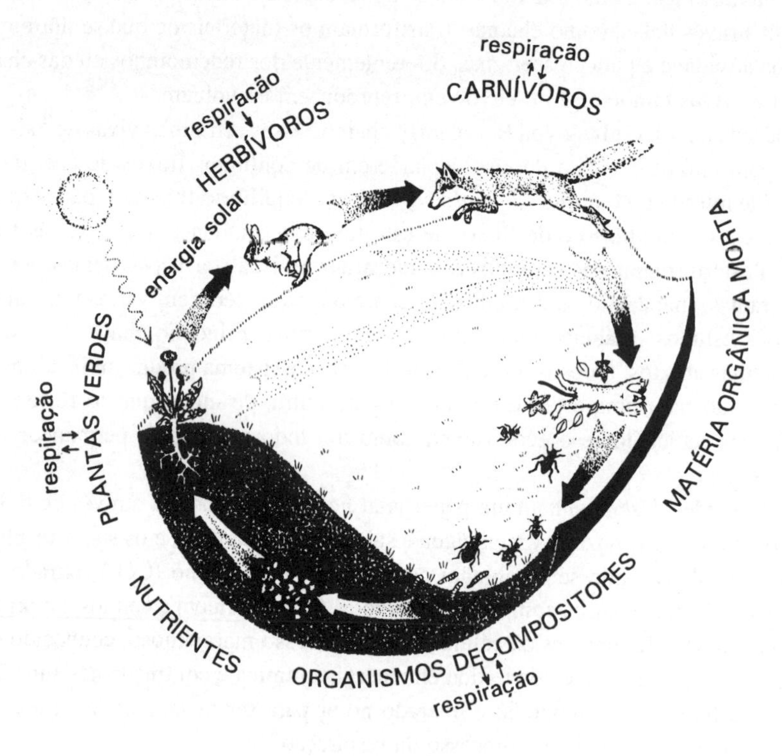

Figura 8-1
Uma cadeia alimentar típica.

Nossa ilustração, naturalmente, é muito simplificada. As cadeias alimentares reais só podem ser entendidas no contexto de teias alimentares muito mais complexas, nas quais os elementos nutrientes básicos aparecem em vários compostos químicos. Em anos recentes, nosso conhecimento dessas teias alimentares tem-se expandido e aprimorado de maneira considerável graças à teoria de Gaia, que mostra o complexo entrelaçamento de sistemas vivos e não-vivos ao longo de toda a biosfera — plantas e rochas, animais e gases atmosféricos, microorganismos e oceanos.

Além disso, o fluxo de nutrientes através dos organismos de um ecossistema nem sempre é suave e uniforme, mas, com freqüência, procede em pulsos, solavancos e transbordamentos. Nas palavras de Prigogine e Stengers, "o fluxo de energia que cruza [um organismo] assemelha-se, de algum modo, ao fluxo de um rio que, em geral, corre suavemente, mas de tempos em tempos cai numa queda d'água, que libera parte da energia que contém".[3]

O entendimento das estruturas vivas como sistemas abertos forneceu uma nova e importante perspectiva, mas não resolveu o quebra-cabeça da coexistência entre estrutura e mudança, entre ordem e dissipação, até que Ilya Prigogine formulou sua teoria das estruturas dissipativas.[4] Assim como Bertalanffy combinara as concepções de fluxo e de equilíbrio para descrever sistemas abertos, Prigogine combinou "dissipativa" e "estrutura" para expressar as duas tendências aparentemente contraditórias que coexistem em todos os sistemas vivos. No entanto, a concepção de Prigogine de estrutura dissipativa vai muito além da de sistema aberto, uma vez que também inclui a idéia de pontos de instabilidade, nos quais novas estruturas e novas formas de ordem podem emergir.

A teoria de Prigogine interliga as principais características das formas vivas num arcabouço conceitual e matemático coerente, que implica uma reconceitualização radical de muitas idéias fundamentais associadas com a estrutura — uma mudança de percepção da estabilidade para a instabilidade, da ordem para a desordem, do equilíbrio para o não-equilíbrio, do ser para o vir-a-ser. No centro da visão de Prigogine está a coexistência de estrutura e mudança, de "quietude e movimento", como ele, eloqüentemente, explica com relação a uma antiga escultura:

> Cada grande período da ciência tem levado a algum modelo da natureza. Para a ciência clássica, era o relógio; para a ciência do século XIX, o período da Revolução Industrial, era uma máquina parando. Qual será o símbolo para nós? O que temos em mente pode talvez ser expresso por meio de uma referência à escultura, da arte indiana ou pré-colombiana até a nossa época. Em algumas das mais belas manifestações da escultura, seja ela uma representação de Shiva dançando ou os templos em miniatura de Guerrero, aparece muito claramente a procura de uma junção entre quietude e movimento, entre tempo parado e tempo passando. Acreditamos que esse confronto dará ao nosso período seu caráter singular e específico.[5]

Não-equilíbrio e Não-linearidade

A chave para o entendimento das estruturas dissipativas está na compreensão de que elas se mantêm num estado estável afastado do equilíbrio. Essa situação é tão diferente dos fenômenos descritos pela ciência clássica que encontramos dificuldades com a linguagem convencional. As definições que os dicionários nos oferecem para a palavra "estável" incluem "fixo", "não-flutuante" e "invariante", todas elas imprecisas para descrever estruturas dissipativas. Um organismo vivo é caracterizado por um fluxo e uma mudança contínuos no seu metabolismo, envolvendo milhares de reações químicas. O equilíbrio químico e térmico ocorre quando todos esses processos param. Em outras palavras, um organismo em equilíbrio é um organismo morto. Organismos vivos se mantêm continuamente num estado afastado do equilíbrio, que é o estado da vida. Embora muito diferente do equilíbrio, esse estado é, não obstante, estável ao longo de extensos períodos de tempo, e isso significa que, como acontece num redemoinho de água, a mesma estrutura global é mantida a despeito do fluxo em andamento e da mudança dos componentes.

Prigogine compreendeu que a termodinâmica clássica, a primeira ciência da complexidade, é inadequada para descrever sistemas afastados do equilíbrio devido à natureza linear de sua estrutura matemática. Perto do equilíbrio — no âmbito da termodinâmica clássica — há processos de fluxo, denominados "escoamentos" (*fluxes*), mas eles são fracos. O sistema sempre evoluirá em direção a um estado estacionário no qual a geração de entropia (ou desordem) é tão pequena quanto possível. Em outras palavras, o sistema minimizará seus escoamentos, permanecendo tão perto quanto possível do estado de equilíbrio. Nesse âmbito, os processos de fluxo podem ser descritos por equações lineares.

Num maior afastamento do equilíbrio, os escoamentos são mais fortes, a produção de entropia aumenta e o sistema não tende mais para o equilíbrio. Pelo contrário, pode encontrar instabilidades que levam a novas formas de ordem, as quais afastam mais e mais o sistema do estado de equilíbrio. Em outras palavras, afastadas do equilíbrio, as estruturas dissipativas podem se desenvolver em formas de complexidade sempre crescente.

Prigogine enfatiza o fato de que as características de uma estrutura dissipativa não podem ser derivadas das propriedades de suas partes, mas são conseqüências da "organização supramolecular".[6] Correlações de longo alcance aparecem precisamente no ponto de transição do equilíbrio para o não-equilíbrio, e a partir desse ponto em diante o sistema se comporta como um todo.

Longe do equilíbrio, os processos de fluxo do sistema são interligados por meio de múltiplos laços de realimentação, e as equações matemáticas correspondentes são não-lineares. Quanto mais afastada uma estrutura dissipativa está do equilíbrio, maior é sua complexidade e mais elevado é o grau de não-linearidade das equações matemáticas que a descrevem.

Reconhecendo a ligação fundamental entre não-equilíbrio e não-linearidade, Prigogine e seus colaboradores desenvolveram uma termodinâmica não-linear para sistemas afastados do equilíbrio, utilizando as técnicas da teoria dos sistemas dinâmicos, a nova matemática da complexidade, que estava sendo desenvolvida.[7] As equações lineares da termodinâmica clássica, notou Prigogine, podem ser analisadas em termos de atratores punctiformes. Quaisquer que sejam as condições iniciais do sistema, ele será "atraído" em direção a um estado estacionário de entropia mínima, tão próximo do equilíbrio quanto possível, e seu comportamento será completamente previsível. Como se expressa Prigogine, sistemas no âmbito linear tendem a "esquecer suas condições iniciais".[8]

Fora da região linear, a situação é dramaticamente diferente. Equações não-lineares geralmente têm mais de uma solução; quanto mais alta for a não-linearidade, maior será o número de soluções. Ou seja: novas situações poderão emergir a qualquer momento. Matematicamente, isso significa que o sistema encontrará, nesse caso, um ponto de bifurcação, no qual ele poderá se ramificar num estado inteiramente novo. Veremos mais adiante que o comportamento do sistema nesse ponto de bifurcação (em outras palavras, por qual das várias novas ramificações disponíveis ele seguirá) depende da história anterior do sistema. No âmbito não-linear, as condições iniciais não são mais "esquecidas".

Além disso, a teoria de Prigogine mostra que o comportamento de uma estrutura dissipativa afastada do equilíbrio não segue mais uma lei universal, mas é específico do sistema. Perto do equilíbrio, encontramos fenômenos repetitivos e leis universais. À medida que nos afastamos do equilíbrio, movemo-nos do universal para o único, em direção à riqueza e à variedade. Essa, naturalmente, é uma característica bem conhecida da vida.

A existência de bifurcações nas quais o sistema pode tomar vários caminhos diferentes implica o fato de que a indeterminação é outra característica da teoria de Prigogine. No ponto de bifurcação, o sistema pode "escolher" — o termo é empregado metaforicamente — dentre vários caminhos ou estados possíveis. Qual caminho ele tomará é algo que depende da história do sistema e de várias condições externas, e nunca pode ser previsto. Há um elemento aleatório irredutível em cada ponto de bifurcação.

Essa indeterminação nos pontos de bifurcação é um dos dois tipos de imprevisibilidade na teoria das estruturas dissipativas. O outro tipo, que também está presente na teoria do caos, deve-se à natureza altamente não-linear das equações e existe até mesmo quando não há bifurcações. Devido aos laços de realimentação repetidos — ou, matematicamente falando, às iterações repetidas — o mais ínfimo erro nos cálculos, causado pela necessidade prática de arredondar as cifras em alguma casa decimal, inevitavelmente irá se somando até que se chegue a uma incerteza suficiente para tornar impossíveis as previsões.[9]

A indeterminação nos pontos de bifurcação e a imprevisibilidade "tipo caos" devida às iterações repetidas implicam, ambas, que o comportamento de uma estrutura dissipativa só pode ser previsto num curto lapso de tempo. Depois disso, a trajetória do sistema se esquiva de nós. Desse modo, a teoria de Prigogine, assim como a teoria quântica e a teoria do caos, lembra-nos, mais uma vez, que o conhecimento científico nos oferece apenas "uma janela limitada para o universo".[10]

A Flecha do Tempo

De acordo com Prigogine, o reconhecimento da indeterminação como uma característica-chave dos fenômenos naturais faz parte de uma profunda reconceitualização da ciência. Um aspecto estreitamente relacionado com essa mudança conceitual refere-se às noções científicas de irreversibilidade e de tempo.

No paradigma mecanicista da ciência newtoniana, o mundo era visto como completamente causal e determinado. Tudo o que acontecia tinha uma causa definida e dava origem a um efeito definido. O futuro de qualquer parte do sistema, bem como o seu passado, podia, em princípio, ser calculado com absoluta certeza se o seu estado, em qualquer instante determinado, fosse conhecido em todos os detalhes. Esse rigoroso determinismo encontrou sua mais clara expressão nas célebres palavras de Pierre Simon Laplace:

> Um intelecto que, num dado instante, conheça todas as forças que estejam atuando na natureza, e as posições de todas as coisas das quais o mundo é constituído — supondo-se que o dito intelecto fosse grande o suficiente para sujeitar esses dados à análise — abraçaria, na mesma fórmula, os movimentos dos maiores corpos do universo e os dos menores átomos; nada seria incerto para ele, e o futuro, assim como o passado, estaria presente aos seus olhos.[11]

Nesse determinismo laplaciano, não há diferença entre passado e futuro. Ambos estão implícitos no estado presente do mundo e nas equações newtonianas do movimento. Todos os processos são estritamente reversíveis. Futuro e passado são intercambiáveis; não há espaço para a história, para a novidade ou para a criatividade.

Efeitos irreversíveis (tais como o atrito) foram notados na física newtoniana clássica, mas sempre foram negligenciados. No século XIX, essa situação mudou dramaticamente. Com a invenção das máquinas térmicas, a irreversibilidade da dissipação da energia no atrito, a viscosidade (a resistência de um fluido à fluência) e as perdas de calor tornaram-se o foco central da nova ciência da termodinâmica, que introduziu a idéia de uma "flecha do tempo". Simultaneamente, geólogos, biólogos, filósofos e poetas começaram a pensar sobre mudança, crescimento, desenvolvimento e evolução. O pensamento do século XIX estava profundamente preocupado com a natureza do vir-a-ser.

Na termodinâmica clássica, a irreversibilidade, embora sendo uma característica importante, está sempre associada com perdas de energia e desperdício. Prigogine introduziu uma mudança fundamental nessa visão na sua teoria das estruturas dissipativas ao mostrar que em sistemas vivos, que operam afastados do equilíbrio, os processos irreversíveis desempenham um papel construtivo e indispensável.

As reações químicas, os processos básicos da vida, constituem o protótipo de processos irreversíveis. Num mundo newtoniano, não haveria química nem vida. A teoria de Prigogine mostra como um tipo particular de processos químicos, os laços catalíticos, que são essenciais aos organismos vivos,[12] levam a instabilidades por meio de realimentação de auto-amplificação repetida, e como novas estruturas de complexidade sempre crescente emergem em sucessivos pontos de bifurcação. "A irreversibilidade", concluiu Prigogine, "é o mecanismo que produz ordem a partir do caos."[13]

Desse modo, a mudança conceitual na ciência defendida por Prigogine é uma mudança de processos reversíveis deterministas para processos indeterminados e irreversíveis. Uma vez que os processos irreversíveis são essenciais à química e à vida, ao passo que a permutabilidade entre futuro e passado é parte integral da física, parece que a reconceitualização de Prigogine deve ser vista no contexto mais amplo discutido no início deste livro em relação com a ecologia profunda, como parte da mudança de paradigma da física para as ciências da vida.[14]

Ordem e Desordem

A flecha do tempo introduzida na termodinâmica clássica não apontava para uma ordem crescente; apontava para fora dessa ordem. De acordo com a segunda lei da termodinâmica, há uma tendência nos fenômenos físicos da ordem para a desordem, para uma entropia sempre crescente.[15] Uma das maiores façanhas de Prigogine foi a de resolver o paradoxo das duas visões contraditórias da evolução na física e na biologia — uma delas de uma máquina parando, e a outra de um mundo vivo desdobrando-se em direção a uma ordem e a uma complexidade crescentes. Nas próprias palavras de Prigogine: "Há [uma] questão que nos atormentou por mais de um século: 'Que significação tem a evolução de um ser vivo no mundo descrito pela termodinâmica, um mundo de desordem sempre crescente?'"[16]

Na teoria de Prigogine, a segunda lei da termodinâmica ainda é válida, mas a relação entre entropia e desordem é vista sob nova luz. Para entender essa nova percepção, é útil rever as definições clássicas de entropia e de ordem. A concepção de entropia foi introduzida no século XIX por Rudolf Clausius, um físico e matemático alemão, para medir a dissipação de energia em calor e atrito. Clausius definiu a entropia gerada num processo térmico como a energia dissipada dividida pela temperatura na qual o processo ocorre. De acordo com a segunda lei, essa entropia se mantém aumentando à medida que o processo térmico continua; a energia dissipada nunca pode ser recuperada; e esse sentido em direção a uma entropia sempre crescente define a flecha do tempo.

Embora a dissipação da energia em calor e pelo atrito seja uma experiência comum, uma questão enigmática surgiu logo que a segunda lei foi formulada: "O que exatamente causa a irreversibilidade?" Na física newtoniana, os efeitos do atrito foram, usualmente, negligenciados porque não eram considerados muito importantes. No entanto, esses efeitos *podem* ser levados em consideração dentro do arcabouço newtoniano. Em princípio, argumentaram os cientistas, deve-se ser capaz de utilizar as leis do movimento de Newton para descrever a dissipação de energia, no nível das moléculas, em termos de cascatas de colisões. Cada uma dessas colisões é um evento reversível e, portanto, deveria ser perfeitamente possível acionar todo o processo no sentido contrário. A dissipação da energia, que é irreversível no nível macroscópico, de acordo com a segunda lei e com a experiência comum, parece composta de eventos completamente reversíveis no nível microscópico. Portanto, onde a irreversibilidade se insinua?

Esse mistério foi solucionado na virada do século pelo físico austríaco Ludwig Boltzmann, um dos maiores teóricos da termodinâmica clássica, que deu um novo significado à concepção de entropia e estabeleceu a ligação entre entropia e ordem. Seguindo uma linha de raciocínio desenvolvida originalmente por James Clerk Maxwell, o fundador da mecânica estatística,[17] Boltzmann imaginou um engenhoso experimento de pensamento para examinar a concepção de entropia no nível molecular.[18]

Vamos supor que temos uma caixa, raciocinou Boltzmann, dividida em dois compartimentos iguais por uma divisória imaginária no centro, e oito moléculas distinguíveis, numeradas de um a oito, como bolas de bilhar. Quantas maneiras existem para distribuir essas partículas na caixa de modo tal que um certo número delas esteja do lado esquerdo da divisória e o restante do lado direito?

Em primeiro lugar, coloquemos todas as oito partículas do lado esquerdo. Há somente uma maneira de se fazer isso. No entanto, se colocarmos sete partículas do lado esquerdo e uma do lado direito, há oito possibilidades diferentes, pois a única partícula do lado direito da caixa pode ser cada uma das oito partículas por vez. Desde que as moléculas são distinguíveis, todas essas oito possibilidades são contadas como arranjos diferentes. De maneira semelhante, há vinte e oito diferentes arranjos para seis partículas à esquerda e duas à direita.

Uma fórmula geral para todas essas permutações pode ser facilmente deduzida.[19] Ela mostra que o número de possibilidades aumenta à medida que a diferença entre o número de partículas à esquerda e à direita torna-se menor, alcançando um máximo de setenta diferentes arranjos quando há uma distribuição igual de moléculas, quatro de cada lado (veja a Figura 8-2).

Boltzmann deu aos diferentes arranjos o nome de "compleições" (*complexions*) e as associou com a concepção de ordem — quanto menor for o número de compleições, mais elevada será a ordem. Desse modo, no nosso exemplo, o primeiro estado, com todas as

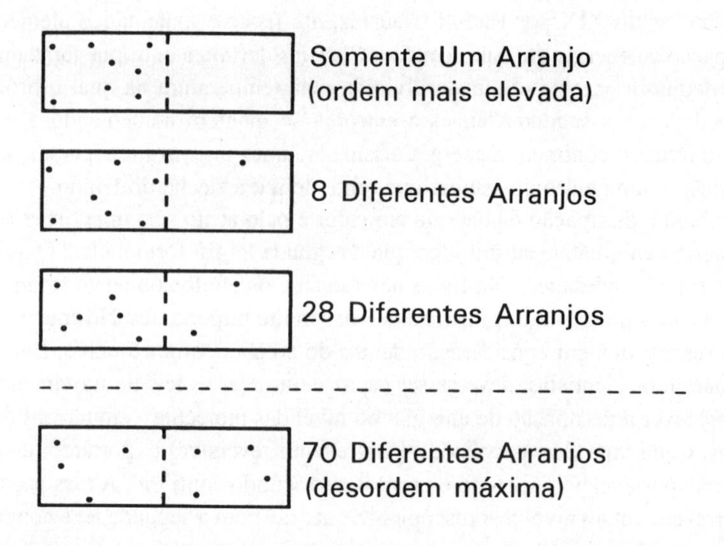

Figura 8-2
Experimento de pensamento de Boltzmann.

oito partículas de um lado só, exibe a ordem mais elevada, enquanto a distribuição igual, com quatro partículas de cada lado, representa a desordem máxima.

É importante enfatizar o fato de que a concepção de ordem introduzida por Boltzmann é uma concepção termo*dinâmica*, na qual as moléculas estão em constante movimento. No nosso exemplo, a divisória da caixa é puramente imaginária, e as moléculas em movimento aleatório permanecerão cruzando essa divisória. Ao longo do tempo, o gás estará em diferentes estados — isto é, com diferentes números de moléculas nos dois lados da caixa — e o número de compleições para cada um desses estados está relacionado com o seu grau de ordem. Essa definição de ordem em termodinâmica é muito diferente das rígidas noções de ordem e equilíbrio na mecânica newtoniana.

Vamos examinar outro exemplo da concepção de ordem segundo Boltzmann, um exemplo que está mais perto da experiência cotidiana. Vamos supor que enchemos um recipiente (um saco) com dois tipos de areia, a metade do fundo com areia preta e a metade do topo com areia branca. Este é um estado de ordem elevada; há somente uma compleição possível. Em seguida, agitamos o recipiente para misturar os grãos de areia. À medida que a areia branca e a areia preta se misturam mais e mais, o número de compleições possíveis aumenta, e com ela o grau de desordem, até que chegamos a uma mistura igual, na qual a areia é de um cinza uniforme, e a desordem é máxima.

Com a ajuda de sua definição de ordem, Boltzmann então podia analisar o comportamento das moléculas em um gás. Usando os métodos estatísticos introduzidos por Maxwell para descrever o movimento aleatório das moléculas, Boltzmann notou que o número de compleições possíveis de qualquer estado mede a probabilidade de o gás se encontar nesse estado. É desse modo que a probabilidade é definida. Quanto maior for o número de compleições para um certo arranjo, mais provável será a ocorrência desse estado num gás com moléculas em movimento aleatório.

Desse modo, o número de compleições possíveis para um certo arranjo de moléculas mede tanto o grau de ordem desse estado como a probabilidade de sua ocorrência. Quanto mais alto for o número de compleições, maior será a desordem, e maior será a probabilidade de o gás se encontrar nesse estado. Portanto, Boltzmann concluiu que o movimento da ordem para a desordem é um movimento de um estado improvável para um estado provável. Identificando entropia e desordem com o número de compleições, ele introduziu uma definição de entropia em termos de probabilidades.

De acordo com Boltzmann, não há nenhuma lei da física que proíba um movimento da desordem para a ordem, mas com um movimento aleatório de moléculas tal sentido para o movimento é muito improvável. Quanto maior for o número de moléculas, mais alta será a probabilidade de movimento da ordem para a desordem, e com o número enorme de partículas que há num gás, essa probabilidade, para todos os propósitos práticos, torna-se certeza. Quando você agita um recipiente com areia branca e preta, você pode observar os dois tipos de grãos afastando-se uns dos outros, aparentemente de maneira milagrosa, de modo a criar o estado altamente ordenado de separação completa. Mas é provável que você tenha de sacudir o recipiente durante alguns milhões de anos para que esse evento aconteça.

Na linguagem de Boltzmann, a segunda lei da termodinâmica significa que qualquer sistema fechado tenderá para o estado de probabilidade máxima, que é um estado de desordem máxima. Matematicamente, esse estado pode ser definido como o estado atrator do equilíbrio térmico. Uma vez que o equilíbrio tenha sido atingido, é provável que o sistema não se afaste dele. Às vezes, o movimento aleatório das moléculas resultará em diferentes estados, mas estes estarão próximos do equilíbrio, e existirão somente durante curtos períodos de tempo. Em outras palavras, o sistema simplesmente flutuará ao redor do estado de equilíbrio térmico.

A termodinâmica clássica, então, é apropriada para descrever fenômenos no equilíbrio ou próximos do equilíbrio. A teoria de Prigogine das estruturas dissipativas, ao contrário, aplica-se a fenômenos termodinâmicos afastados do equilíbrio, nos quais as moléculas não estão em movimento aleatório mas são interligadas por meio de múltiplos laços de realimentação, descritos por equações não-lineares. Essas equações não são mais dominadas por atratores punctiformes, o que significa que o sistema não tende mais para o equilíbrio. Uma estrutura dissipativa se mantém afastada do equilíbrio, e pode até mesmo se afastar cada vez mais dele por meio de uma série de bifurcações.

Nos pontos de bifurcação, estados de ordem mais elevada (no sentido de Boltzmann) podem emergir espontaneamente. No entanto, isso não contradiz a segunda lei da termodinâmica. A entropia total do sistema continua crescendo, mas esse aumento da entropia não é um aumento uniforme de desordem. No mundo vivo, a ordem e a desordem sempre são criadas simultaneamente.

De acordo com Prigogine, as estruturas dissipativas são ilhas de ordem num mar de desordem, mantendo e até mesmo aumentando sua ordem às expensas da desordem maior em seus ambientes. Por exemplo, organismos vivos extraem estruturas ordenadas (alimentos) de seu meio ambiente, usam-nas como recursos para o seu metabolismo, e dissipam estruturas de ordem mais baixa (resíduos). Dessa maneira, a ordem "flutua na desordem", como se expressa Prigogine, embora a entropia global continue aumentando de acordo com a segunda lei.[20]

Essa nova percepção da ordem e da desordem representa uma inversão das concepções científicas tradicionais. De acordo com a visão clássica, para a qual a física era a principal fonte de conceitos e de metáforas, a ordem está associada com o equilíbrio, como, por exemplo, nos cristais e em outras estruturas estáticas, e a desordem com situações de não-equilíbrio, tais como a turbulência. Na nova ciência da complexidade, que tira sua inspiração da teia da vida, aprendemos que o não-equilíbrio é uma fonte de ordem. Os fluxos turbulentos de água e de ar, embora pareçam caóticos, são na verdade altamente organizados, exibindo complexos padrões de vórtices dividindo-se e subdividindo-se incessantes vezes em escalas cada vez menores. Nos sistemas vivos, a ordem proveniente do não-equilíbrio é muito mais evidente, manifestando-se na riqueza, na diversidade e na beleza da vida em todo o nosso redor. Ao longo de todo mundo vivo, o caos é transformado em ordem.

Pontos de Instabilidade

Os pontos de instabilidade nos quais ocorrem eventos dramáticos e imprevisíveis, onde a ordem emerge espontaneamente e a complexidade se desdobra, constituem talvez o aspecto mais intrigante e fascinante da teoria das estruturas dissipativas. Antes de Prigogine, o único tipo de instabilidade estudado com alguns detalhes foi o da turbulência, causada pelo atrito interno de um líquido ou de um gás fluindo.[21] Leonardo da Vinci fez muitos estudos cuidadosos sobre fluxos de água turbulentos, e no século XIX uma série de experimentos foram realizados, mostrando que qualquer fluxo de água ou de ar se tornará turbulento numa velocidade suficientemente alta — em outras palavras, numa "distância" suficientemente grande do equilíbrio (o estado imóvel).

Os estudos de Prigogine mostraram que isso não é verdadeiro para as reações químicas. Instabilidades químicas não aparecerão automaticamente afastadas do equilíbrio. Elas exigem a presença de laços catalíticos, os quais levam o sistema até o ponto de instabilidade por meio de realimentação de auto-amplificação repetida.[22] Esses processos combinam dois fenômenos diferentes: reações químicas e difusão (o fluxo físico de moléculas devido a diferenças na concentração). Conseqüentemente, as equações não-lineares que os descrevem são denominadas "equações de reação-difusão". Elas formam o núcleo matemático da teoria de Prigogine, explicando uma espantosa gama de comportamentos.[23]

O biólogo inglês Brian Goodwin aplicou técnicas matemáticas de Prigogine da maneira mais engenhosa para modelar os estágios de desenvolvimento de uma alga muito especial de uma só célula.[24] Estabelecendo equações diferenciais que inter-relacionam padrões de concentração de cálcio no fluido celular da alga com as propriedades mecânicas das paredes das células, Goodwin e seus colaboradores foram capazes de identificar laços de realimentação num processo auto-organizador, no qual estruturas de ordem crescente emergem em sucessivos pontos de bifurcação.

Um ponto de bifurcação é um limiar de estabilidade no qual a estrutura dissipativa pode se decompor ou então imergir num dentre vários novos estados de ordem. O que acontece exatamente nesse ponto crítico depende da história anterior do sistema. Dependendo de qual caminho ele tenha tomado para alcançar o ponto de instabilidade, ele seguirá uma ou outra das ramificações disponíveis depois da bifurcação.

Esse importante papel da história de uma estrutura dissipativa em pontos críticos de seu desenvolvimento posterior, que Prigogine observou até mesmo em simples oscilações químicas, parece ser a origem física da ligação entre estrutura e história que é característica de todos os sistemas vivos. A estrutura viva, como veremos, é sempre um registro do desenvolvimento anterior.[25]

No ponto de bifurcação, a estrutura dissipativa também mostra uma sensibilidade extraordinária para pequenas flutuações no seu ambiente. Uma minúscula flutuação aleatória, freqüentemente chamada de "ruído", pode induzir a escolha do caminho. Uma vez que todos os sistemas vivos existem em meios ambientes que flutuam continuamente, e uma vez que nunca podemos saber que flutuação ocorrerá no ponto de bifurcação justamente no momento "certo", nunca podemos predizer o futuro caminho que o sistema irá seguir.

Desse modo, toda descrição determinista desmorona quando uma estrutura dissipativa cruza o ponto de bifurcação. Flutuações diminutas no ambiente levarão a uma escolha da ramificação que ela seguirá. E uma vez que, num certo sentido, são essas flutuações aleatórias que levarão à emergência de novas formas de ordem, Prigogine introduziu a expressão "ordem por meio de flutuações" para descrever a situação.

As equações da teoria de Prigogine são equações deterministas. Elas governam o comportamento do sistema entre pontos de bifurcação, embora flutuações aleatórias sejam decisivas nos pontos de instabilidade. Assim, "processos de auto-organização em condições afastadas-do-equilíbrio correspondem a uma delicada interação entre acaso e necessidade, entre flutuações e leis deterministas".[26]

Um Novo Diálogo com a Natureza

A mudança conceitual implícita na teoria de Prigogine envolve várias idéias estreitamente inter-relacionadas. A descrição de *estruturas dissipativas* que existem afastadas do equilíbrio exige um formalismo matemático *não-linear*, capaz de modelar múltiplos laços de realimentação interligados. Nos organismos vivos, esses laços são laços catalíticos (isto é, processos químicos não-lineares, *irreversíveis*), que levam a instabilidades por meio de realimentação de auto-amplificação repetida. Quando uma estrutura dissipativa atinge um tal ponto de instabilidade, denominado *ponto de bifurcação*, um elemento de *indeterminação* entra na teoria. No ponto de bifurcação, o comportamento do sistema é inerentemente *imprevisível*. Em particular, novas estruturas de *ordem* e complexidade mais altas podem emergir espontaneamente. Desse modo, a auto-organização, a emergência espontânea de ordem, resulta dos efeitos combinados do não-equilíbrio, da irreversibilidade, dos laços de realimentação e da instabilidade.

A natureza radical da visão de Prigogine é evidente pelo fato de que essas idéias fundamentais só foram raramente abordadas na ciência tradicional e, com freqüência, receberam conotações negativas. Isto é evidente na própria linguagem utilizada para expressá-las. *Não*-equilíbrio, *não*-linearidade, *in*stabilidade, *in*determinação, e assim por diante, são, todas elas, formulações negativas. Prigogine acredita que a mudança conceitual subentendida pela sua teoria das estruturas dissipativas é não apenas fundamental para os cientistas entenderem a natureza da vida, como também nos ajudará a nos integrar mais plenamente na natureza.

Muitas das características-chave das estruturas dissipativas — a sensibilidade a pequenas mudanças no meio ambiente, a relevância da história anterior em pontos críticos de escolha, a incerteza e a imprevisibilidade do futuro — são novas concepções revolucionárias do ponto de vista da ciência clássica, mas constituem parte integrante da experiência humana. Uma vez que as estruturas dissipativas são as estruturas básicas de todos os sistemas vivos, inclusive dos seres humanos, isto não deveria talvez provocar grandes surpresas.

Em vez de ser uma máquina, a natureza como um todo se revela, em última análise, mais parecida com a natureza humana — imprevisível, sensível ao mundo circunvizinho, influenciada por pequenas flutuações. Conseqüentemente, a maneira apropriada de nos aproximarmos da natureza para aprender acerca da sua complexidade e da sua beleza não é por meio da dominação e do controle, mas sim, por meio do respeito, da cooperação e do diálogo. De fato, Ilya Prigogine e Isabelle Stengers deram ao seu livro *Order out of Chaos*, destinado ao público em geral, o subtítulo de "Man's New Dialogue with Nature".

No mundo determinista de Newton, não há história e não há criatividade. No mundo vivo das estruturas dissipativas, a história desempenha um papel importante, o futuro é incerto e essa incerteza está no cerne da criatividade. "Atualmente", reflete Prigogine, "o mundo que vemos fora de nós e o mundo que vemos dentro de nós estão convergindo. Essa convergência dos dois mundos é, talvez, um dos eventos culturais importantes da nossa era."[27]

9

Autocriação

Autômatos Celulares

Quando Ilya Prigogine desenvolveu sua teoria das estruturas dissipativas, procurou os exemplos mais simples que podiam ser descritos matematicamente. Ele descobriu esses exemplos nos laços catalíticos das oscilações químicas, também conhecidas como "relógios químicos".[1] Estes não são sistemas vivos, mas os mesmos tipos de laços catalíticos são de importância central para o metabolismo de uma célula, o mais simples sistema vivo conhecido. Portanto, o modelo de Prigogine nos permite entender as características estruturais essenciais das células em termos de estruturas dissipativas.

Humberto Maturana e Francisco Varela seguiram uma estratégia semelhante quando desenvolveram sua teoria da autopoiese, o padrão de organização dos sistemas vivos.[2] Eles se perguntaram: "Qual é a incorporação mais simples de uma rede autopoiética que pode ser descrita matematicamente?" Assim como Prigogine, eles descobriram que até mesmo a célula mais simples era por demais complexa para um modelo matemático. Por outro lado, também compreenderam que, uma vez que o padrão da autopoiese é a característica que define um sistema vivo, não há, na natureza, um sistema autopoiético mais simples do que uma célula. Portanto, em vez de procurar por um sistema autopoiético natural, eles decidiram simular um por meio de um programa de computador.

Sua abordagem era análoga ao modelo do Mundo das Margaridas de James Lovelock, planejado vários anos depois.[3] Porém, onde Lovelock procurou a simulação matemática mais simples de um planeta com uma biosfera que regulasse a sua própria temperatura, Maturana e Varela procuraram pela simulação mais simples de uma rede de processos celulares que incorporasse um padrão autopoiético de organização. Isto significava que eles tinham de planejar um programa de computador que simulasse uma rede de processos, nos quais a função de cada componente é ajudar a produzir ou a transformar outros componentes na rede. Como numa célula, essa rede autopoiética também teria de criar sua própria fronteira, a qual participaria dessa rede de processos e, ao mesmo tempo, definiria sua extensão.

Para descobrir uma técnica matemática apropriada para essa tarefa, Francisco Varela examinou os modelos matemáticos de redes auto-organizadoras desenvolvidas em cibernética. As redes binárias, pioneiramente introduzidas por McCulloch e Pitts na década de 40, não ofereciam complexidade suficiente para simular uma rede autopoiética,[4] mas subseqüentes modelos de rede, conhecidos como "autômatos celulares", mostraram-se finalmente capazes de oferecer as técnicas ideais.

Um autômato celular é uma grade retangular de quadrados regulares, ou "células", semelhante a um tabuleiro de xadrez. Cada célula pode assumir vários valores diferentes, e há um número definido de células vizinhas que podem influenciá-la. O padrão, ou "estado", de toda a grade muda em passos discretos de acordo com um conjunto de "regras de transição" que se aplicam simultaneamente a cada uma das células. Supõe-se usualmente que os autômatos celulares sejam completamente deterministas, mas elementos aleatórios podem ser facilmente introduzidos nas regras, como veremos.

Esses modelos matemáticos são denominados "autômatos" porque foram originalmente inventados por John von Neumann para construir máquinas autoduplicadoras. Embora essas máquinas nunca tenham sido construídas, von Neumann mostrou, de uma maneira abstrata e elegante, que isso, em princípio, podia ser feito.[5] Desde essa época, autômatos celulares têm sido amplamente utilizados tanto para modelar sistemas naturais como para inventar grande número de jogos matemáticos.[6] Talvez o exemplo mais conhecido seja o jogo *Life*, no qual cada célula pode ter um dentre dois valores — digamos, "preto" e "branco" — e a seqüência de estados é determinada por três regras simples, denominadas "nascimento", "morte" e "sobrevivência".[7] O jogo pode produzir uma surpreendente variedade de padrões. Alguns deles "se movem"; outros permanecem estáveis; outros ainda oscilam ou se comportam de maneira mais complexa.[8]

Embora os autômatos celulares fossem utilizados por matemáticos profissionais e amadores para inventar numerosos jogos, também foram extensamente estudados como ferramentas matemáticas para modelos científicos. Devido à sua estrutura de rede e à sua capacidade para acomodar grande número de variáveis discretas, essas formas matemáticas logo foram reconhecidas como uma instigante alternativa com relação às equações diferenciais para a modelagem de sistemas complexos.[9] Num certo sentido, as duas abordagens — equações diferenciais e autômatos celulares — podem ser vistas como diferentes arcabouços matemáticos correspondentes às duas dimensões conceituais distintas — estrutura e padrão — da teoria dos sistemas vivos.

Simulando Redes Autopoiéticas

No início da década de 70, Francisco Varela compreendeu que as seqüências passo a passo dos autômatos celulares, ideais para simulação por computador, proporcionavam-lhe uma poderosa ferramenta para simular redes autopoiéticas. De fato, em 1974, Varela conseguiu, com sucesso, construir a simulação apropriada por computador, juntamente com Maturana e o cientista especializado em computadores Ricardo Uribe.[10] O autômato celular que criaram consiste numa grade na qual um "catalisador" e dois tipos de elementos se movem aleatoriamente e interagem uns com os outros de maneira tal que novos elementos de ambos os tipos podem ser produzidos; outros podem desaparecer, e certos elementos podem se ligar uns com os outros formando cadeias.

Nas saídas impressas da grade, o "catalisador" é marcado por uma estrela (★). O primeiro tipo de elemento, que está presente em grande número, é chamado de "elemento de substrato", e é marcado por um círculo (O); o segundo tipo é denominado "elo", e é marcado por um círculo dentro de um quadrado (▣). Há três tipos diferentes de interações e de transformações. Dois elementos de substrato podem coalescer em presença de um catalisador e produzir um elo; vários elos podem se "ligar" — isto é, podem prender-se uns aos outros — para formar uma cadeia; e qualquer elo, esteja ele livre ou ligado numa cadeia, pode desintegrar-se novamente em dois elementos de substrato. Eventualmente, uma cadeia também pode se fechar sobre si mesma.

As três interações são definidas simbolicamente como se segue:

1. Produção: * + O + O —> * + [O]

2. Ligação: [O] + [O] —> [O]-[O]

[O]-[O] + [O] —> [O]-[O]-[O]

etc.

3. Desintegração: [O] —> O + O

As prescrições matemáticas exatas (denominadas algoritmos) para quando e como esses processos ocorrem são muito elaboradas. Consistem em numerosas regras para os movimentos dos vários elementos e para suas interações mútuas.[11] Por exemplo, as regras para os movimentos incluem as seguintes:

- Os elementos de substrato têm permissão para se mover apenas para espaços desocupados ("buracos") na grade, ao passo que o catalisador e os elos podem deslocar elementos de substrato, empurrando-os para buracos adjacentes. De maneira semelhante, o catalisador pode deslocar um elo livre.
- O catalisador e os elos também podem trocar de lugar com um elemento de substrato e, desse modo, podem passar livremente através do substrato.
- Elementos de substrato, mas não o catalisador nem os elos livres, podem passar através de uma cadeia para ocupar um buraco atrás dela. (Isto simula as membranas semipermeáveis das células.)
- Elos ligados numa cadeia não podem se mover de nenhuma maneira.

No âmbito dessas regras, o movimento real dos elementos e muitos detalhes de suas interações mútuas — produção, ligação e desintegração — são escolhidos aleatoriamente.[12] Quando a simulação é rodada num computador, é gerada uma rede de interações, que envolve muitas escolhas aleatórias e, desse modo, pode gerar muitas seqüências diferentes. Os autores foram capazes de mostrar que algumas dessas seqüências geravam padrões autopoiéticos estáveis.

Um exemplo dessa seqüência, tirado do seu artigo e mostrado em sete estágios, é reproduzido na Figura 9-1. No estado inicial (estágio 1), um espaço na grade é ocupado pelo catalisador e todos os outros pelos elementos de substrato. No estágio 2, vários elos foram produzidos e, conseqüentemente, agora há vários buracos na grade. No estágio 3, mais elos foram produzidos e alguns deles se ligaram. A produção de elos, bem como a formação de ligações, aumenta à medida que a simulação prossegue ao longo dos estágios

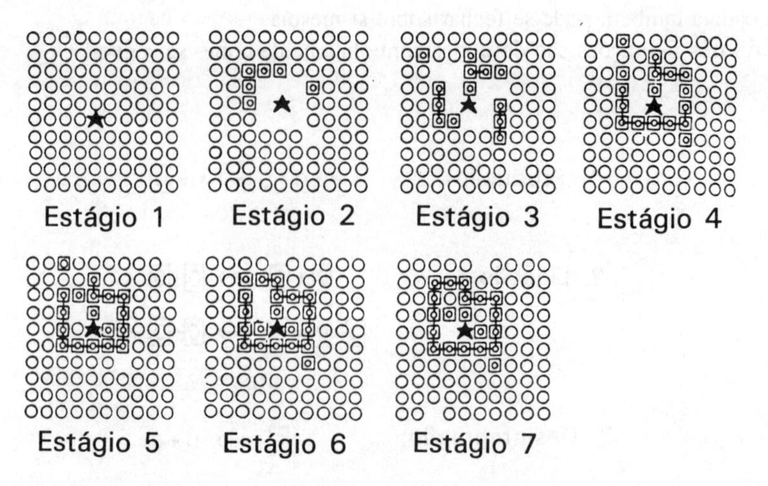

Figura 9-1
Simulação, por computador, de rede autopoiética.

de 4 a 6, e no estágio 7 vemos que a cadeia de elos ligados fechou-se sobre si mesma, envolvendo o catalisador, três elos e dois elementos de substrato. Desse modo, a cadeia formou um envoltório que é penetrável pelos elementos de substrato mas não pelo catalisador. Sempre que ocorrer essa situação, a cadeia fechada pode se estabilizar e se tornar a fronteira de uma rede autopoiética. De fato, isso aconteceu nesta seqüência particular. Estágios subseqüentes do programa rodado mostraram que, ocasionalmente, alguns elos na fronteira se desintegravam, mas eram, eventualmente, substituídos por novos elos produzidos dentro do envoltório na presença do catalisador.

Com o passar do tempo, a cadeia continuava a formar um envoltório para o catalisador, enquanto seus elos continuavam se desintegrando e sendo substituídos. Dessa maneira, a cadeia, semelhante a uma membrana, tornava-se a fronteira de uma rede de transformações, enquanto que, ao mesmo tempo, participava dessa rede de processos. Em outras palavras, estava simulada uma rede autopoiética.

O fato de uma seqüência dessa simulação gerar ou não um padrão autopoiético era algo que dependia, de maneira crucial, da probabilidade de desintegração — isto é, de quão amiúde os elos se desintegravam. Uma vez que o delicado equilíbrio entre desintegração e "conserto" baseava-se no movimento aleatório dos elementos de substrato através da membrana, na produção aleatória de novos elos e no movimento aleatório desses novos elos para o local do conserto, a membrana só permaneceria estável se fosse provável que todos esses processos se completassem antes que ocorresse uma desintegração posterior. Os autores mostraram que, com probabilidades de desintegração muito pequenas, padrões autopoiéticos viáveis podem realmente ser obtidos.[13]

Redes Binárias

O autômato celular projetado por Varela e seus colaboradores foi um dos primeiros exemplos de como as redes auto-organizadoras dos sistemas vivos podem ser simuladas. Nos últimos vinte anos, muitas outras simulações foram estudadas, e tem-se demonstrado que esses modelos matemáticos podem gerar espontaneamente padrões complexos e altamente ordenados, exibindo alguns importantes princípios da ordem encontrada em sistemas vivos.

Esses estudos foram intensificados quando se reconheceu que as técnicas recém-desenvolvidas da teoria dos sistemas dinâmicos — atratores, retratos de fase, diagramas de bifurcação e assim por diante — podem ser utilizadas como ferramentas efetivas para se analisar os modelos de redes matemáticas. Equipados com essas novas técnicas, os cientistas estudaram novamente as redes binárias desenvolvidas na década de 40, e descobriram que, mesmo não sendo redes autopoiéticas, sua análise levava a surpreendentes introvisões a respeito dos padrões de rede dos sistemas vivos. Grande parte desse trabalho foi realizado pelo biólogo evolucionista Stuart Kauffman e seus colaboradores no Santa Fe Institute, no Novo México.[14]

Uma vez que o estudo de sistemas complexos com a ajuda de atratores e de retratos de fase está, em grande medida, associado com o desenvolvimento da teoria do caos, foi natural que Kauffman e seus colaboradores indagassem: "Qual é o papel do caos nos sistemas vivos?" Ainda estamos longe de uma resposta completa a esta pergunta, mas o trabalho de Kauffman resultou em algumas idéias muito instigantes. Para entender essas idéias, precisamos examinar mais de perto as redes binárias.

Uma rede binária consiste em nodos aos quais se atribuem dois valores distintos, convencionalmente rotulados de LIGADO e DESLIGADO. Portanto, ela é mais restritiva que os autômatos celulares, cujas células podem assumir mais de dois valores. Por outro lado, os nodos de uma rede binária não precisam ser arranjados numa grade regular, mas podem ser interligados de maneiras mais complexas.

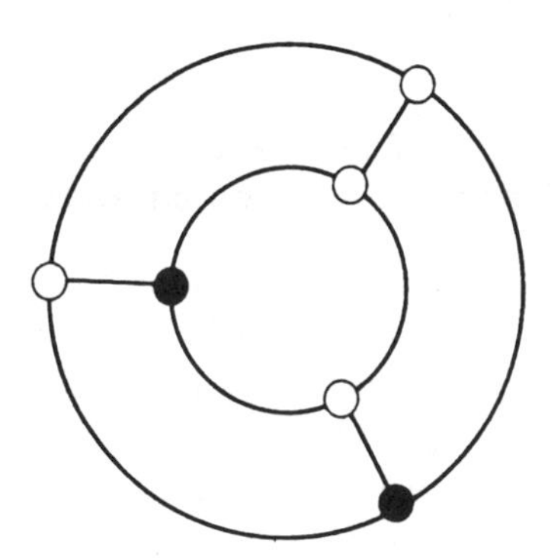

Figura 9-2
Uma rede binária simples.

Redes binárias são também denominadas "redes booleanas", em homenagem ao matemático inglês George Boole, que utilizou operações binárias (do tipo "sim-não") em meados do século XIX para desenvolver uma lógica simbólica conhecida como álgebra booleana. A Figura 9-2 mostra uma rede binária, ou booleana, simples com seis nodos, cada um deles ligado com três nodos vizinhos, sendo que dois dos nodos têm o valor LIGADO (desenhado em preto) e quatro, o valor DESLIGADO (desenhado em branco).

Como no caso do autômato celular, o padrão dos nodos LIGADO-DESLIGADO numa rede binária muda em passos discretos. Os nodos estão acoplados uns com os outros de maneira tal que o valor de cada nodo é determinado pelos valores anteriores dos nodos vizinhos, de acordo com alguma "regra de comutação". Por exemplo, para a rede representada na Figura 9-2, podemos escolher a seguinte regra de comutação: um nodo será LIGADO no passo seguinte se pelo menos dois de seus vizinhos forem LIGADO nesse passo, e será DESLIGADO em todos os outros casos.

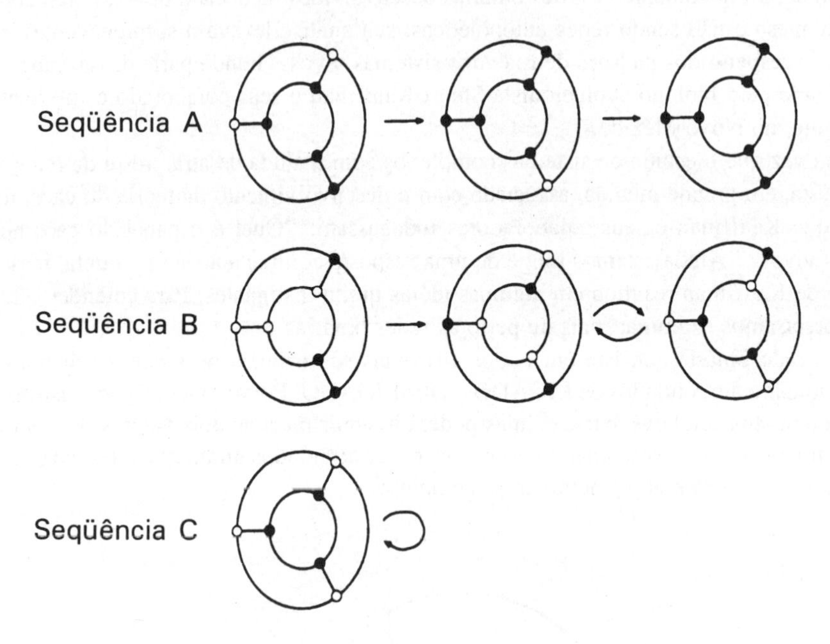

Figura 9-3
Três seqüências de estados em rede binária.

A Figura 9-3 mostra três seqüências geradas por esta regra. Vemos que a seqüência A atinge um padrão estável com todos os nodos LIGADO depois de dois passos; a seqüência B dá um passo e então oscila entre dois padrões complementares; enquanto o padrão C é estável desde o início, reproduzindo-se em cada passo. Para analisar matematicamente seqüências como essas, cada padrão, ou estado, da rede é definido por seis variáveis binárias (LIGADO-DESLIGADO). Em cada passo, o sistema passa de um estado definido para um estado sucessor específico, completamente determinado por uma regra de comutação.

Como em sistemas descritos por equações diferenciais, cada estado pode ser representado como um ponto num espaço de fase de seis dimensões.[15] Como a rede muda passo a passo de um estado para o seguinte, a sucessão de estados descreve uma trajetória nesse espaço de fase. A concepção de atratores é utilizada para classificar as trajetórias de diferentes seqüências. Desse modo, no nosso exemplo, a seqüência A, que se move para um estado estável, está associada com um atrator punctiforme, ao passo que a seqüência oscilante B corresponde a um atrator periódico.

Kauffman e seus colaboradores utilizaram essas redes binárias para modelar sistemas imensamente complexos — redes químicas e biológicas contendo milhares de variáveis acopladas, que nunca poderiam ser descritas por equações diferenciais.[16] Como em nosso exemplo simples, a sucessão de estados nesses sistemas complexos está associada com uma trajetória no espaço de fase. Uma vez que o número de estados possíveis em qualquer rede binária é finito, mesmo que possa ser extremamente alto, o sistema deve, finalmente, retornar a um estado que já encontrou. Quando isso acontecer, o sistema prosseguirá até o mesmo estado sucessor, pois seu comportamento é completamente determinado. Conseqüentemente, ele passará, repetidas vezes, pelo mesmo ciclo de estados. Esses ciclos de estados são os atratores periódicos (ou cíclicos) da rede binária. Qualquer rede binária deve ter pelo menos um atrator periódico, mas pode ter mais de um. Deixado a si mesmo, o sistema finalmente se estabilizará num desses atratores e aí permanecerá.

Os atratores periódicos, cada um deles embutido em sua própria bacia de atração, constituem as mais importantes características das redes binárias. Extensas pesquisas têm mostrado que uma ampla variedade de sistemas vivos — inclusive redes genéticas, sistemas imunológicos, redes neurais, sistemas de órgãos e ecossistemas — podem ser representados por redes binárias que exibem vários atratores alternativos.[17]

Os diferentes ciclos de estados numa rede binária podem variar muito em extensão. Em algumas redes, eles podem ser imensamente longos, aumentando exponencialmente à medida que o número de nodos aumenta. Kauffman definiu os atratores desses ciclos imensamente longos, que envolvem bilhões e bilhões de diferentes estados, como "caóticos", uma vez que sua extensão, para todos os propósitos práticos, é infinita.

A análise detalhada de grandes redes binárias de acordo com seus atratores confirmou o que os ciberneticistas já tinham descoberto na década de 40. Embora algumas redes sejam caóticas, envolvendo seqüências aparentemente aleatórias e atratores infinitamente longos, outras geram pequenos atratores correspondentes a padrões de ordem elevada. Desse modo, o estudo de redes binárias também fornece uma outra perspectiva a respeito do fenômeno da auto-organização. Redes coordenando as atividades mútuas de milhares de elementos podem exibir dinâmicas altamente ordenadas.

Na Margem do Caos

Para investigar a relação exata entre ordem e caos nesses modelos, Kauffman examinou muitas redes binárias complexas e várias regras de comutação, inclusive redes nas quais o número de "entradas", ou ligações, é diferente para diferentes nodos. Ele constatou que o comportamento dessas teias complexas pode ser resumido em termos de dois parâmetros: N, o número de nodos na rede, e K, o número médio de entradas para cada nodo. Para valores de K acima de dois — isto é, para redes multiplamente interconexas — o comportamento é caótico, mas, à medida que K se torna menor, aproximando-se de dois, a ordem se cristaliza. Alternativamente, a ordem também pode emergir em valores maiores de K se se faz com que as regras de comutação fiquem "tendenciosas" — por exemplo, se há mais possibilidades para LIGADO do que para DESLIGADO.

Estudos detalhados sobre a transição do caos para a ordem têm mostrado que as redes binárias vão desenvolvendo um "núcleo congelado" de elementos à medida que o valor de K se aproxima de dois. São nodos que permanecem na mesma configuração, seja ela LIGADO ou DESLIGADO, à medida que o sistema passa pelo ciclo de estados. À medida que *K* se aproxima ainda mais de dois, o núcleo congelado cria "paredes de constância" que crescem cruzando totalmente o sistema, de lado a lado, e dividindo a rede em ilhas separadas de elementos mutáveis. Essas ilhas são funcionalmente isoladas. Mudanças no comportamento de uma ilha não conseguem atravessar o núcleo congelado em direção a outras ilhas. Se *K* diminui ainda mais, as ilhas também se congelam; o atrator periódico converte-se num atrator punctiforme, e toda a rede atinge um padrão estável, congelado.

Desse modo, redes binárias complexas exibem três amplos regimes de comportamento: um regime ordenado com componentes congelados, um regime caótico sem componentes congelados e uma região fronteiriça entre ordem e caos, onde componentes congelados apenas começam a se "liquefazer". A hipótese central de Kauffman é a de que os sistemas vivos existem nessa região limítrofe perto da "margem do caos". Ele afirma que, nas profundezas do regime ordenado, as ilhas de atividade seriam pequenas demais para que o comportamento complexo se propagasse através do sistema. Por outro lado, nas profundezas do regime caótico, o sistema seria demasiadamente sensível a pequenas perturbações para conseguir manter sua organização. Desse modo, na visão de Kauffman, a seleção natural pode favorecer e sustentar os sistemas vivos na "margem do caos", pois esses sistemas podem ter maior capacidade para coordenar um comportamento complexo e flexível, maior capacidade para se adaptar e evoluir.

Para testar sua hipótese, Kauffman aplicou seu modelo às redes genéticas de organismos vivos e foi capaz de deduzir, com base nele, várias previsões surpreendentes e muito precisas.[18] As grandes realizações da biologia molecular, com freqüência descritas como a "quebra do código genético", nos têm feito pensar nos cordões dos genes no ADN como alguma espécie de computador bioquímico rodando um "programa genético". No entanto, recentes pesquisas têm mostrado, cada vez mais, que essa maneira de pensar é totalmente errônea. De fato, é tão inadequada quanto o é a metáfora do cérebro como um computador que processa informações.[19]

O conjunto completo de genes de um organismo, o assim chamado genoma, forma uma imensa rede interconectada, rica em laços de realimentação, na qual os genes, direta ou indiretamente, regulam as atividades uns dos outros. Nas palavras de Francisco Varela, "o genoma não é um arranjo linear de genes independentes (manifestando-se como características) mas uma rede altamente entrelaçada de múltiplos efeitos recíprocos, mediados por repressores e desrepressores, exons e introns, genes saltadores e até mesmo proteínas estruturais".[20]

Quando Stuart Kauffman começou a estudar essa complexa teia genética, notou que cada gene na rede está diretamente regulado por apenas alguns outros genes. Além disso, sabe-se desde a década de 60 que a atividade dos genes, assim como a dos neurônios, pode ser modelada em termos de valores binários LIGADO-DESLIGADO. Portanto, raciocinou Kauffman, redes binárias deveriam ser modelos apropriados para genomas. De fato, isto se comprovou verdadeiro.

Um genoma, então, é modelado por uma rede binária "na margem do caos" — isto é, uma rede com um núcleo congelado e ilhas separadas de nodos mutáveis. Ela terá um número relativamente pequeno de ciclos de estado, representados no espaço de fase por atratores periódicos embutidos em bacias de atração separadas. Esse sistema pode experimentar dois tipos de perturbações. Uma perturbação "mínima" é uma sacudidela acidental temporária de um elemento binário para o seu estado oposto. Constata-se que cada ciclo de estados do modelo é notavelmente estável sob essas perturbações mínimas. As mudanças desencadeadas pela perturbação permanecem confinadas a uma determinada ilha de atividade, e, pouco depois, a rede retorna tipicamente ao ciclo de estados original. Em outras palavras, o modelo exibe a propriedade da homeostase, que é característica de todos os sistemas vivos.

O outro tipo de perturbação é uma mudança estrutural permanente na rede — por exemplo, uma mudança no padrão de conexões ou numa regra de comutação — que corresponde a uma mutação no sistema genético. A maior parte dessas perturbações estruturais também altera apenas ligeiramente o comportamento da rede à margem do caos. No entanto, algumas podem empurrar sua trajetória até uma diferente bacia de atração, o que resulta num novo ciclo de estados e, portanto, num novo padrão de comportamento recorrente. Kauffman vê isso como um modelo plausível para adaptações evolucionistas:

> Redes na fronteira entre ordem e caos podem ter a flexibilidade de se adaptar de maneira rápida e bem-sucedida graças à acumulação de variações úteis. Nesses sistemas equilibrados, as mutações, em sua maioria, têm pequenas conseqüências devido à natureza homeostática desses sistemas. No entanto, algumas mutações causam cascatas de mudanças mais amplas. Sistemas equilibrados irão, portanto, adaptar-se tipicamente, de maneira gradual, a um meio ambiente em mudança, mas, se necessário, em situações ocasionais, podem mudar rapidamente.[21]

Outro conjunto de impressionantes características explicativas no modelo de Kauffman refere-se ao fenômeno da diferenciação celular no desenvolvimento dos organismos vivos. Sabe-se bem que todos os tipos de células num organismo, não obstante suas formas e funções muito diferentes, contêm aproximadamente as mesmas instruções genéticas. Os biólogos do desenvolvimento concluíram desse fato que os tipos de células diferem uns dos outros não porque contenham diferentes genes, mas porque os genes que são *ativos* neles diferem uns dos outros. Em outras palavras, a estrutura de uma rede genética é a mesma em todas as células, mas os padrões de atividade genética são diferentes; e, uma vez que diferentes padrões de atividade genética correspondem a diferentes ciclos de estados na rede binária, Kauffman sugere que os diferentes tipos de células podem corresponder a diferentes ciclos de estados e, conseqüentemente, a diferentes atratores.

Esse "modelo de atrator" da diferenciação celular leva a diversas previsões interessantes.[22] Cada célula do corpo humano contém cerca de 100.000 genes. Numa rede binária dessas dimensões, as possibilidades de diferentes padrões de expressão genética são astronômicas. No entanto, o número de atratores nessa rede à margem do caos é aproximadamente igual à raiz quadrada do número dos seus elementos. Desse modo, uma rede de 100.000 genes deveria se expressar em cerca de 317 diferentes tipos de células. Esse número, derivado de características muito gerais do modelo de Kauffman, aproxima-se notavelmente dos 254 tipos diferentes de células identificados nos seres humanos.

Kauffman também testou seu modelo de atrator com previsões sobre o número de tipos de células para várias outras espécies, e descobriu que estas também parecem estar relacionadas com o número de genes. A Figura 9-4 mostra seus resultados para várias espécies.[23] Vê-se que o número de tipos de células e o número de atratores das redes binárias correspondentes crescem, mais ou menos paralelamente, com o número de genes.

Outras duas previsões do modelo de atrator de Kauffman referem-se à estabilidade dos tipos de células. Uma vez que o núcleo congelado da rede binária é idêntico para

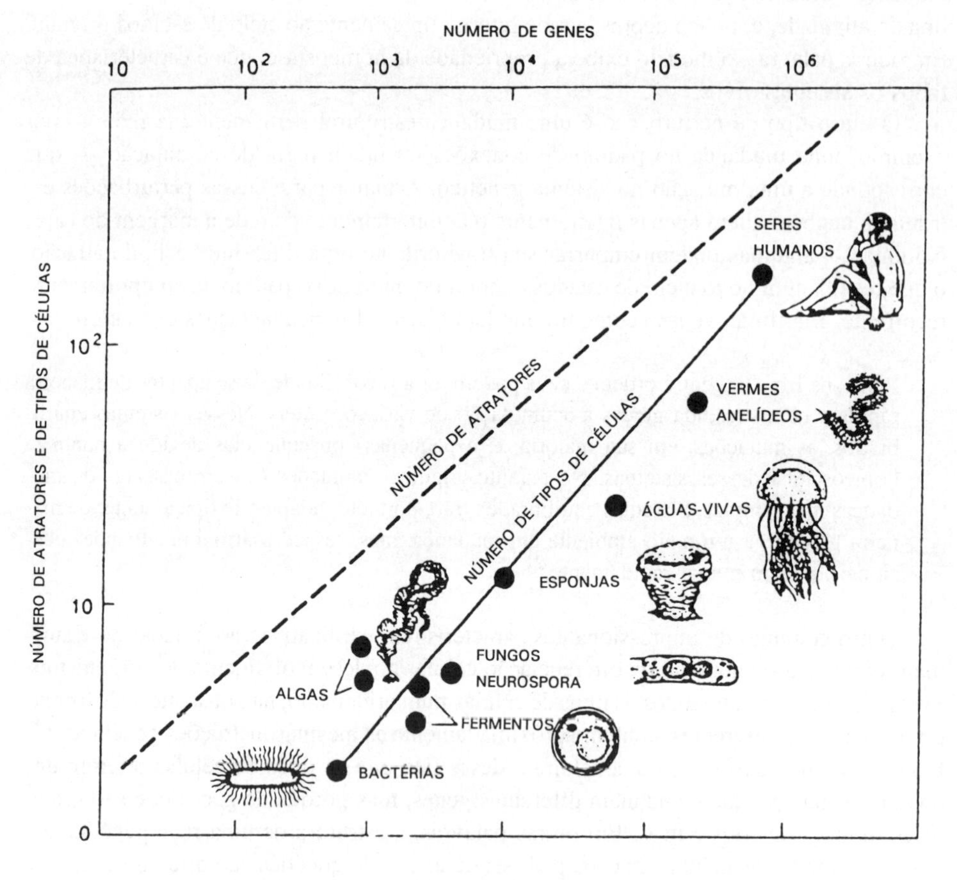

Figura 9-4
Relações entre o número de genes, tipos de células e atratores nas redes binárias correspondentes para diferentes espécies.

todos os atratores, todos os tipos de células em um organismo deveriam expressar, em sua maior parte, o mesmo conjunto de genes e deveriam diferir pelas expressões de apenas uma pequena porcentagem de genes. Realmente, é isto o que ocorre para todos os organismos vivos.

O modelo do atrator também sugere que novos tipos de células são criados no processo de desenvolvimento empurrando-se o sistema de uma bacia de atração para outra. Uma vez que cada bacia de atração tem apenas algumas bacias adjacentes, qualquer tipo isolado de célula deveria se diferenciar seguindo caminhos até seus poucos vizinhos imediatos, e a partir deles até alguns vizinhos adicionais, e assim por diante, até que o conjunto completo de tipos de células tenha sido criado. Em outras palavras, a diferenciação celular deveria ocorrer ao longo de sucessivos caminhos que se ramificam. De fato, é um conhecimento comum entre os biólogos o fato de que, durante quase seiscentos milhões de anos, toda a diferenciação celular em organismos multicelulares tem sido organizada segundo as diretrizes desse padrão.

A Vida em Sua Forma Mínima

Além de desenvolverem simulações por computador de várias redes auto-organizadoras — tanto autopoiéticas como não-autopoiéticas — biólogos e químicos também foram bem-sucedidos, mais recentemente, em sintetizar sistemas químicos autopoiéticos em laboratório. Essa possibilidade foi sugerida, em terreno teórico, por Francisco Varela e por Pier Luigi Luisi, em 1989, e foi posteriormente concretizada em dois tipos de experimentos por Luisi e seus colaboradores na Universidade Politécnica da Suíça (ETH), em Zurique.[24] Esses novos desenvolvimentos conceituais e experimentais aguçaram acentuadamente a discussão a respeito do que constitui a vida em sua forma mínima.

A autopoiese, como temos visto, é definida como um padrão de rede no qual a função de cada componente consiste em participar na produção ou na transformação de outros componentes. O biólogo e filósofo Gail Fleischaker resumiu as propriedades de uma rede autopoiética em termos de três critérios: o sistema deve ser autolimitado, autogerador e autoperpetuador.[25] Ser *autolimitado* significa que a extensão do sistema é determinada por uma fronteira que é parte integral da rede. Ser *autogerador* significa que todos os componentes, inclusive os da fronteira, são produzidos por processos internos à rede. Ser *autoperpetuador* significa que os processos de produção continuam ao longo do tempo, de modo que todos os componentes são continuamente repostos pelos processos de transformação do sistema.

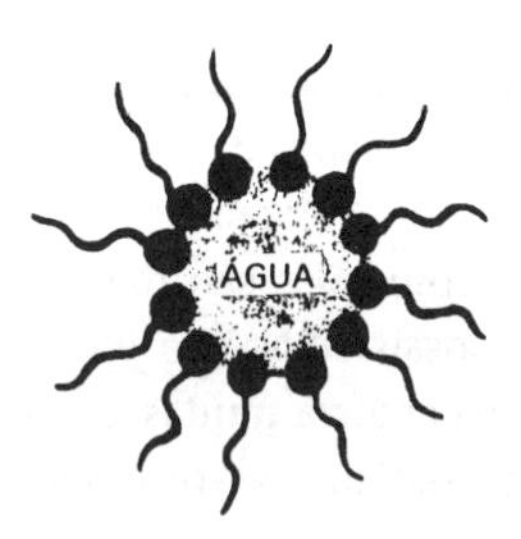

Figura 9-5
Forma básica de uma gotícula de "micélula".

Mesmo que a célula bacteriana seja o mais simples sistema autopoiético encontrado na natureza, os recentes experimentos realizados na ETH mostraram que estruturas químicas que satisfazem os critérios de organização autopoiética podem ser produzidas em laboratório. A primeira dessas estruturas, sugerida por Luisi e por Varela em seu artigo teórico, é conhecida pelo químicos como "micélula" ("*micelle*"). É, basicamente, uma gotícula de água circundada por uma fina camada de moléculas em forma de girino, com "cabeças" que são atraídas pela água e "caudas" que são por ela repelidas (veja a Figura 9-5).

Em circunstâncias especiais, essa gotícula pode hospedar reações químicas que produzem certos componentes que se organizam no âmbito das próprias moléculas da fronteira, as quais constroem a estrutura e fornecem as condições para que ocorram as reações. Desse modo, é criado um sistema autopoiético químico simples. Como na simulação por computador de Varela, as reações são envolvidas por uma fronteira construída a partir dos próprios produtos das reações.

Depois desse primeiro exemplo de química autopoiética, os pesquisadores na ETH foram bem-sucedidos em criar outro tipo de estrutura química, que é ainda mais relevante para os processos celulares, pois, conforme se pensa, seus principais ingredientes — os assim chamados ácidos graxos — constituem o material para as paredes celulares primordiais. Os experimentos consistiam em produzir gotículas de água esféricas circundadas por conchas dessas substâncias graxas, que têm a estrutura semipermeável típica das membranas biológicas (mas sem os seus componentes de proteínas) e geram laços catalíticos que resultam num sistema autopoiético. Os pesquisadores que realizaram os experimentos especulam que esses tipos de sistemas podem ter sido as primeiras estruturas químicas auto-reprodutoras fechadas antes da evolução da célula bacteriana. Se isso for verdade, significaria que agora os cientistas foram bem-sucedidos em recriar as primeiras formas mínimas de vida.

Organismos e Sociedades

Até agora, a maior parte das pesquisas na teoria da autopoiese tem se relacionado com sistemas autopoiéticos mínimos — células simples, simulações por computador e as recém-descobertas estruturas químicas autopoiéticas. Muito menos trabalho tem sido dedicado ao estudo da autopoiese de organismos multicelulares, de ecossistemas e de sistemas sociais. As idéias correntes a respeito dos padrões de rede nesses sistemas vivos ainda são, portanto, muito especulativas.[26]

Todos os sistemas vivos são redes de componentes menores, e a teia da vida como um todo é uma estrutura em muitas camadas de sistemas vivos aninhados dentro de outros sistemas vivos — redes dentro de redes. Organismos são agregados de células autônomas porém estreitamente acopladas; populações são redes de organismos autônomos pertencentes a uma única espécie; e ecossistemas são teias de organismos, tanto de uma só célula como multicelulares, pertencentes a muitas espécies diferentes.

O que é comum a todos esses sistemas vivos é que seus menores componentes vivos são sempre células, e portanto podemos dizer com confiança que todos os sistemas vivos, em última análise, são autopoiéticos. No entanto, também é interessante indagar se os sistemas maiores formados por essas células autopoiéticas — os organismos, as sociedades e os ecossistemas — são, em si mesmos, redes autopoiéticas.

Em seu livro *The Tree of Knowledge*, Maturana e Varela afirmam que o nosso conhecimento atual a respeito dos detalhes dos caminhos metabólicos em organismos e em ecossistemas não é suficiente para dar uma clara resposta e, portanto, deixam a questão em aberto:

> O que podemos dizer é que [sistemas multicelulares] têm *fechamento operacional* na sua organização: sua identidade é especificada por uma rede de processos dinâmicos cujos efeitos não abandonam a rede. Mas, com relação à forma explícita dessa organização, não falaremos mais.[27]

Os autores, então, prosseguem assinalando que os três tipos de sistemas vivos multicelulares — organismos, ecossistemas e sociedades — diferem, em grande medida, nos graus de autonomia de seus componentes. Em organismos, os componentes celulares têm um grau mínimo de existência independente, ao passo que os componentes das sociedades humanas, os seres humanos individuais, têm um grau máximo de autonomia, desfrutando de muitas dimensões de existência independente. Sociedades animais e ecossistemas ocupam várias posições entre esses dois extremos.

As sociedades humanas constituem um caso especial devido ao papel crucial da linguagem, que Maturana identificou como o fenômeno crítico no desenvolvimento da consciência e da cultura humanas.[28] Enquanto a coesão dos insetos sociais se baseia no intercâmbio de substâncias químicas entre os indivíduos, a unidade social das sociedades humanas baseia-se no intercâmbio de linguagem.

Os componentes de um organismo existem para o funcionamento do organismo, mas os sistemas sociais humanos também existem *para os seus componentes*, os seres humanos individuais. Desse modo, nas palavras de Maturana e Varela:

> O organismo restringe a criatividade individual de suas unidades componentes, visto que essas unidades existem para esse organismo. O sistema social humano amplifica a criatividade individual de seus componentes, pois esse sistema existe para esses componentes.[29]

Organismos e sociedades humanas são, portanto, tipos muito diferentes de sistemas vivos. Regimes políticos totalitários têm, com freqüência, restringido gravemente a autonomia de seus membros e, ao fazê-lo, despersonalizou-os e desumanizou-os. Desse modo, as sociedades fascistas funcionam mais como organismos, e não é uma coincidência o fato de as ditaduras, muitas vezes, gostarem de usar a metáfora da sociedade como um organismo vivo.

A Autopoiese no Domínio Social

A questão: "Os sistemas sociais humanos podem ou não ser descritos como autopoiéticos?" tem sido discutida muito extensamente, e as respostas variam de acordo com o autor.[30] O problema maior é que a autopoiese só foi definida com precisão para sistemas no espaço físico e para simulações, por meio de computador, em espaços matemáticos. Devido ao "mundo interior" dos conceitos, das idéias e dos símbolos que surgem com o pensamento, com a consciência e com a linguagem humanos, os sistemas sociais humanos existem não somente no domínio físico, mas também num domínio social simbólico.

Desse modo, uma família humana pode ser descrita como um sistema biológico, definido por certas relações de sangue, mas também pode ser descrita como um "sistema conceitual", definido por certos papéis e parentescos que podem ou não coincidir com quaisquer parentescos de sangue entre os seus membros. Esses papéis dependem das convenções sociais e podem variar consideravelmente em diferentes períodos de tempo e em diferentes culturas. Por exemplo, na cultura ocidental contemporânea, o papel do "pai" pode ser desempenhado pelo pai biológico, por um pai adotivo, por um padrasto, por um tio ou por um irmão mais velho. Em outras palavras, esses papéis não são características objetivas do sistema familiar, mas são construtos sociais flexíveis e constantemente renegociados.[31]

Embora o comportamento, no domínio físico, seja governado por causa e efeito, as chamadas "leis da natureza", o comportamento no domínio social é governado por regras geradas pelo sistema social e, com freqüência, codificadas em lei. A diferença crucial é que as regras sociais podem ser quebradas, mas as leis naturais não o podem. Os seres humanos podem escolher se querem obedecer, ou como querem obedecer, a uma regra social; as moléculas não podem escolher se devem ou não interagir.[32]

Dada a existência simultânea dos sistemas sociais em dois domínios, o físico e o social, terá sentido, de qualquer modo, aplicar a eles a concepção de autopoiese e, se tiver, em que domínio deveria sê-lo?

Depois de deixar essa questão em aberto em seu livro, Maturana e Varela expressaram visões separadas e ligeiramente diferentes. Maturana não concebe os sistemas sociais humanos como autopoiéticos, mas sim como o meio no qual os seres humanos realizam sua autopoiese biológica por intermédio do "linguageamento" ("*languaging*").[33] Varela sustenta que a concepção de uma rede de processos de produção, que está no próprio âmago da definição de autopoiese, pode não ser aplicável além do domínio físico, mas que uma concepção mais ampla de "fechamento organizacional" pode ser definida para sistemas sociais. Essa concepção mais ampla é semelhante à de autopoiese, mas não especifica processos de produção.[34] A autopoiese, na visão de Varela, pode ser vista como um caso especial de fechamento organizacional, manifesto no nível celular e em certos sistemas químicos.

Outros autores têm afirmado que uma rede social autopoiética *pode* ser definida se a descrição de sistemas sociais humanos permanecer inteiramente dentro do domínio social. Essa escola de pensamento foi introduzida na Alemanha pelo sociólogo Niklas Luhmann, que desenvolveu a concepção de autopoiese social de maneira consideravelmente detalhada. O ponto central de Luhmann consiste em identificar os processos sociais da rede autopoiética como processos de comunicação:

> Os sistemas sociais usam a comunicação como seu modo particular de reprodução autopoiética. Seus elementos são comunicações que são ... produzidas e reproduzidas por uma rede de comunicações e que não podem existir fora dessa rede.[35]

Por exemplo, um sistema familiar pode ser definido como uma rede de conversas que exibe circularidades inerentes. Os resultados de conversas dão origem a mais conversas, de modo que se formam laços de realimentação auto-amplificadores. O fechamento da rede resulta num sistema compartilhado de crenças, de explicações e de valores — um contexto de significados — continuamente sustentado por mais conversas.

Os atos comunicativos da rede de conversas incluem a "autoprodução" dos papéis por cujo intermédio os vários membros da família são definidos e da fronteira do sistema da família. Uma vez que todos esses processos ocorrem no domínio social simbólico, a fronteira não pode ser uma fronteira física. É uma fronteira de expectativas, de confidências, de lealdade, e assim por diante. Tanto os papéis familiares como as fronteiras são continuamente mantidos e renegociados pela rede autopoiética de conversas.

O Sistema de Gaia

O debate sobre a autopoiese em sistemas sociais tem sido bastante vivo nos últimos anos; é surpreendente, porém, que tenha havido um silêncio quase total a respeito da questão da autopoiese nos ecossistemas. Seria preciso concordar com Maturana e Varela a respeito do fato de que os muitos caminhos e processos num ecossistema ainda não são conhecidos em detalhes suficientes para se decidir se essa rede ecológica pode ser descrita como autopoiética. No entanto, seria certamente tão interessante começar discussões sobre a autopoiese com ecologistas quanto tem sido com cientistas sociais.

Para começar, podemos dizer que uma função de todos os componentes numa teia alimentar é a de transformar outros componentes dentro da mesma teia. Assim como as plantas extraem matéria inorgânica de seu meio ambiente para produzir compostos orgânicos, e assim como esses compostos passam pelo ecossistema para servir de alimento para a produção de estruturas mais complexas, toda a rede regula a si mesma por meio de múltiplos laços de realimentação.[36] Os componentes individuais da teia alimentar morrem continuamente para serem decompostos e repostos pelos próprios processos de transformação da rede. Ainda resta ver se isso é suficiente para se definir um ecossistema como autopoiético, o que dependerá, entre outras coisas, de um claro entendimento da fronteira do sistema.

Quando desviamos nossa percepção dos ecossistemas para o planeta como um todo, encontramos uma rede global de processos de produção e de transformação, que foram descritos, com alguns detalhes, na teoria de Gaia, de James Lovelock e Lynn Margulis.[37] De fato, pode haver atualmente mais evidências para a natureza autopoiética do sistema de Gaia do que para a dos ecossistemas.

O sistema planetário opera numa escala muito grande no espaço e também envolve longas escalas de tempo. Desse modo, não é tão fácil pensar em Gaia como sendo viva de uma maneira concreta. O planeta todo é vivo ou apenas certas partes dele são vivas? E, nesse último caso, que partes? Para nos ajudar a conceber Gaia como um sistema vivo, Lovelock sugeriu a analogia com uma árvore.[38] Numa árvore crescida, há somente uma fina camada de células vivas ao redor do seu perímetro, logo abaixo da casca. Toda a madeira interna, mais de 97 por cento da árvore, está morta. De maneira semelhante, a Terra está coberta por uma fina camada de organismos vivos — a biosfera — que se aprofunda no oceano por cerca de 8 quilômetros até pouco mais de 9,5 quilômetros, e se ergue na atmosfera numa distância equivalente. Portanto, a parte viva de Gaia é apenas uma delgada película ao redor do globo. Se o planeta for representado por uma esfera do tamanho de uma bola de basquete, com os oceanos e os países pintados em sua superfície, a espessura da biosfera terá justamente a espessura aproximada dessa camada de tinta!

Assim como a casca de uma árvore protege contra danos a fina camada de tecido vivo da árvore, a vida na Terra é circundada pela camada protetora da atmosfera, que forma uma blindagem contra a luz ultravioleta e outras influências nocivas e mantém a temperatura do planeta no nível correto para a vida florescer. Nem a atmosfera acima de nós nem as rochas abaixo de nós são vivas, mas têm sido, ambas, modeladas e transformadas consideravelmente pelos organismos vivos, assim como a casca e a madeira da árvore. Tanto o espaço exterior como o interior da Terra fazem parte do meio ambiente da Terra.

Para ver se o sistema de Gaia pode realmente ser descrito como uma rede autopoiética, vamos aplicar os três critérios propostos por Gail Fleischaker.[39] Gaia é, em definitivo, *autolimitada*, pelo menos até onde sua fronteira externa, a atmosfera, estiver presente. De acordo com a teoria de Gaia, a atmosfera da Terra é criada, transformada e mantida pelos processos metabólicos da biosfera. As bactérias desempenham um papel fundamental nesses processos, influindo na velocidade das reações químicas e, desse modo, atuando como o equivalente biológico das enzimas numa célula.[40] A atmosfera é semipermeável, como uma membrana celular, e constitui parte integral da rede planetária. Por exemplo, ela criou a estufa protetora na qual a vida em seus primórdios foi capaz de se desdobrar há três bilhões de anos, mesmo que o Sol fosse então 25 por cento menos luminoso do que o é nos dias de hoje.[41]

O sistema de Gaia é também claramente *autogerador*. O metabolismo planetário converte substâncias inorgânicas em matéria orgânica viva, e novamente em solos, oceanos e ar. Todos os componentes da rede de Gaia, incluindo aqueles de sua fronteira atmosférica, são produzidos por processos internos à rede.

Uma característica fundamental de Gaia é o complexo entrelaçamento de sistemas vivos e não-vivos dentro de uma única teia. Isso resulta em laços de realimentação que operam ao longo de escalas imensamente diferentes. Os ciclos das rochas, por exemplo, estendem-se por centenas de milhões de anos, ao passo que os organismos a elas associados têm durações de vida muito curtas. Na metáfora de Stephan Harding, ecologista e colaborador de James Lovelock: "Os seres vivos saem das rochas e retornam às rochas."[42]

Finalmente, o sistema de Gaia é, evidentemente, *autoperpetuante*. Os componentes dos oceanos, do solo e do ar, bem como todos os organismos da biosfera, são continuamente repostos pelos processos planetários de produção e de transformação. Então, parece que a probabilidade de Gaia ser uma rede autopoiética é muito grande. De fato, Lynn Margulis, co-autora da teoria de Gaia, afirma confidencialmente: "Há poucas dúvidas de que a pátina do planeta — inclusive nós mesmos — seja autopoiética."[43]

A confiança de Lynn Margulis na idéia de uma teia autopoiética planetária resulta de três décadas de um trabalho pioneiro em microbiologia. Para entender a complexidade, a diversidade e as capacidades auto-organizadoras da rede de Gaia, uma compreensão do microcosmo — a natureza, a extensão, o metabolismo e a evolução dos microorganismos — é absolutamente essencial. Margulis não apenas contribuiu muito para essa compreensão dentro da comunidade científica mas também foi capaz, em colaboração com Dorion Sagan, de explicar suas descobertas radicais numa linguagem clara e empolgante para o leigo.[44]

A vida na Terra começou por volta de 3,5 bilhões de anos atrás, e durante os primeiros dois bilhões de anos o mundo vivo consistia inteiramente de microorganismos. Durante o primeiro bilhão de anos de evolução, as bactérias — as formas mais básicas de vida — cobriam o planeta com uma intricada teia de processos metabólicos, e começaram a regular a temperatura e a composição química da atmosfera, de maneira que ela preparasse o terreno para a evolução de formas superiores de vida.[45]

Plantas, animais e seres humanos chegaram tarde na Terra, emergindo do microcosmo há menos de um bilhão de anos. Até mesmo hoje os organismos vivos visíveis funcionam somente devido às suas conexões bem-desenvolvidas com a teia bacteriana da vida. "Longe de deixar os microorganismos para trás numa 'escada' evolutiva", escreve Margulis, "somos tanto rodeados como compostos por eles. ... [Temos de] pensar a respeito de nós mesmos e do nosso meio ambiente como um mosaico evolutivo de vida microcósmica."[46]

Durante a longa história evolutiva da vida, mais de 99 por cento de todas as espécies que já existiram foram extintas, mas a teia planetária de bactérias sobreviveu, continuando a regular as condições para a vida na Terra, como tem ocorrido nos últimos três bilhões de anos. De acordo com Margulis, a concepção de uma rede autopoiética planetária é justificada porque toda a vida está embutida numa teia auto-organizadora de bactérias, envolvendo elaboradas redes de sistemas sensoriais e de controle que estamos apenas começando a reconhecer. Miríades de bactérias, vivendo no solo, nas rochas e nos oceanos, bem como no interior de todas as plantas, animais e seres humanos, regulam continuamente a vida na Terra: "É o crescimento, o metabolismo e as propriedades de intercâmbio de gases dos micróbios ... que formam os complexos sistemas de realimentação físicos e químicos que modulam a biosfera em que vivemos."[47]

O Universo Como um Todo

Refletindo a respeito do planeta como um ser vivo, somos naturalmente levados a fazer perguntas sobre sistemas de escalas ainda maiores. Seria o Sistema Solar uma rede autopoiética? E a galáxia? E quanto ao universo como um todo? O universo seria vivo?

Com relação ao Sistema Solar, podemos dizer com alguma confiança que ele não parece um sistema vivo. Na verdade, foi a notável diferença entre a Terra e todos os outros planetas do Sistema Solar que levou Lovelock a formular a hipótese de Gaia. Até onde isso diz respeito à nossa galáxia, a Via-láctea, não estamos perto, de maneira alguma, de ter os dados necessários para levar em consideração a pergunta: "Ela é viva?", e quando mudamos nossa perspectiva para o universo como um todo, também atingimos o limite da conceitualização.

Para muitas pessoas, inclusive para mim mesmo, é filosófica e espiritualmente mais satisfatório supor que o cosmos como um todo é vivo, em vez de pensar que a vida na Terra existe dentro de um universo sem vida. No entanto, dentro do arcabouço da ciência, não podemos — ou, pelo menos, ainda não podemos — fazer tais afirmações. Se aplicamos nossos critérios científicos para a vida ao universo inteiro, encontramos sérias dificuldades conceituais.

Sistemas vivos são definidos como sendo abertos a um constante fluxo de energia e de matéria. Mas como podemos pensar no universo, que por definição inclui tudo, como um sistema aberto? A questão não parece fazer mais sentido do que indagar sobre o que aconteceu antes do Big Bang. Nas palavras do famoso astrônomo *Sir* Bernard Lovell:

> Aí atingimos a grande barreira do pensamento. ... Sinto como se de repente me dirigisse até uma grande barreira de neblina onde o mundo conhecido desapareceu.[48]

Uma coisa que podemos dizer a respeito do universo é que o potencial para a vida existe em abundância por todo o cosmos. Pesquisas realizadas ao longo das últimas poucas décadas têm fornecido uma imagem razoavelmente clara das características geológicas e químicas presentes na Terra primitiva que tornaram a vida possível. Começamos a entender como se desenvolveram sistemas químicos cada vez mais complexos, e como formaram ciclos catalíticos que, finalmente, evoluíram em sistemas autopoiéticos.[49]

Observando o universo no seu todo, e a nossa galáxia em particular, os astrônomos descobriram que os componentes químicos característicos encontrados em toda a vida estão presentes em abundância. Para que a vida emerja desses compostos, é necessário um delicado equilíbrio de temperaturas, de pressões atmosféricas, de conteúdo em água, e assim por diante. Durante a longa evolução da galáxia, é provável que esse equilíbrio fosse obtido em muitos planetas nos bilhões de sistemas planetários que a galáxia abriga.

Mesmo no nosso Sistema Solar, tanto Vênus como Marte provavelmente apresentaram oceanos no início de suas histórias, oceanos nos quais a vida poderia ter emergido.[50] Vênus, porém, estava muito perto do Sol para que nele se processasse uma lenta marcha evolutiva. Seus oceanos evaporaram, e o hidrogênio acabou sendo separado das moléculas de água pela poderosa radiação ultravioleta, escapando para o espaço. Não sabemos como Marte perdeu sua água; sabemos apenas que isso aconteceu. Lovelock especula que talvez Marte tivesse vida em seus primeiros estágios, perdendo-a em algum evento catastrófico, ou que o seu hidrogênio escapou para o espaço mais depressa do que o fez na Terra primitiva, devido ao fato de a sua força de gravidade ser muito mais fraca que a de nosso planeta.

Seja como for, parece que a vida "quase" evoluiu em Marte, e que, com toda a probabilidade, também evoluiu e está florescendo em milhões de outros planetas por todo o universo. Desse modo, mesmo que a concepção de que o universo como um todo é um ser vivo seja problemática no âmbito do arcabouço da ciência atual, podemos dizer com confiança que a vida provavelmente está presente em grande abundância por todo o cosmos.

Acoplamento Estrutural

Onde quer que vejamos vida, de bactérias a ecossistemas de grande escala, observamos redes com componentes que interagem uns com os outros de maneira tal que toda a rede regula e organiza a si mesma. Uma vez que esses componentes, exceto aqueles das redes celulares, são, eles mesmos, sistemas vivos, uma imagem realista de redes autopoiéticas deve incluir uma descrição de como os sistemas vivos interagem uns com os outros e, mais geralmente, com seu meio ambiente. Na verdade, essa descrição é parte integral da teoria da autopoiese desenvolvida por Maturana e Varela.

A característica central de um sistema autopoiético está no fato de que ele passa por contínuas mudanças estruturais enquanto preserva seu padrão de organização semelhante a uma teia. Os componentes da rede produzem e transformam continuamente uns aos outros, e o fazem de duas maneiras distintas. Um tipo de mudanças estruturais são mudanças de auto-renovação. Todo organismo vivo renova continuamente a si mesmo, com células parando de funcionar ou, gradualmente e por etapas, construindo estruturas, e tecidos e órgãos repondo suas células em ciclos contínuos. Não obstante essas mudanças em andamento, o organismo mantém sua identidade, ou padrão de organização, global.

Muitas dessas mudanças cíclicas ocorrem muito mais depressa do que se poderia imaginar. Por exemplo, nosso pâncreas repõe a maior parte de suas células a cada vinte e quatro horas, as células que revestem o nosso estômago são reproduzidas a cada três dias, os glóbulos brancos do nosso sangue são renovados em dez dias, e 98 por cento das proteínas de nosso cérebro dão uma rodada completa em menos de um mês. Ainda mais surpreendente é o fato de que nossa pele substitui suas células a uma taxa de cem mil células por minuto. De fato, a maior parte da poeira de nossas casas consiste em células mortas da nossa pele.

O segundo tipo de mudanças estruturais num sistema vivo são mudanças nas quais novas estruturas são criadas — novas conexões na rede autopoiética. Essas mudanças do segundo tipo — desenvolvimentais em vez de cíclicas — também ocorrem continuamente, seja como conseqüência de influências ambientais, seja como resultado da dinâmica interna do sistema. De acordo com a teoria da autopoiese, um sistema vivo interage com seu meio ambiente por intermédio de "acoplamento estrutural", isto é, por meio de interações recorrentes, cada uma das quais desencadeia mudanças estruturais no sistema. Por exemplo, uma membrana celular incorpora continuamente substâncias extraídas do seu meio ambiente e introduzidas nos processos metabólicos da célula. O sistema nervoso de um organismo muda sua conexidade com cada percepção dos sentidos. No entanto, esses sistemas vivos são autônomos. O meio ambiente apenas desencadeia as mudanças estruturais; ele não as especifica nem as dirige.[51]

O acoplamento estrutural, como é definido por Maturana e Varela, estabelece uma clara diferença entre as maneiras pelas quais sistemas vivos e não-vivos interagem com seus meios ambientes. Chutar uma pedra e chutar um cão são duas histórias muito diferentes, como Gregory Bateson gostava de enfatizar. A pedra *reagirá* ao chute de acordo com uma cadeia linear de causa e efeito. Seu comportamento pode ser calculado aplicando-se a ele as leis básicas da mecânica newtoniana. O cão *responderá* com mudanças estruturais de acordo com sua própria natureza e com seu próprio padrão (não-linear) de organização. O comportamento resultante é, em geral, imprevisível.

Assim como um organismo vivo responde a influências ambientais com mudanças estruturais, essas mudanças, por sua vez, alterarão seu comportamento futuro. Em outras palavras, um sistema estruturalmente acoplado é um sistema de aprendizagem. Enquanto permanecer vivo, um organismo se acoplará estruturalmente com seu meio ambiente. Suas mudanças estruturais contínuas em resposta ao meio ambiente — e, em conseqüência, sua adaptação, sua aprendizagem e desenvolvimento contínuos — são características de importância-chave do comportamento dos seres vivos. Devido ao seu acoplamento estrutural, chamamos de inteligente o comportamento de um animal, mas não aplicaríamos o termo ao comportamento de uma rocha.

Desenvolvimento e Evolução

À medida que se mantém interagindo com seu meio ambiente, um organismo vivo sofrerá uma seqüência de mudanças estruturais, e, ao longo do tempo, formará seu próprio caminho individual de acoplamento estrutural. Em qualquer ponto desse caminho, a estrutura do organismo é um registro de mudanças estruturais anteriores e, portanto, de interações anteriores. A estrutura viva é sempre um registro de desenvolvimento anterior, e a ontogenia — o curso de desenvolvimento de um organismo individual — é a história das mudanças estruturais do organismo.

Agora, uma vez que a estrutura de um organismo, em qualquer ponto de seu desenvolvimento, é um registro de suas mudanças estruturais anteriores, e uma vez que cada mudança estrutural influencia o comportamento futuro do organismo, isso implica que o comportamento do organismo vivo é determinado pela sua estrutura. Desse modo, um sistema vivo é determinado de diferentes maneiras pelo seu padrão de organização e pela sua estrutura. O padrão de organização determina a identidade do sistema (suas características essenciais); a estrutura, formada por uma seqüência de mudanças estruturais, determina o comportamento do sistema. Na terminologia de Maturana, o comportamento dos sistemas vivos é "determinado pela estrutura" (*structure-determined*).

Essa concepção de determinismo estrutural lança nova luz sobre o velho debate filosófico a respeito de liberdade e determinismo. De acordo com Maturana, o comportamento de um organismo vivo é determinado. No entanto, em vez de ser determinado por forças externas, é determinado pela própria estrutura do organismo — uma estrutura formada por uma sucessão de mudanças estruturais autônomas. Desse modo, o comportamento do organismo vivo é, ao mesmo tempo, determinado e livre.

Além disso, o fato de o comportamento ser determinado pela estrutura não significa que ele é previsível. A estrutura do organismo apenas "condiciona o curso de suas interações e restringe as mudanças estruturais que as interações podem desencadear nele".[52] Por exemplo, quando um sistema vivo atinge um ponto de bifurcação, como é descrito por Prigogine, sua história de acoplamento estrutural determinará os novos caminhos que se tornarão disponíveis, mas que caminho o sistema tomará é algo que permanece imprevisível.

Assim como a teoria das estruturas dissipativas de Prigogine, a teoria da autopoiese mostra que a criatividade — a geração de configurações que são constantemente novas — é uma propriedade-chave de todos os sistemas vivos. Uma forma especial dessa criatividade é a geração de diversidade por meio da reprodução, da simples divisão celular até a dança altamente complexa da reprodução sexual. Para a maioria dos organismos vivos, a ontogenia não é um caminho linear de desenvolvimento, mas sim um ciclo, e a reprodução é um passo vital nesse ciclo.

Bilhões de anos atrás, as capacidades combinadas dos sistemas vivos para se reproduzir e para criar novidade levaram naturalmente à evolução biológica — um desdobramento criativo da vida que tem continuado, desde essa época, num processo ininterrupto. Desde as formas de vida mais arcaicas e mais simples até as formas contemporâneas, mais intrincadas e mais complexas, a vida tem se desdobrado numa dança contínua sem jamais quebrar o padrão básico de suas redes autopoiéticas.

10

O Desdobramento da Vida

Uma das características mais recompensadoras da emergente teoria dos sistemas vivos é a nova compreensão da evolução que ela implica. Em vez de ver a evolução como o resultado de mutações aleatórias e de seleção natural, estamos começando a reconhecer o desdobramento criativo da vida em formas de diversidade e de complexidade sempre crescentes como uma característica inerente de todos os sistemas vivos. Embora a mutação e a seleção natural ainda sejam reconhecidas como aspectos importantes da evolução biológica, o foco central é na criatividade, no constante avanço da vida em direção à novidade.

Para compreender a diferença fundamental entre a velha e a nova visões da evolução, será útil rever resumidamente a história do pensamento evolutivo.

Darwinismo e Neodarwinismo

A primeira teoria da evolução foi formulada no princípio do século XIX por Jean Baptiste Lamarck, um naturalista autodidata que introduziu o termo "biologia" e fez extensos estudos de botânica e de zoologia. Lamarck observou que animais mudavam sob pressão ambiental, e acreditava que eles podiam transferir essas mudanças para a sua prole. Essa transferência das características adquiridas era para ele o principal mecanismo da evolução.

Embora se comprovasse que Lamarck estava errado a esse respeito, seu reconhecimento do fenômeno da evolução — a emergência de novas estruturas biológicas na história das espécies — foi uma idéia revolucionária que afetou de maneira profunda todo o pensamento científico subseqüente. Em particular, Lamarck exerceu forte influência sobre Charles Darwin, que começou sua carreira científica como geólogo mas se interessou por biologia durante sua famosa expedição às Ilhas Galápagos. Suas cuidadosas observações a respeito da fauna da ilha estimularam Darwin a especular sobre o efeito do isolamento geográfico na formação das espécies, e o levaram, finalmente, a formular sua teoria da evolução.

Darwin publicou sua teoria em 1859, em sua obra monumental *On the Origin of Species*; e a completou doze anos mais tarde com *The Descent of Man*, na qual a concepção de transformação evolutiva de uma espécie em outra foi estendida de maneira a incluir seres humanos. Darwin baseou sua teoria em duas idéias fundamentais — variação casual, que seria posteriormente denominada mutação aleatória, e seleção natural.

No centro do pensamento darwinista está a introvisão segundo a qual todos os organismos vivos são apresentados com ancestrais comuns. Todas as formas de vida emergiram desses ancestrais por meio de um processo contínuo de variações ao longo de todos os bilhões de anos de história geológica. Nesse processo evolutivo, são produzidas muito mais variações do que as que podem sobreviver, e, dessa maneira, muitos indivíduos são eliminados por seleção natural, conforme algumas variantes apresentam crescimento excessivo e sufocam a produção de outras.

Essas idéias básicas atualmente estão bem-documentadas, apoiadas por uma grande quantidade de evidências vindas da biologia, da bioquímica e dos registros fósseis, e todos os cientistas sérios estão em perfeito acordo com elas. As diferenças entre a teoria da evolução clássica e a nova teoria emergente centralizam-se em torno da questão da dinâmica da evolução — os mecanismos por cujo intermédio ocorrem as mudanças evolutivas.

A própria concepção de Darwin de variações casuais baseava-se numa suposição que era comum às visões que se tinha no século XIX sobre hereditariedade. Supunha-se que as características biológicas de um indivíduo representassem uma "mistura" das de seus pais, com ambos os pais contribuindo em partes mais ou menos iguais para a mistura. Isto significava que a prole de um pai com uma variação casual útil herdaria apenas 50 por cento da nova característica, e seria capaz de transferir somente 25 por cento dela para a geração seguinte. Desse modo, a nova característica se diluiria rapidamente, com muito pouca chance de se estabelecer por meio da seleção natural. O próprio Darwin reconheceu que essa era uma falha séria na sua teoria, que não encontrara maneira de remediar.

É irônico que a solução para o problema de Darwin fosse descoberta por Gregor Mendel, um monge e botânico amador austríaco, somente alguns anos depois da publicação da teoria darwinista, mas permanecesse ignorada durante toda a vida de Mendel, e fosse trazida novamente à luz apenas na virada do século, muitos anos depois da morte de Mendel. Com base em seus cuidadosos experimentos com ervilhas, Mendel deduziu que havia "unidades de hereditariedade" — que mais tarde seriam chamadas de genes — as quais não se misturavam no processo da reprodução, mas eram transmitidas de geração em geração sem mudar de identidade. Com essa descoberta, poder-se-ia supor que mutações aleatórias de genes não desapareceriam no âmbito de algumas gerações, mas seriam preservadas, para serem reforçadas ou eliminadas por seleção natural.

A descoberta de Mendel não apenas desempenhou um papel decisivo no estabelecimento da teoria darwinista da evolução como também abriu todo um novo campo de pesquisas — o estudo da hereditariedade por meio da investigação da natureza física e química dos genes.[1] No princípio do século, um biólogo inglês, William Bateson, fervoroso defensor e divulgador da obra de Mendel, deu a esse novo campo o nome de "genética". Também batizou seu filho mais novo com o nome de Gregory, em homenagem a Mendel.

A combinação da idéia de Darwin de mudanças evolutivas graduais com a descoberta de Mendel da estabilidade genética resultou na síntese conhecida como neodarwinismo, que é hoje ensinada, como a teoria da evolução estabelecida, nos departamentos de biologia em todo o mundo. De acordo com a teoria neodarwinista, toda variação evolutiva resulta de mutação aleatória — isto é, de mudanças genéticas aleatórias — seguida por seleção natural. Por exemplo, se uma espécie animal precisa de uma pele espessa para sobreviver num clima frio, ela não responderá a essa necessidade fazendo com que ocorra o crescimento do pêlo, mas, em vez disso, desenvolverá todo o tipo de mudanças genéticas aleatórias, e os animais cujas mudanças resultem em pele espessa sobreviverão para produzir mais prole. Desse modo, nas palavras do geneticista Jacques Monod: "Apenas o acaso está na fonte de toda inovação, de toda criação na biosfera."[2]

Na visão de Lynn Margulis, o neodarwinismo é fundamentalmente falho, não somente pelo fato de se basear em conceitos reducionistas, que hoje estão obsoletos, mas também porque foi formulado numa linguagem matemática inapropriada. "A linguagem da vida não é a aritmética e a álgebra comuns", afirma Margulis, "a linguagem da vida é a química. Os neodarwinistas práticos carecem de conhecimentos relevantes a respeito, por exemplo, de microbiologia, de biologia celular, de bioquímica ... e de ecologia microbiana."[3]

Uma razão pela qual os principais evolucionistas de hoje carecem da linguagem apropriada para descrever a mudança da evolução, de acordo com Margulis, está no fato de que, em sua maioria, eles provêm da tradição zoológica e, desse modo, estão acostumados a lidar apenas com uma parte pequena, e relativamente recente, da história da evolução. Pesquisas atuais em microbiologia indicam vigorosamente que os principais caminhos para a criatividade da evolução foram desenvolvidos muito tempo antes que os animais entrassem em cena.[4]

O problema conceitual de importância central do neodarwinismo é, pelo que parece, sua concepção reducionista do genoma, a coleção dos genes de um organismo. As grandes realizações da biologia molecular, com freqüência descritas como "a quebra do código genético", resultaram na tendência para representar o genoma como um arranjo linear de genes independentes, cada um deles correspondendo a uma característica biológica.

No entanto, pesquisas têm mostrado que um único gene pode afetar um amplo espectro de características, e que, inversamente, muitos genes separados combinam-se com freqüência para produzir uma única característica. Portanto, é muito misterioso o processo pelo qual estruturas complexas, como um olho ou uma flor, poderiam ter evoluído por meio de mutações sucessivas de genes individuais. Evidentemente, o estudo das atividades coordenadoras e integradoras de todo o genoma é de importância suprema, mas esta tem sido seriamente dificultada pela perspectiva mecanicista da biologia convencional. Apenas muito recentemente os biólogos começaram a entender o genoma de um organismo como uma rede intensamente entrelaçada e a estudar suas atividades a partir de uma perspectiva sistêmica.[5]

A Visão Sistêmica da Evolução

Uma notável manifestação da totalidade genética é o fato, hoje bem-documentado, de que a evolução não procede por meio de mudanças graduais contínuas ocorrendo ao longo do tempo, causadas por longas seqüências de mutações sucessivas. O registro fóssil mostra claramente que, ao longo de toda a história da evolução, tem havido extensos períodos de estabilidade, ou "estase", sem nenhuma variação genética, pontuados por súbitas e dramáticas transições. Períodos estáveis de centenas de milhares de anos são a norma. De fato, a aventura evolutiva humana começou com um milhão de anos de estabilidade da primeira espécie hominídea, o *Australopithecus afarensis*.[6] Essa nova figura, conhecida como "equilíbrios pontuados", indica que as súbitas transições foram causadas por mecanismos muito diferentes das mutações aleatórias da teoria neodarwinista.

Um aspecto importante da teoria clássica da evolução é a idéia de que, no decurso da mudança evolutiva e sob a pressão da seleção natural, os organismos, gradualmente, se adaptam ao seu meio ambiente até atingir um ajuste que seja bom o bastante para a sobrevivência e a reprodução. Na nova visão sistêmica, ao contrário, a mudança evolutiva é vista como o resultado da tendência inerente da vida para criar novidade, a qual pode ou não ser acompanhada de adaptação às condições ambientais em mudança.

Conseqüentemente, os biólogos sistêmicos começaram a descrever o genoma como uma rede auto-organizadora capaz de produzir espontaneamente novas formas de ordem. "Devemos repensar a biologia evolutiva", escreve Stuart Kauffman. "Grande parte da ordem que vemos nos organismos pode ser o resultado direto não da seleção natural, mas da ordem natural sobre a qual a seleção foi privilegiada para atuar. ... A evolução não é um mero remendo. ... É ordem emergente honrada e afiada pela seleção."[7]

Uma nova teoria abrangente da evolução, baseada nessas recentes idéias, ainda não foi formulada. Mas os modelos e as teorias de sistemas auto-organizadores, discutidos nos capítulos precedentes deste livro, fornecem os elementos para a formulação dessa teoria.[8] A teoria de Prigogine das estruturas dissipativas mostra como sistemas bioquímicos complexos, operando afastados do equilíbrio, geram laços catalíticos que levam a instabilidades e podem produzir novas estruturas de ordem superior. Manfred Eigen sugeriu que ciclos catalíticos semelhantes podem ter se formado antes da emergência da vida na Terra, iniciando assim uma fase pré-biológica de evolução. Stuart Kauffman utilizou redes binárias como modelos matemáticos das redes genéticas de organismos vivos, e foi capaz de deduzir, com base nesses modelos, várias características conhecidas de diferenciação e de evolução celular. Humberto Maturana e Francisco Varela descreveram o processo da evolução em termos de sua teoria da autopoiese, vendo a história da evolução de uma espécie como a história do seu acoplamento estrutural. E James Lovelock e Lynn Margulis, em sua teoria de Gaia, exploraram as dimensões planetárias do desdobramento da vida.

A teoria de Gaia, assim como o trabalho anterior de Lynn Margulis em microbiologia, expuseram o erro da estreita concepção darwiniana de adaptação. Ao longo de todo o mundo vivo, a evolução não pode ser limitada à adaptação de organismos ao seu meio ambiente, pois o próprio meio ambiente é modelado por uma rede de sistemas vivos capazes de adaptação e de criatividade. Portanto, o que se adapta ao quê? Cada qual se adapta aos outros — eles *co-evoluem*. Nas palavras de James Lovelock:

> A evolução dos organismos vivos está tão estreitamente acoplada com a evolução do seu meio ambiente que, juntas, elas constituem um único processo evolutivo.[9]

Desse modo, nosso foco está se deslocando da evolução para a co-evolução — uma dança em andamento que procede por intermédio de uma sutil interação entre competição e cooperação, entre criação e mútua adaptação.

Caminhos de Criatividade

Portanto, a força motriz da evolução, de acordo com a nova teoria emergente, deve ser encontrada não em eventos casuais de mutações aleatórias, mas sim, na tendência inerente da vida para criar novidade, na emergência espontânea de complexidade e de ordem crescentes. Uma vez que essa nova introvisão fundamental tenha sido entendida, podemos então indagar: "Quais são os caminhos pelos quais se expressa a criatividade da evolução?"

A resposta a essa pergunta provém não apenas da biologia molecular, mas também — e isso é ainda mais importante — da microbiologia, do estudo da teia planetária das miríades de microorganismos que constituíram as únicas formas de vida durante os primeiros dois bilhões de anos de evolução. Durante esses dois bilhões de anos, as bactérias transformaram continuamente a superfície da Terra e a sua atmosfera, e, ao fazê-lo, inventaram todas as biotecnologias essenciais da vida, inclusive a fermentação, a fotossíntese, a fixação do nitrogênio, a respiração e os dispositivos motores para movimento rápido.

Nas três últimas décadas, extensas pesquisas em microbiologia têm revelado três dos principais caminhos de evolução.[10] O primeiro, porém menos importante, é a mutação aleatória dos genes, a peça central da teoria neodarwinista. A mutação dos genes é causada por um erro casual na auto-replicação do ADN, quando as duas cadeias da dupla hélice do ADN se separam, e cada uma delas serve como um molde, ou gabarito, para a construção de uma nova cadeia complementar.[11]

Estimou-se que esses erros casuais ocorrem a uma taxa de cerca de um para várias centenas de milhões de células em cada geração. Essa freqüência não parece suficiente para explicar a evolução da grande diversidade de formas de vida, dado o fato bem conhecido de que, em sua maior parte, as mutações são prejudiciais e só um número muito pequeno delas resulta em variações úteis.

No caso das bactérias, a situação é diferente, porque as bactérias se dividem muito rapidamente. Bactérias rápidas podem dividir-se a cada vinte minutos aproximadamente, de modo que, em princípio, vários bilhões de bactérias individuais podem ser gerados a partir de uma única célula em menos de um dia.[12] Devido a essa enorme taxa de reprodução, uma única bactéria mutante bem-sucedida pode espalhar-se rapidamente pelo seu meio ambiente, e a mutação é de fato um importante caminho evolutivo para as bactérias.

No entanto, as bactérias desenvolveram um segundo caminho de criatividade evolutiva, que é muitíssimo mais eficaz do que a mutação aleatória. Elas transferem livremente características hereditárias de uma para outra, numa rede de intercâmbio global dotada de poder e de eficiência inacreditáveis. Eis como Lynn Margulis e Dorion Sagan descrevem esse fato:

> Ao longo dos últimos cinqüenta anos, mais ou menos, os cientistas têm observado que [as bactérias], habitual e rapidamente, transferem diferentes pedacinhos de material genético a outros indivíduos. Cada bactéria, em qualquer dado tempo, dispõe para o seu uso de genes acessórios que a visitam vindos de linhagens às vezes muito diferentes, e que desempenham funções que o seu próprio ADN pode não abranger. Algumas dessas partículas genéticas recombinam-se com os genes nativos da célula; outras são passadas adiante. ... Como resultado dessa capacidade, todas as bactérias do mundo têm, essencialmente, acesso a um único *pool* de genes e, em conseqüência, aos mecanismos adaptativos de todo o reino das bactérias.[13]

Esse comércio global de genes, conhecido tecnicamente como recombinação de ADN, deve ocupar o seu posto como uma das descobertas mais espantosas da biologia moderna. "Se as propriedades genéticas do microcosmo fossem aplicadas a criaturas maiores, teríamos um mundo de ficção científica", escrevem Margulis e Sagan, "no qual plantas verdes poderiam compartilhar genes para a fotossíntese com cogumelos vizinhos, ou onde as pessoas poderiam exalar perfumes ou nas quais cresceriam protuberâncias de marfim por apanharem genes de uma rosa ou de uma morsa."[14]

A velocidade com que a resistência às drogas se espalha entre as comunidades de bactérias é uma prova dramática de que a eficiência de sua rede de comunicações é imensamente superior à da adaptação por meio de mutações. As bactérias são capazes de se adaptar a mudanças ambientais em alguns anos, ao passo que organismos maiores precisariam de milhares de anos de adaptação evolutiva. Assim, a microbiologia nos ensina a solene lição segundo a qual tecnologias tais como a engenharia genética e a rede global de comunicações, que nós consideramos como avançadas realizações de nossa civilização moderna, têm sido utilizadas pela teia planetária das bactérias durante bilhões de anos para regular a vida sobre a Terra.

O constante intercâmbio de genes entre as bactérias resulta numa espantosa variedade de estruturas genéticas além do seu cordão principal de ADN. Essas incluem a formação de vírus, que não são sistemas autopoiéticos completos, mas consistem apenas num pedaço de ADN ou de ARN sob um revestimento de proteína.[15] Na verdade, a bacteriologista canadense Sorin Sonea afirmou que as bactérias, estritamente falando, não deveriam ser classificadas em espécies, uma vez que todas as suas linhagens podem, potencialmente, compartilhar traços hereditários e, tipicamente, mudar até 15 por cento de seu material genético numa base diária. "Uma bactéria não é um organismo unicelular", escreve Sonea; "é uma célula incompleta ... pertencente a diferentes quimeras de acordo com as circunstâncias."[16] Em outras palavras, todas as bactérias são parte de uma única teia microcósmica de vida.

A Evolução por Meio da Simbiose

A mutação e a recombinação de ADN (o comércio de genes) são os dois principais caminhos para a evolução bacteriana. Mas, e quanto aos organismos multicelulares de todas as formas de vida maiores? Se as mutações aleatórias não constituem um mecanismo evolutivo eficaz para eles, e se não intercambiam genes como as bactérias, de que modo as formas superiores de vida evoluíram? Essa pergunta foi respondida por Lynn Margulis com a descoberta de um terceiro caminho, um caminho totalmente inesperado de evolução, que tem implicações profundas para todos os ramos da biologia.

Os microbiologistas têm sabido, desde há algum tempo, que a divisão mais fundamental entre todas as formas de vida não é aquela entre plantas e animais, como a maioria das pessoas presume, mas entre dois tipos de células — células com e sem um núcleo celular. As bactérias, as formas de vida mais simples, não têm núcleos celulares e são, por isso, chamadas de *procariotes* ("células não-nucleadas"), enquanto que todas as outras células têm núcleos e são denominadas *eucariotes* ("células nucleadas"). Todas as células dos organismos superiores são nucleadas, e os eucariotes também aparecem como microorganismos não-bacterianos de uma só célula.

Em seus estudos de genética, Margulis ficou intrigada com o fato de que nem todos os genes numa célula nucleada se encontram dentro do núcleo celular.

> Fomos todos ensinados que os genes se encontravam no núcleo e que o núcleo é o controle central da célula. No começo dos meus estudos de genética, tornei-me ciente de que existem outros sistemas genéticos, com diferentes padrões de herança. Desde o princípio, fiquei curiosa a respeito desses genes indisciplinados que não estavam nos núcleos.[17]

À medida que estudava mais minuciosamente esse fenômeno, Margulis descobriu que quase todos os "genes indisciplinados" derivam de bactérias, e aos poucos veio a compreender que eles pertencem a diferentes organismos vivos, pequenas células vivas que residem dentro de grandes células vivas.

A simbiose, a tendência de diferentes organismos para viver em estreita associação uns com os outros, e, com freqüência, dentro uns dos outros (como as bactérias dos nossos intestinos), é um fenômeno difundido e bem conhecido. No entanto, Margulis deu um passo além e propôs a hipótese de que simbioses de longa duração, envolvendo bactérias e outros microorganismos que vivem dentro de células maiores, levaram, e continuam a levar, a novas formas de vida. Margulis publicou, pela primeira vez, sua hipótese revolucionária em meados da década de 60, e ao longo dos anos a desenvolveu numa teoria madura, hoje conhecida como "simbiogênese", que vê a criação de novas formas de vida por meio de arranjos simbióticos permanentes como o principal caminho de evolução para todos os organismos superiores.

A evidência mais notável para a evolução por meio de simbiose é apresentada pelas assim chamadas mitocôndrias, as "casas de força" dentro da maioria das células nucleadas.[18] Essas partes vitais das células animais e vegetais, que realizam a respiração celular, contêm seus próprios materiais genéticos e se reproduzem de maneira independente e em tempos diferentes, com relação ao restante da célula. Margulis especula que as mitocôndrias foram, originalmente, bactérias que flutuariam livremente e que, em antigos tempos, teriam invadido outros microorganismos e estabelecido residência permanente dentro deles. "Os organismos mesclados iriam se desenvolver em formas de vida mais complexas, que respiram oxigênio", explica Margulis. "Aqui, portanto, havia um mecanismo evolutivo mais inesperado do que a mutação: uma aliança simbiótica que se tornou permanente."[19]

A teoria da simbiogênese implica uma mudança radical de percepção no pensamento evolutivo. Enquanto a teoria convencional concebe o desdobramento da vida como um processo no qual as espécies apenas divergem uma da outra, Lynn Margulis alega que a formação de novas entidades compostas por meio da simbiose de organismos antes independentes tem sido a mais poderosa e mais importante das forças da evolução.

Essa nova visão tem forçado biólogos a reconhecer a importância vital da cooperação no processo evolutivo. Os darwinistas sociais do século XIX viam somente competição na natureza — "a natureza, vermelha em dentes e em garras", como se expressou o poeta Tennyson —, mas agora estamos começando a reconhecer a cooperação contínua e a dependência mútua entre todas as formas de vida como aspectos centrais da evolução. Nas palavras de Margulis e de Sagan: "A vida não se apossa do globo pelo combate, mas sim, pela formação de redes."[20]

O desdobramento evolutivo da vida ao longo de bilhões de anos é uma história empolgante. Acionada pela criatividade inerente em todos os sistemas vivos, expressa ao longo de três caminhos distintos — mutações, intercâmbios de genes e simbioses — e aguçada pela seleção natural, a pátina viva do planeta expandiu-se e intensificou-se em formas de diversidade sempre crescente. A história é contada de uma bela maneira por Lynn Margulis e Dorion Sagan em seu livro *Microcosmos*, no qual as páginas seguintes, em grande medida, se baseiam.[21]

Não há evidência de nenhum plano, objetivo ou propósito no processo evolutivo global e, portanto, não há evidência de progresso; não obstante, há padrões de desenvolvimento reconhecíveis. Um destes, conhecido como convergência, é a tendência dos organismos para desenvolver formas semelhantes de enfrentar desafios semelhantes, a despeito de histórias ancestrais diferentes. Desse modo, os olhos evoluíram muitas vezes ao longo de diferentes caminhos — nas minhocas, nas lesmas, nos insetos e nos vertebrados. De maneira semelhante, asas desenvolveram-se independentemente em insetos, em répteis, em morcegos e em pássaros. Parece que a criatividade da natureza é ilimitada.

Outro padrão notável é a ocorrência repetida de catástrofes — que talvez sejam pontos de bifurcação planetários — seguidas por intensos períodos de crescimento e de inovação. Desse modo, a redução desastrosa da quantidade de hidrogênio na atmosfera da Terra há mais de dois bilhões de anos levou a uma das maiores inovações evolutivas, o uso da água na fotossíntese. Milhões de anos atrás essa nova biotecnologia extremamente bem-sucedida produziu uma crise de poluição catastrófica ao acumular grandes quantidades de oxigênio tóxico. A crise do oxigênio, por sua vez, induziu a evolução de bactérias que respiram hidrogênio, outra das espetaculares inovações da vida. Mais recentemente, 245 milhões de anos atrás, as mais devastadoras extinções em massa que o mundo já viu foram seguidas rapidamente pela evolução dos mamíferos; e 66 milhões de anos atrás, a catástrofe que eliminou os dinossauros da face da Terra abriu caminho para a evolução dos primeiros primatas e, finalmente, para a evolução da espécie humana.

As Idades da Vida

Para representar graficamente o desdobramento da vida na Terra, temos de usar uma escala de tempo geológica, na qual os períodos são medidos em bilhões de anos. Começa com a formação do planeta Terra, uma bola de fogo de lava fundida, por volta de 4,5 bilhões de anos atrás. Os geólogos e os paleontólogos dividiram esses 4,5 bilhões de anos em numerosos períodos e subperíodos, rotulados com nomes tais como "proterozóiço", "paleozóico", "cretáceo" ou "pleistoceno". Felizmente, não precisamos nos lembrar de nenhum desses termos técnicos para ter uma idéia das etapas principais da evolução da vida.

Podemos distinguir três extensas eras na evolução da vida sobre a Terra, cada uma delas estendendo-se por períodos entre um e dois bilhões de anos, e cada uma delas abrangendo várias etapas distintas de evolução (veja a tabela na página 187). A primeira é a era pré-biótica, na qual se formaram as condições para a emergência da vida. Durou um bilhão de anos, desde a formação da Terra até a criação das primeiras células, o princípio da vida, por volta de 3,5 bilhões de anos atrás. A segunda era, estendendo-se por dois bilhões de anos completos, é a era do microcosmo, na qual bactérias e outros microorganismos inventaram todos os processos básicos da vida e estabeleceram os laços de realimentação globais para a auto-regulação do sistema de Gaia.

Por volta de 1,5 bilhão de anos atrás, estabeleceram-se, em grande medida, a atmosfera e a superfície modernas da Terra; microorganismos permeavam o ar, a água e o solo, entrando em ciclos de realimentação com gases e nutrientes por meio de sua rede planetária, assim como o fazem atualmente; e o palco estava montado para a terceira era da vida, o macrocosmo, que presenciou a evolução das formas visíveis de vida, inclusive nós mesmos.

A Origem da Vida

Durante o primeiro bilhão de anos depois da formação da Terra, as condições para a emergência da vida gradualmente se estabeleceram. A bola de fogo primordial era grande o bastante para reter uma atmosfera e continha os elementos químicos básicos com os quais os blocos de construção básicos da vida seriam formados. Sua distância do Sol era exatamente correta — afastada o suficiente para iniciar um lento processo de resfriamento e de condensação e, não obstante, próxima o suficiente para impedir que seus gases ficassem permanentemente congelados.

Eras da Vida	Bilhões de Anos Atrás	Etapas da Evolução
ERA PRÉ-BIÓTICA formação das condições para a vida	**4,5**	formação da Terra
		bola de fogo de lava fundida
		esfriamento
	4,0	rochas mais antigas
		condensação do vapor
	3,8	oceanos rasos
		compostos baseados no carbono
		laços catalíticos, membranas
MICROCOSMO evolução de microorganismos	**3,5**	primeiras células bacterianas
		fermentação
		fotossíntese
		dispositivos sensores, movimento
		reparo do ADN
		intercâmbio de genes
	2,8	placas tectônicas, continentes
		fotossíntese do oxigênio
	2,5	plena difusão das bactérias
	2,2	primeiras células nucleadas
	2,0	aumento do oxigênio na atmosfera
	1,8	respiração de oxigênio
	1,5	estabelecimento da superfície e da atmosfera da Terra
MACROSCOSMO evolução das formas de vida visíveis	1,2	locomoção
	1,0	reprodução sexuada
	0,8	mitocôndrias, cloroplastos
	0,7	primeiros animais
	0,6	conchas e esqueletos
	0,5	primeiras plantas
	0,4	animais terrestres
	0,3	dinossauros
	0,2	mamíferos
	0,1	plantas com flores
		primeiros primatas

Depois de meio bilhão de anos de esfriamento gradual, o vapor que preenchia a atmosfera finalmente se condensou; chuvas torrenciais caíram durante milhares de anos, e a água se reuniu para formar oceanos pouco profundos. Nesse longo período de esfriamento, o carbono, a espinha dorsal química da vida, combinou-se rapidamente com o hidrogênio, o oxigênio, o nitrogênio, o enxofre e o fósforo para gerar uma enorme variedade de compostos químicos. Esses seis elementos — C, H, O, N, S e P — são hoje os principais ingredientes químicos de todos os organismos vivos.

Durante muitos anos, os cientistas discutiram a respeito de formas semelhantes à vida que emergiram da "sopa química" formada à medida que o planeta esfriava e que os oceanos se expandiam. Várias hipóteses de súbitos eventos desencadeadores competiam umas com as outras — um dramático clarão de relâmpago ou até mesmo uma semeadura da Terra com macromoléculas trazidas por meteoritos. Outros cientistas alegaram que a probabilidade de que esses eventos tenham acontecido é insignificantemente pequena. No entanto, recentes pesquisas sobre sistemas auto-organizadores indicam fortemente que não há necessidade de se postular nenhum evento súbito.

Como assinala Margulis: "As substâncias químicas não se combinam aleatoriamente, mas de maneira ordenada, padronizada."[22] O meio ambiente da Terra primitiva favoreceu a formação de moléculas complexas, algumas das quais se tornaram catalisadoras para várias reações químicas. Gradualmente, diferentes reações catalíticas se entrelaçaram para formar complexas teias catalíticas envolvendo laços fechados — em primeiro lugar, ciclos, e em seguida "hiperciclos" — com uma forte tendência para a auto-organização e até mesmo para a auto-replicação.[23] Uma vez atingido esse estágio, a direção para a evolução pré biótica foi estabelecida. Os ciclos catalíticos evoluíram em estruturas dissipativas e, passando por sucessivas instabilidades (pontos de bifurcação), geraram sistemas químicos de crescente riqueza e diversidade.

Finalmente, essas estruturas dissipativas começaram a formar membranas — em primeiro lugar, talvez, partindo de ácidos graxos sem proteínas, como as micélulas produzidas recentemente em laboratório.[24] Margulis especula que muitos diferentes tipos de sistemas químicos replicantes encerrados por membranas podem ter surgido, podem ter evoluído por um momento e então desaparecido novamente antes que as primeiras células emergissem: "Muitas estruturas dissipativas, longas cadeias de diferentes reações químicas, devem ter evoluído, reagido e desmoronado antes que a elegante hélice dupla do nosso ancestral básico passasse a se formar e a replicar com alta fidelidade."[25] Nesse momento, há cerca de 3,5 bilhões de anos, nasceram as primeiras células bacterianas autopoiéticas, e a evolução da vida começou.

Tecendo a Teia Bacteriana

As primeiras células tinham uma existência precária. O meio ambiente que as envolvia mudava continuamente, e cada perigo apresentava uma nova ameaça à sua sobrevivência. Em face dessas forças hostis — luz solar muito forte, impactos de meteoritos, erupções vulcânicas, secas e inundações — as bactérias tinham de aprisionar energia, água e alimentos a fim de manter sua integridade e permanecer vivas. Cada crise deve ter eliminado grandes porções dos primeiros pedaços de vida sobre o planeta, e por certo as teria extinguido totalmente não fosse por dois traços vitais — a capacidade do ADN bacteriano para replicar com fidelidade e a capacidade para fazê-lo com velocidade extraordinária.

Devido ao seu enorme número, as bactérias foram capazes, repetidas vezes, de responder criativamente a todas as ameaças, e de desenvolver uma grande variedade de estratégias de adaptação. Desse modo, elas gradualmente se expandiram, primeiro nas águas e em seguida na superfície de sedimentos e do solo.

Talvez a tarefa mais importante fosse desenvolver vários novos caminhos metabólicos para a extração de alimentos e de energia do meio ambiente. Uma das primeiras invenções bacterianas foi a fermentação — a decomposição de açúcares e sua conversão em moléculas de ATP [adenosina trifosfato], os "portadores de energia" que alimentam todos os processos celulares.[26] Essa inovação permitiu que as bactérias fermentadoras liberassem substâncias químicas na terra, na lama e na água, protegidas da forte luz solar.

Alguns dos fermentadores também desenvolveram a capacidade de absorver do ar o nitrogênio gasoso e convertê-lo em vários compostos orgânicos. O processo de "fixar" o nitrogênio — em outras palavras, de captá-lo diretamente do ar — exige grandes quantidades de energia, e é uma façanha que até mesmo hoje pode ser realizada somente por algumas bactérias especiais. Uma vez que o nitrogênio é um ingrediente de todas as proteínas em todas as células, todos os organismos vivos da atualidade dependem de bactérias fixadoras do nitrogênio para a sua sobrevivência.

Bem cedo na era das bactérias, a fotossíntese — "sem dúvida, a inovação metabólica isolada mais importante na história da vida no planeta"[27] — tornou-se a fonte básica de energia vital. Os primeiros processos de fotossíntese inventados pelas bactérias eram diferentes daqueles que as plantas utilizam atualmente. Elas utilizavam o sulfeto de hidrogênio, um gás expelido pelos vulcões, em vez de água, como sua fonte de hidrogênio, combinando-o com a luz solar e com CO_2 extraído do ar para formar compostos orgânicos, e nunca produziam oxigênio.

Essas estratégias de adaptação não somente permitiram que as bactérias sobrevivessem e evoluíssem como também começaram a mudar o seu meio ambiente. De fato, quase desde o início de sua existência, as bactérias estabeleceram os primeiros laços de realimentação, os quais, finalmente, resultariam no estreitamente acoplado sistema de vida e seu meio ambiente. Embora a química e o clima da Terra primitiva conduzissem à vida, esse estado favorável não continuaria indefinidamente sem a regulação bacteriana.[28]

À medida que o ferro e outros elementos reagiam com a água, o hidrogênio gasoso era liberado subindo pela atmosfera, onde se decompunha em átomos de hidrogênio. Como esses átomos são leves demais para serem retidos pela gravidade da Terra, todo o hidrogênio escaparia se esse processo continuasse a ocorrer sem controle, e um bilhão de anos atrás os oceanos do planeta teriam desaparecido. Felizmente, a vida interveio. Nas etapas posteriores da fotossíntese, o oxigênio livre era liberado no ar, como acontece hoje, e parte dele combinava-se com o hidrogênio gasoso que subia formando água, mantendo o planeta úmido e impedindo seus oceanos de evaporarem.

No entanto, a remoção contínua de CO_2 do ar no processo da fotossíntese provocou outro problema. No início da era das bactérias, o Sol era 25 por cento menos luminoso do que o é hoje, e havia muita necessidade de CO_2 na atmosfera, para funcionar como gás de estufa que mantivesse a temperatura dos planetas numa faixa confortável. Se a remoção do CO_2 da atmosfera prosseguisse sem nenhuma compensação, a Terra se congelaria e a primitiva vida bacteriana seria extinta.

Tal curso desastroso foi impedido pelas bactérias responsáveis pela fermentação, que podem ter evoluído já antes do início da fotossíntese. No processo de produzir moléculas de ATP a partir de açúcares, os fermentos também produziram metano e CO_2 como produtos residuais. Esses gases foram emitidos na atmosfera, onde restauraram a estufa planetária. Dessa maneira, a fermentação e a fotossíntese tornaram-se dois processos mutuamente equilibradores do primitivo sistema de Gaia.

A luz solar, atravessando a atmosfera primitiva da Terra, ainda continha uma abrasadora radiação ultravioleta, mas agora as bactérias tinham de equilibrar sua proteção contra a exposição a esses raios e sua necessidade de energia solar para a fotossíntese. Isso levou à evolução de numerosos sistemas sensoriais e de movimento. Algumas espécies de bactérias migraram para dentro de águas ricas em certos sais, que atuavam como filtros solares; outras encontraram proteção na areia; ainda outras desenvolveram pigmentos que absorviam os raios nocivos. Muitas espécies construíram imensas colônias — emaranhamentos microbianos multinivelados nos quais as camadas superiores queimavam e morriam, mas formavam um escudo, com seus corpos mortos, para proteger as partes inferiores.[29]

Além da filtragem protetora, as bactérias também desenvolveram mecanismos para reparar o ADN lesado pela radiação, desenvolvendo enzimas especiais para esse propósito. Atualmente, quase todos os organismos ainda possuem essas enzimas restauradoras — outra duradoura invenção do microcosmo.[30]

Em vez de usar seu próprio material genético para o processo de reparo, as bactérias em ambientes populosos tomavam emprestado, às vezes, fragmentos de ADN de suas vizinhas. Essa técnica evoluiu gradualmente para o constante intercâmbio de genes, que se tornou o caminho mais eficiente para a evolução bacteriana. Em formas superiores de vida, a recombinação de genes vindos de diferentes indivíduos está associada com a reprodução, mas no mundo das bactérias os dois fenômenos ocorrem independentemente. As células bacterianas se reproduzem assexuadamente, mas, continuamente, trocam genes. Nas palavras de Margulis e de Sagan:

> Trocamos genes de maneira "vertical" — ao longo das gerações — enquanto as bactérias os trocam de maneira "horizontal" — diretamente com seus vizinhos da mesma geração. O resultado é que as bactérias, embora geneticamente fluidas, são funcionalmente imortais; nos eucariotes, o sexo está ligado com a morte.[31]

Devido ao pequeno número de genes permanentes numa célula bacteriana — tipicamente inferior a 1 por cento daqueles de uma célula nucleada — as bactérias, necessariamente, trabalham em equipe. Diferentes espécies cooperam e ajudam-se umas às outras com material genético complementar. Grandes reuniões dessas equipes de bactérias podem operar com a coerência de um único organismo, executando tarefas que nenhuma delas pode realizar individualmente.

Por volta do final do primeiro bilhão de anos depois da emergência da vida, a Terra estava fervilhando de bactérias. Foram inventadas milhares de biotecnologias — na verdade, a maior parte daquelas conhecidas atualmente —, e ao cooperar e, continuamente, trocar informações genéticas, os microorganismos começaram a regular as condições para a vida em todo o planeta, como ainda o fazem hoje. De fato, muitas das bactérias que viviam nas primeiras idades do microcosmo sobreviveram essencialmente imutáveis até os dias de hoje.

Nos estágios subseqüentes da evolução, os microorganismos formavam alianças e co-evoluíam com plantas e com animais, e hoje nosso meio ambiente está tão entrelaçado com as bactérias que é quase impossível dizer onde acaba o mundo inanimado e onde começa a vida. Tendemos a associar bactérias com doenças, mas elas também são vitais para a nossa sobrevivência, como também o são para a sobrevivência de todos os animais e plantas. "Sob nossas diferenças superficiais, somos todos comunidades ambulantes de bactérias", escrevem Margulis e Sagan. "O mundo brilha com uma luz trêmula, uma paisagem pontilhista feita de minúsculos seres vivos."[32]

A Crise do Oxigênio

À medida que a teia bacteriana se expandia e preenchia cada espaço disponível nas águas, nas rochas e nas superfícies de lama do planeta primitivo, suas necessidades de energia provocaram uma séria redução do hidrogênio. Os carboidratos que são essenciais a toda a vida são elaboradas estruturas de átomos de carbono, de hidrogênio e de oxigênio. Para construir essas estruturas, as bactérias fotossintetizantes extraíam o carbono e o oxigênio do ar na forma de CO_2, como todas as plantas o fazem atualmente. Elas também descobriram hidrogênio no ar, sob a forma de hidrogênio gasoso, e no sulfeto de hidrogênio, que borbulhava para fora dos vulcões. Mas o hidrogênio gasoso leve continuava escapando para o espaço, e finalmente o sulfeto de hidrogênio tornou-se insuficiente.

O hidrogênio, naturalmente, existe em grande abundância na água (H_2O), mas as ligações entre o hidrogênio e o oxigênio nas moléculas de água são muito mais fortes do que aquelas entre os dois átomos de hidrogênio no hidrogênio gasoso (H_2) ou no sulfeto de hidrogênio (H_2S). As bactérias fotossintetizantes não eram capazes de romper essas fortes ligações até que uma espécie especial de bactérias azuis-verdes inventou um novo tipo de fotossíntese que resolveu para sempre o problema do hidrogênio.

As bactérias recém-evoluídas, as ancestrais das algas azuis-verdes dos dias atuais, usavam a luz solar de energia mais elevada (comprimento de onda mais curto) para quebrar as moléculas de água em seus componentes, o hidrogênio e o oxigênio. Elas apanhavam o hidrogênio para construir açúcares e outros carboidratos e emitiam oxigênio no ar. Essa extração do hidrogênio da água, que é um dos recursos mais abundantes do planeta, foi uma façanha evolutiva extraordinária, com implicações de longo alcance para o desdobramento subseqüente da vida. Na verdade, Lynn Margulis está convencida de que "o advento da fotossíntese do oxigênio foi o acontecimento singular que levou finalmente ao nosso moderno meio ambiente".[33]

Com sua ilimitada fonte de oxigênio, as novas bactérias foram espetacularmente bem-sucedidas. Expandiram-se rapidamente pela superfície da Terra, cobrindo rochas e areias com sua película azul-verde. Até mesmo hoje, são ubíquas, crescendo em tanques e em piscinas, em paredes úmidas e em cortinas de banheiros — onde houver luz solar e água.

No entanto, esse sucesso evolutivo veio a um preço muito alto. Como todos os sistemas vivos em rápida expansão, as bactérias azuis-verdes produziam quantidades compactas de resíduos, e em seu caso esses resíduos eram altamente tóxicos. Era o oxigênio gasoso, emitido como um subproduto do novo tipo de fotossíntese baseada na água. O oxigênio livre é tóxico, porque reage facilmente com a matéria orgânica, produzindo os assim chamados radicais livres, que são extremamente destrutivos para os carboidratos e outros compostos bioquímicos essenciais. O oxigênio também reage facilmente com gases e metais atmosféricos, desencadeando a combustão e a corrosão, as duas formas mais conhecidas de "oxidação" (combinação com o oxigênio).

No início, a Terra absorvia facilmente o oxigênio residual. Havia metais e compostos sulfúricos retirados de fontes vulcânicas e tectônicas que rapidamente captavam o oxigênio livre e impediam que ele se acumulasse no ar. Mas, depois de absorver oxigênio por milhares de anos, os metais e os minerais oxidantes ficaram saturados, e o gás tóxico começou a se acumular na atmosfera.

Por volta de dois bilhões de anos atrás, a poluição por oxigênio resultou numa catástrofe de proporções globais sem precedentes. Numerosas espécies foram varridas completamente da face da Terra, e toda a teia bacteriana teve de se reorganizar fundamentalmente para sobreviver. Muitos dispositivos protetores e estratégias adaptativas se desenvolveram, e finalmente a crise do oxigênio levou a uma das maiores e mais bem-sucedidas inovações de toda a história da vida:

> Em um dos maiores estratagemas de todos os tempos, as bactérias [azuis-verdes] inventaram um sistema metabólico que *exigia* a própria substância que tinha sido um veneno mortal. ... A respiração de oxigênio é uma maneira engenhosamente eficiente de canalisar e de explorar a reatividade do oxigênio. É essencialmente a combustão controlada que quebra as moléculas orgânicas e produz dióxido de carbono, água e, na barganha, uma grande quantidade de energia. ... O microcosmo fez mais do que se adaptar: ele desenvolveu um dínamo que utiliza o oxigênio e que mudou para sempre a vida e a morada terrestre da vida.[34]

Com essa invenção espetacular, as bactérias azuis-verdes tiveram dois mecanismos complementares à sua disposição — a geração de oxigênio livre por meio da fotossíntese e sua absorção por meio da respiração — e, desse modo, podiam começar a estabelecer os laços de realimentação que, doravante, passariam a regular o conteúdo de oxigênio da atmosfera, mantendo-o no delicado equilíbrio que permitiu a evolução de novas formas de vida que respiravam oxigênio.[35]

A proporção de oxigênio livre na atmosfera acabou se estabilizando em 21 por cento, valor determinado pela sua faixa de inflamabilidade. Se ela caísse abaixo de 15 por cento, *nada* entraria em combustão. Os organismos não poderiam respirar e se asfixiariam. Por outro lado, se a taxa de oxigênio no ar subisse acima de 25 por cento, *tudo* entraria em combustão. A queima ocorreria espontaneamente e fogueiras assolariam todo o planeta. Conseqüentemente, Gaia manteve o oxigênio atmosférico no nível mais confortável para todas as plantas e animais durante milhões de anos. Além disso, uma camada de ozônio (moléculas com três átomos de oxigênio) se formou gradualmente no topo da atmosfera e, a partir daí, protegeu a vida na Terra dos perigosos raios ultravioleta. Agora, o palco estava montado para a evolução das formas de vida maiores — fungos, plantas e animais —, o que ocorreu em períodos de tempo relativamente curtos.

A Célula Nucleada

O primeiro passo em direção a formas superiores de vida foi a emergência da simbiose como um novo caminho para a criatividade evolutiva. Isso ocorreu por volta de 2,2 bilhões de anos atrás, e levou à evolução de células eucarióticas ("nucleadas"), que se tornaram os componentes fundamentais de plantas e de animais. As células nucleadas são muito maiores e mais complexas do que as bactérias. Enquanto a célula bacteriana contém um único cordão solto de ADN flutuando livremente no fluido celular, o ADN numa célula eucariótica está estreitamente enrolado em cromossomos, que se acham confinados por uma membrana dentro do núcleo da célula. A quantidade de ADN presente nas células nucleadas é várias centenas de vezes maior que a encontrada nas bactérias.

A outra característica notável das células nucleadas é uma abundância de organelas — partes menores da célula que usam oxigênio e executam várias funções altamente especializadas.[36] O aparecimento súbito de células nucleadas na história da evolução e a descoberta de que suas organelas são organismos auto-reprodutores distintos levaram Lynn Margulis à conclusão de que as células nucleadas evoluíram por meio de simbioses de longo prazo, numa permanente convivência de várias bactérias e outros microorganismos.[37]

Os ancestrais das mitocôndrias e de outras organelas podem ter sido bactérias viciosas que invadiram células maiores e se reproduziram dentro delas. Muitas das células invadidas teriam morrido, levando os invasores consigo. No entanto, alguns dos predadores não matavam totalmente seus hospedeiros, mas começaram a cooperar com eles, e, finalmente, a seleção natural permitiu que apenas os cooperadores sobrevivessem e continuassem evoluindo. As membranas nucleares podem ter evoluído para proteger o material genético do hospedeiro da célula contra ataques de invasores.

Ao longo de milhões de anos, as relações cooperativas se tornaram cada vez mais coordenadas e entrelaçadas, as organelas gerando proles bem-adaptadas para viver dentro de células maiores, e células maiores se tornando cada vez mais dependentes de seus inquilinos. Com o tempo, essas comunidades bacterianas tornaram-se tão completamente interdependentes que funcionavam como organismos integrados isolados:

> A vida deu um outro passo para além da rede de livre transferência genética em direção à sinergia da simbiose. Organismos separados misturavam-se, criando novas totalidades que eram maiores do que a soma das suas partes.[38]

O reconhecimento da simbiose como uma força evolutiva importante tem profundas implicações filosóficas. Todos os organismos maiores, inclusive nós mesmos, são testemunhas vivas do fato de que práticas destrutivas não funcionam a longo prazo. No fim, os agressores sempre destroem a si mesmos, abrindo caminho para outros que sabem como cooperar e como progredir. A vida é muito menos uma luta competitiva pela sobrevivência do que um triunfo da cooperação e da criatividade. Na verdade, desde a criação das primeiras células nucleadas, a evolução procedeu por meio de arranjos de cooperação e de co-evolução cada vez mais intrincados.

O caminho da evolução por meio da simbiose permitiu às novas formas de vida usar biotecnologias especializadas e bem testadas repetidas vezes em diferentes combinações. Por exemplo, enquanto as bactérias obtêm seu alimento e sua energia por meio de uma grande variedade de métodos engenhosos, somente uma de suas numerosas invenções metabólicas é utilizada por animais — a da respiração do oxigênio, a especialidade das mitocôndrias.

As mitocôndrias também estão presentes nas células vegetais, que, além disso, contêm os assim chamados cloroplastos, as verdes "usinas de força solares" responsáveis pela fotossíntese.[39] Essas organelas são notavelmente semelhantes às bactérias azuis-verdes, as inventoras da fotossíntese do oxigênio que, com toda a probabilidade, foram suas ancestrais. Margulis especula que essas bactérias difundidas por toda a parte eram constantemente comidas por outros microorganismos, e que algumas variedades devem ter adquirido resistência para não serem digeridas pelos seus hospedeiros.[40] Em vez disso, elas se adaptaram ao novo meio ambiente enquanto continuavam a produzir energia por meio de fotossíntese, da qual as células maiores logo se tornaram dependentes.

Embora suas novas relações simbióticas dessem às células nucleadas acesso ao uso eficiente da luz do Sol e do oxigênio, deram-lhes também uma grande vantagem evolutiva — a capacidade de movimento. Enquanto os componentes de uma célula bacteriana flutuam lenta e passivamente no fluido celular, os de uma célula nucleada parecem mover-se decididamente; o fluido celular se estende, e a célula toda pode se expandir e se contrair de maneira rítmica ou se mover rapidamente como um todo, como, por exemplo, no caso das células do sangue.

Como tantos outros processos vitais, o movimento rápido foi inventado por bactérias. O membro mais rápido do microcosmo é uma criatura minúscula, semelhante a um fio de cabelo, denominada *espiroqueta* ("cabelo enrolado"), também conhecida como "bactéria saca-rolhas", que se espirala em movimento rápido. Prendendo-se simbioticamente a células maiores, a bactéria saca-rolhas de rápido movimento dá a essas células tremendas vantagens da locomoção — a capacidade de evitar perigos e de procurar alimentos. Ao longo do tempo, as bactérias saca-rolhas perderam progressivamente suas características distintas e evoluíram para as bem-conhecidas "células flageladas" — *flagellae*, *cilia* e expressões semelhantes — que impelem uma ampla variedade de células nucleadas com movimentos ondulantes e chicoteantes.

As vantagens combinadas dos três tipos de simbioses descritos nos parágrafos precedentes criaram uma explosão de atividade evolutiva que gerou a tremenda diversidade de células eucariőticas. Com seus dois meios efetivos de produção de energia e sua mobilidade dramaticamente aumentada, as novas formas de vida simbióticas migraram para muitos ambientes novos, evoluindo nas plantas e nos animais primitivos, que finalmente abandonariam a água e conquistariam a terra.

Como hipótese científica, a concepção de simbiogênese — a criação de novas formas de vida por meio da fusão de diferentes espécies — tem apenas trinta anos de idade. Mas, enquanto mito cultural, a idéia parece tão antiga quanto a própria humanidade.[41] Épicos religiosos, lendas, contos de fadas e outras histórias míticas em todo o mundo estão cheias de criaturas fantásticas — esfinges, sereias, grifos, centauros e assim por diante — nascidas da mistura de duas ou mais espécies. Como as novas células eucarióticas, essas criaturas são feitas de componentes inteiramente familiares, mas suas combinações são novas e surpreendentes.

As descrições desses seres híbridos são, com freqüência, assustadoras, mas muitos deles, curiosamente, são vistos como portadores de boa sorte. Por exemplo, o deus Ganesha, que tem corpo humano e cabeça de elefante, é uma das entidades mais reverenciadas na Índia, adorado como um símbolo de boa sorte e que ajuda a superar obstáculos. De alguma maneira, o inconsciente coletivo humano parece ter sabido desde os antigos tempos que simbioses de longo prazo são profundamente benéficas para toda a vida.

Evolução de Plantas e de Animais

A evolução de plantas e de animais a partir do microcosmo processou-se por meio de uma sucessão de simbioses, nas quais as invenções bacterianas provenientes dos dois bilhões de anos anteriores combinaram-se em expressões infindáveis de criatividade, até que formas viáveis fossem selecionadas para sobreviver. Esse processo evolutivo é caracterizado por uma crescente especialização — das organelas, nos primeiros eucariotes, até as células altamente especializadas, nos animais.

Um aspecto importante da especialização celular é a invenção da reprodução sexual, que ocorreu cerca de um bilhão de anos atrás. Tendemos a pensar que o sexo e a reprodução estão estreitamente associados, mas Margulis assinala que a complexa dança da reprodução sexual consiste em vários componentes distintos que evoluíram independentemente e só pouco a pouco se tornaram interligados e unificados.[42]

O primeiro componente é um tipo de divisão celular, denominada *meiose* ("diminuição"), na qual o número de cromossomos no núcleo é reduzido exatamente pela metade. Isso cria células-ovo e células espermáticas especializadas. Essas células são, a seguir, fundidas no ato da fertilização, no qual o número normal de cromossomos é restaurado, e uma nova célula, o ovo fertilizado, é criada. Então, essa célula se divide repetidamente no crescimento e no desenvolvimento de um organismo multicelular.

A fusão de material genético proveniente de duas células diferentes está difundida entre as bactérias, onde ocorre como um contínuo intercâmbio de genes que não está ligado à reprodução. Nas plantas e nos animais primitivos, a reprodução e a fusão de genes se ligaram e, subseqüentemente, evoluíram em processos elaborados e em rituais de fertilização. O gênero, ou sexo, foi um aprimoramento posterior. As primeiras células germinais — esperma e ovo — eram quase idênticas, mas, ao longo do tempo, evoluíram em pequenas células espermáticas de movimento rápido e em grandes ovos sem movimento. A ligação entre fertilização e formação de embriões surgiu ainda mais tarde na evolução dos animais. No mundo das plantas, a fertilização levou a intrincados padrões de co-evolução de flores, de insetos e de pássaros.

À medida que a especialização das células prosseguiu em formas de vida maiores e mais complexas, a capacidade de auto-restauração e de regeneração diminuiu progressivamente. Os platelmintos, os pólipos e as estrelas-do-mar podem regenerar quase todo o seu corpo a partir de pequenas frações; lagartos, salamandras, caranguejos, lagostas e muitos insetos ainda são capazes de fazer voltar a crescer órgãos ou membros perdidos; porém, nos animais superiores, a regeneração está limitada à renovação de tecidos na cura de lesões. Como conseqüência dessa perda de capacidade de regeneração, todos os organismos grandes envelhecem e finalmente morrem. No entanto, com a reprodução sexual, a vida inventou um novo tipo de processo de regeneração, no qual organismos inteiros são formados de novo repetidas vezes, retornando, em cada "geração", a uma única célula nucleada.

Plantas e animais não são as únicas criaturas multicelulares do mundo vivo. Como outras características dos organismos vivos, a multicelularidade evoluiu muitas vezes em muitas linhagens de vida, e ainda existem hoje vários tipos de bactérias multicelulares e muitos protistas (microorganismos com células nucleadas) multicelulares. À semelhança dos animais e das plantas, esses organismos multicelulares, em sua maioria, são formados por sucessivas divisões celulares, mas algumas podem ser geradas por uma agregação de células vindas de diferentes fontes, mas da mesma espécie.

Um exemplo espetacular dessas agregações é o mixomiceto, um organismo macroscópico mas que, tecnicamente, é um protista. O mixomiceto tem um ciclo de vida complexo envolvendo uma fase móvel (zoomórfica) e uma imóvel (fitomórfica). Na fase zoomórfica, ele começa como uma multidão de células isoladas, comumente encontradas em florestas sob troncos apodrecidos e folhas úmidas, onde se alimentam de outros microorganismos e de vegetais em decomposição. As células, com freqüência, comem tanto e se dividem tão depressa que esgotam todo o suprimento alimentício de seu meio ambiente. Quando isso acontece, elas se agregam numa massa coesa de milhares de células, que se assemelha a uma lesma e é capaz de se arrastar pelo chão da floresta em movimentos parecidos com os de uma ameba. Ao encontrar uma nova fonte de alimentos, o mixomiceto entra em sua fase fitomórfica, desenvolvendo um caule com um corpo de frutificação que se parece muito com um cogumelo. Finalmente, a cápsula do fruto explode, projetando milhares de esporos secos dos quais nascem novas células individuais, que se movem independentemente pelas imediações à procura de alimentos, iniciando um novo ciclo de vida.

Dentre as muitas organizações multicelulares que evoluíram a partir de comunidades de microorganismos estreitamente entrelaçados, três delas — plantas, fungos e animais — foram tão bem-sucedidas em se reproduzir, em se diversificar e se expandir ao longo da Terra que são classificadas pelos biólogos como "reinos", a categoria mais ampla de organismos vivos. Ao todo, há cinco desses reinos — bactérias (microorganismos sem núcleos celulares), protistas (microorganismos com células nucleadas), plantas, fungos e animais.[43] Cada um desses reinos é dividido numa hierarquia de subcategorias, ou *taxa*, começando com *phylum* e terminando com *genus* e *species*.

A teoria da simbiogênese permitiu a Lynn Margulis e seus colaboradores basear a classificação de organismos vivos em claras relações evolutivas. A Figura 10-1 mostra de maneira simplificada como os protistas, as plantas, os fungos e os animais evoluíram, a partir das bactérias, por meio de uma série de simbioses sucessivas, descritas mais detalhadamente nas páginas seguintes.

Quando seguimos a evolução de plantas e de animais, encontramo-nos no macrocosmo e temos de mudar nossa escala de tempo de bilhões para milhões de anos. Os primeiros animais evoluíram por volta de 700 milhões de anos atrás, e as primeiras plantas emergiram cerca de 200 milhões de anos mais tarde. Ambos evoluíram primeiro na água e chegaram à terra firme entre 400 e 450 milhões de anos, sendo que as plantas precederam em vários milhões de anos a chegada dos animais em terra. Plantas e animais desenvolveram enormes organismos multicelulares, mas, enquanto a comunicação intercelular é mínima nas plantas, as células animais são altamente especializadas e estreitamente interligadas por vários laços elaborados. Sua coordenação e seu controle mútuos foram grandemente aumentados pela criação, muito antiga, dos sistemas nervosos, e por volta de 620 milhões de anos atrás, ocorreu a evolução de minúsculos cérebros animais.

Os ancestrais das plantas eram massas filamentosas de algas que habitavam águas rasas iluminadas pelo Sol. Ocasionalmente, seus *habitat* secavam e, por fim, algumas algas conseguiram sobreviver, reproduzindo-se e se convertendo em plantas. Essas plantas primitivas, semelhantes aos musgos atuais, não tinham caules nem folhas. Para sobreviver em terra, era de importância crucial para elas desenvolver estruturas vigorosas que não desabassem nem secassem. Conseguiram isso criando a lignina, um material para as paredes celulares que permitiu às plantas desenvolverem caules e ramos fortes, bem como sistemas vasculares que, com as raízes, puxavam a água para cima.

O principal desafio do novo meio ambiente em terra era a escassez de água. A resposta criativa das plantas consistiu em encerrar seus embriões em sementes protetoras, resis-

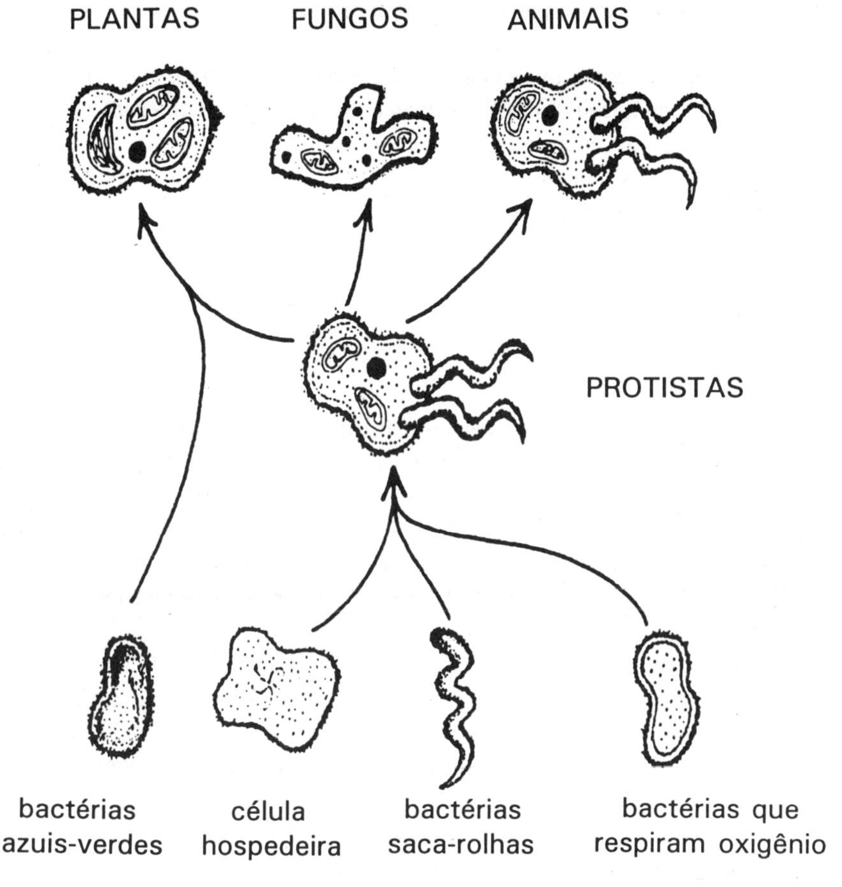

Figura 10-1
Relações evolutivas entre os cinco reinos da vida.

tentes à seca, de modo que pudessem manter latente o seu desenvolvimento até que se encontrassem num ambiente apropriadamente úmido. Durante mais de 100 milhões de anos, enquanto os primeiros animais terrestres, os anfíbios, evoluíram em répteis e em dinossauros, luxuriantes florestas tropicais de "samambaias de sementes" — árvores que produziam sementes e se assemelhavam a gigantescas samambaias — cobriam grandes porções da Terra.

Cerca de 200 milhões de anos atrás, apareceram geleiras em vários continentes, e as samambaias de sementes não puderam sobreviver aos invernos longos e gelados. Foram substituídos por coníferas sempre verdes, semelhantes aos pinheiros e aos abetos vermelhos de nossos dias, cuja maior resistência ao frio lhes permitiu sobreviver aos invernos, e até mesmo se expandir em direção às regiões alpinas mais elevadas. Cem milhões de anos mais tarde começaram a aparecer plantas com flores, cujas sementes estavam encerradas em frutos.

Desde o princípio, essas novas plantas com flores co-evoluíram com os animais, que se deleitavam em comer seus frutos nutritivos e, em troca, disseminavam suas sementes indigestas. Esses arranjos cooperativos têm continuado a se desenvolver e agora também incluem os cultivadores humanos, que não apenas distribuem as sementes das plantas, mas também clonam plantas sem sementes tendo em vista os seus frutos. Como observam Margulis e Sagan: "As plantas, de fato, parecem muito competentes em seduzir a nós, animais, persuadindo-nos a fazer para elas uma das poucas coisas que podemos fazer e que elas não podem: mover-se."[44]

Conquistando a Terra

Os primeiros animais evoluíram na água a partir de massas de células globulares e vermiformes. Eles ainda eram muito pequenos, mas alguns formavam comunidades que construíam, coletivamente, imensos recifes de coral com seus depósitos de cálcio. Carecendo de quaisquer partes rígidas ou de esqueletos internos, os animais primitivos desintegravam-se completamente ao morrerem, mas, cerca de um milhão de anos mais tarde, seus descendentes produziram uma profusão de primorosas conchas e esqueletos que deixaram claras marcas em fósseis bem-preservados.

Para os animais, a adaptação à vida em terra foi uma façanha evolutiva de proporções vertiginosas, que exigiu mudanças drásticas em todos os sistemas de órgãos. O maior problema na ausência de água era, naturalmente, a dessecação; mas havia igualmente uma multidão de outros problemas. A quantidade de oxigênio era imensamente maior na atmosfera do que nos oceanos, o que exigia diferentes órgãos para respirar; diferentes tipos de pele eram necessários para a proteção contra a luz solar não-filtrada; e músculos e ossos mais fortes foram necessários para se lidar com a gravidade, na ausência de poder de flutuação.

A fim de facilitar a transição para essas vizinhanças totalmente diferentes, os animais inventaram um estratagema bastante engenhoso. Eles levaram consigo, para os seus filhos, o seu antigo ambiente. Até hoje, o útero animal simula a umidade, a flutuabilidade e a salinidade do velho meio ambiente marinho. Além disso, as concentrações salinas no sangue dos mamíferos e em outros de seus fluidos corporais são notavelmente semelhantes às dos oceanos. Saímos dos oceanos há mais de 400 milhões de anos, mas nunca deixamos completamente para trás a água do mar. Ainda a encontramos no nosso sangue, no nosso suor e nas nossas lágrimas.

Outra importante inovação que se tornou de importância vital para a vida na terra tem a ver com a regulação do cálcio. O cálcio desempenha um papel fundamental no metabolismo de todas as células nucleadas. Em particular, ele é fundamental para a operação dos músculos. Para esses processos metabólicos funcionarem, a quantidade de cálcio tem de ser mantida em níveis precisos, que são muito inferiores aos níveis de cálcio na água do mar. Portanto, os animais marinhos, desde o princípio, tinham de remover continuamente todo o excesso de cálcio. Os primeiros animais menores simplesmente excretavam seus resíduos de cálcio, às vezes amontoando-os em enormes recifes de coral. À medida que os animais maiores evoluíam, eles começaram a armazenar o cálcio em excesso ao seu redor e dentro deles, e esses depósitos finalmente se converteram em conchas e em esqueletos.

Assim como as bactérias azuis-verdes transformaram um poluente tóxico, o oxigênio, num ingrediente vital para sua evolução posterior, da mesma maneira os primeiros animais transformaram outro importante poluente, o cálcio, em materiais de construção para novas estruturas, que lhes deram tremendas vantagens seletivas. Conchas e outras partes rígidas foram utilizadas para rechaçar predadores, enquanto esqueletos emergiram primeiramente em peixes, evoluindo, mais tarde, nas estruturas de apoio essenciais de todos os animais grandes.

Por volta de 580 milhões de anos atrás, no início do período Cambriano, havia tal profusão de fósseis, com belas e nítidas impressões de conchas, de peles rígidas e de esqueletos que os paleontólogos acreditaram, por longo tempo, que esses fósseis cambrianos marcassem o começo da vida. Às vezes, eram vistos até mesmo como registros dos primeiros atos da criação de Deus. Foi somente nas três últimas décadas que os traços do microcosmo se revelaram nos assim-chamados fósseis químicos.[45]

Esses fósseis mostram, de maneira conclusiva, que as origens da vida predatam o período Cambriano em quase três bilhões de anos.

Experimentos sobre evolução com depósitos de cálcio levaram a uma grande diversidade de formas — "seringas do mar" tubulares, com espinhas dorsais mas sem ossos, criaturas semelhantes a peixes, com couraças externas mas sem mandíbulas, peixes pulmonados que respiravam tanto na água como no ar, e muitas mais. As primeiras criaturas vertebradas com espinhas dorsais e um escudo craniano para proteger o sistema nervoso evoluíram, provavelmente, por volta de 500 milhões de anos atrás. Entre elas estava uma linhagem de peixes pulmonados, com barbatanas espessas, maxilares e uma cabeça semelhante à dos sapos, que rastejava ao longo das praias e acabou evoluindo nos primeiros anfíbios. Estes — rãs, sapos, salamandras e outros anfíbios aparentados às salamandras — constituem o elo evolutivo entre animais aquáticos e terrestres. São os primeiros vertebrados terrestres, mas ainda hoje começam seu ciclo vital como girinos, que respiram na água.

Os primeiros insetos vieram à praia na mesma época que os anfíbios, e podem até mesmo ter encorajado alguns peixes a lhes dar alimento e a seguirem-nos para fora da água. Em terra, os insetos explodiram numa enorme variedade de espécies. Seu pequeno tamanho e suas altas taxas de reprodução lhes permitiam adaptar-se a quase qualquer meio ambiente, desenvolvendo uma fabulosa diversidade de estruturas somáticas e de modos de vida. Atualmente, há cerca de 750.000 espécies conhecidas de insetos, três vezes mais do que todas as outras espécies animais juntas.

Durante os 150 milhões de anos depois de deixarem o mar, os anfíbios evoluíram em répteis, dotados de várias fortes vantagens seletivas — poderosas mandíbulas, pele resistente à seca e, o que é mais importante, um novo tipo de ovos. Como os mamíferos fariam com seus úteros mais tarde, os répteis encapsularam o antigo ambiente marinho em grandes ovos, nos quais sua prole poderia se preparar plenamente para passar todo o seu ciclo de vida em terra. Com essas inovações, os répteis, rapidamente, conquistaram a terra e evoluíram em numerosas variedades. Os muitos tipos de lagartos que ainda existem hoje, incluindo as cobras, sem membros, são descendentes desses répteis antigos.

Enquanto a primeira linhagem de peixes rastejava para fora da água e se convertia em anfíbios, arbustos e árvores já estavam vicejando em terra, e quando os anfíbios evoluí-

Evolução de Plantas e de Animais

Milhões de Anos Atrás	Estágios de Evolução
700	primeiros animais
620	primeiros cérebros de animais
580	conchas e esqueletos
500	vertebrados
450	plantas chegam às praias
400	anfíbios e insetos chegam às praias
350	samambaias de sementes
300	fungos
250	répteis
225	coníferas, dinossauros
200	mamíferos
150	pássaros
125	plantas de flores
70	extinção dos dinossauros
65	primeiros primatas
35	macacos
20	gorilas
10	grandes gorilas
4	"macacos do sul" de caminhar ereto

ram em répteis, eles viveram em luxuriantes florestas tropicais. Ao mesmo tempo, um terceiro tipo de organismo multicelular, os fungos, chegou às praias. Os fungos são fitomorfos e, não obstante, tão diferentes das plantas que são classificados como um reino separado, que exibe toda uma variedade de propriedades fascinantes.[46] Eles carecem de clorofila verde para a fotossíntese e não comem nem digerem, mas absorvem diretamente seus nutrientes, como substâncias químicas. Diferentemente das plantas, os fungos não têm sistemas vasculares para formar raízes, caules e folhas. Têm células muito diferenciadas, que podem conter vários núcleos e estão separadas por delgadas paredes, através das quais o fluido celular pode fluir facilmente.

Os fungos emergiram há mais de 300 milhões de anos e se expandiram em estreita co-evolução com as plantas. Praticamente todas as plantas que crescem no solo contam com minúsculos fungos em suas raízes para a absorção do nitrogênio. Numa floresta, as raízes de todas as árvores estão interconectadas por uma extensa rede fúngica, que, ocasionalmente, emerge da terra sob a forma de cogumelos. Sem os fungos, as florestas tropicais primitivas poderiam não ter existido.

Trinta milhões de anos após o aparecimento dos primeiros répteis, uma de suas linhagens evoluiu em dinossauros (termo grego que significa "lagartos terríveis"), que parecem exercer incessante fascínio sobre os seres humanos de todas as eras. Chegaram numa grande variedade de tamanhos e de formas. Alguns tinham couraças corporais e bicos córneos, como as modernas tartarugas, ou tinham chifres. Alguns eram herbívoros, outros eram carnívoros. Como os outros répteis, os dinossauros eram animais que punham ovos. Muitos construíam ninhos, e alguns até mesmo desenvolveram asas e, finalmente, por volta de 150 milhões de anos atrás, evoluíram em pássaros.

Na época dos dinossauros, a expansão dos répteis estava em plena atividade. A terra e as águas eram povoadas por cobras, lagartos e tartarugas marinhas, bem como por serpentes marinhas e por várias espécies de dinossauros. Por volta de 70 milhões de anos atrás, os dinossauros e muitas outras espécies desapareceram de súbito, muito provavelmente devido ao impacto de um meteorito gigantesco medindo cerca de 11 quilômetros de lado a lado. A explosão catastrófica gerou uma enorme nuvem de poeira, que bloqueou a luz do Sol durante um prolongado período e, drasticamente, mudou os padrões meteorológicos em todo o mundo, e por isso os enormes dinossauros não puderam sobreviver.

Cuidando dos Jovens

Por volta de 200 milhões de anos atrás, um vertebrado de sangue quente evoluiu dos répteis e se diversificou numa nova classe de animais que, finalmente, produziria nossos ancestrais, os primatas. As fêmeas desses animais de sangue quente não encerravam mais seus embriões em ovos mas, em vez disso, os nutriam dentro de seus próprios corpos. Depois de nascerem, os bebês ficavam relativamente desamparados e eram alimentados por suas mães. Devido a esse comportamento característico, que inclui a nutrição com leite secretado pelas glândulas mamárias, essa classe de animais é conhecida como "mamíferos". Por volta de 50 milhões de anos mais tarde, outra linhagem recém-evoluída de vertebrados de sangue quente, os pássaros, começou igualmente a alimentar e a ensinar sua prole vulnerável.

Os primeiros mamíferos eram pequenas criaturas noturnas. Enquanto os répteis, incapazes de regular as temperaturas dos seus corpos, eram vagarosos durante as noites frias, os mamíferos desenvolveram a capacidade de manter o calor do corpo em níveis relativamente constantes, independentemente de suas vizinhanças; desse modo, permaneciam alertas e ativos à noite. Também transformavam parte das células de suas peles em pêlo, o que os isolou, protegendo-os ainda mais e permitindo-lhes que migrassem dos trópicos para climas mais frios.

Os primeiros primatas, conhecidos como prossímios ("pré-macacos"), desenvolveram-se nos trópicos por volta de 65 milhões de anos atrás a partir de mamíferos noturnos, que se alimentavam de insetos e viviam em árvores, e se assemelhavam um tanto aos esquilos. Os prossímios de hoje são pequenos animais das florestas, em sua maior parte noturnos e ainda vivendo em árvores. Para saltar de ramo em ramo à noite, esses primeiros moradores de árvores, comedores de insetos, desenvolveram um olhar aguçado, e em algumas espécies os olhos se deslocaram gradualmente para uma posição frontal, o que foi de importância-chave para o desenvolvimento da visão tridimensional — uma vantagem decisiva para a avaliação de distâncias no âmbito das árvores. Outras características primatas bem conhecidas que evoluíram de suas habilidades de trepar em árvores são mãos e pés que agarram, unhas chatas, polegares em posições opostas às dos outros dedos e grandes dedos nos pés.

Diferentemente de outros animais, os prossímios não eram anatomicamente especializados e, portanto, sempre foram ameaçados por inimigos. No entanto, compensaram sua falta de especialização desenvolvendo maior destreza e inteligência. Seu medo de inimigos, constantemente fugindo e se escondendo, e sua vida noturna ativa encorajaram a cooperação e levaram ao comportamento social que é característico de todos os primatas superiores. Além disso, o hábito de se proteger fazendo barulhos freqüentes em voz alta evoluiu gradualmente para a comunicação vocal.

Em sua maioria, os primatas se alimentam de insetos ou são vegetarianos, comendo nozes em geral, frutas e gramíneas. Às vezes, quando não havia nozes e frutas em número suficiente nas árvores, os antigos primatas teriam abandonado os ramos protetores e descido ao chão. Ansiosamente atentos à presença de inimigos por sobre as altas gramíneas, assumiriam uma postura ereta por breves momentos antes de retornar a uma posição agachada, assim como os babuínos ainda o fazem. Essa capacidade para permanecer eretos, mesmo por breves momentos, representou uma forte vantagem seletiva, pois permitiu aos primatas usar as mãos para coletar alimentos, brandir varas e atirar pedras a fim de se defender. Gradualmente, seus pés se tornaram mais achatados, sua destreza manual aumentou, e o uso de ferramentas e de armas primitivas estimulou o crescimento do cérebro; e, desse modo, alguns dos prossímios evoluíram em macacos, chimpanzés e gorilas.

A linha evolutiva dos macacos divergiu da dos prossímios por volta de 35 milhões de anos atrás. Os macacos são animais diurnos, geralmente com faces mais achatadas e mais expressivas que as dos prossímios, e usualmente caminhavam ou corriam com as quatro patas. Por volta de 20 milhões de anos atrás, a linha dos símios antropóides dividiu-se da dos macacos, e, depois de outros 10 milhões de anos, nossos ancestrais imediatos, os grandes símios antropóides — orangotangos, gorilas e chimpanzés —, receberam sua parte da herança.

Todos os símios antropóides são moradores das florestas, e a maioria deles passava pelos menos parte do tempo em árvores. Gorilas e chimpanzés são os mais terrestres dentre esses símios, apoiando-se, para andar, em suas quatro patas e "caminhando sobre suas juntas e nós dos dedos" — isto é, contando, para caminhar, com as articulações dos membros dianteiros. Em sua maioria, os símios antropóides também são capazes de caminhar sobre as duas pernas em curtas distâncias. Como os seres humanos, eles têm caixas torácicas grandes e achatadas, e braços capazes de se estender para cima e para trás dos ombros. Isso lhes permitia movimentar-se nas árvores balançando-se de galho em galho, com um braço sobre o outro, façanha de que os macacos não são capazes. Os cérebros dos grandes símios antropóides são muito mais complexos que os dos macacos e, desse modo, sua inteligência é muito superior. A capacidade de usar e, até um certo ponto, até mesmo de fazer ferramentas é característica dos grandes símios antropóides.

Por volta de 4 milhões de anos atrás, uma espécie de chimpanzés do trópico africano evoluiu num símio antropóide que caminhava ereto. Essa espécie de primata, que se extinguiu um milhão de anos mais tarde, era muito semelhante aos outros grandes símios antropóides, mas, devido ao porte ereto, foi classificado como "hominídeo", o que, de acordo com Lynn Margulis, é injustificado em termos puramente biológicos:

> Os eruditos estudiosos, de visão objetiva, se eles fossem baleias ou golfinhos, colocariam os seres humanos, os chimpanzés e os orangotangos no mesmo grupo taxonômico. Não há base fisiológica para a classificação dos seres humanos em sua própria família. ... Os seres humanos e os chimpanzés são muito mais parecidos do que quaisquer dois gêneros de besouros arbitrariamente escolhidos. Não obstante, animais que caminham eretos com as mãos bamboleando livremente são exageradamente definidos como hominídeos. ... e não como símios antropóides.[47]

A Aventura Humana

Tendo seguido o desdobramento da vida na Terra desde suas origens mais recuadas, não podemos deixar de sentir uma excitação especial quando chegamos no estágio em que os primeiros símios antropóides se ergueram e caminharam sobre as duas pernas, mesmo que essa excitação possa não se justificar cientificamente. À medida que aprendemos como os répteis evoluíram em vertebrados de sangue quente, que cuidavam de seus filhos, como os primeiros primatas desenvolveram unhas achatadas, polegares opostos aos outros dedos e o começo de uma comunicação vocal, e como os símios antropóides desenvolveram caixas torácicas e braços semelhantes aos humanos, cérebros complexos e capacidade de fazer ferramentas, podemos rastrear a emergência gradual de nossas características humanas. E quando atingimos o estágio dos símios antropóides de caminhar ereto com as mãos livres, sentimos que agora a aventura da evolução humana começa efetivamente. Para segui-la de perto, temos de mudar mais uma vez nossa escala de tempo, dessa vez de milhões para milhares de anos.

Os símios antropóides de caminhar ereto, que se extinguiram por volta de 1,4 milhão de anos atrás, pertencem todos ao gênero *Australopithecus*. Este nome, derivado do latim *australis* ("meridional") e do grego *pithekos* ("símio antropóide"), significa "símio antropóide do sul" e é um tributo às primeiras descobertas de fósseis pertencentes a esse gênero na África do Sul. A mais antiga espécie desses símios meridionais é conhecida como *Australopithecus afarensis*, nome dado em homenagem às descobertas de fósseis na região de Afar, na Etiópia, que incluíam o famoso esqueleto denominado "Lucy". Eram primatas de constituição leve, talvez com cerca de 137 cm de altura e, provavelmente, tão inteligentes quanto os atuais chimpanzés.

Depois de quase 1 milhão de anos de estabilidade genética, de cerca de 4 para cerca de 3 milhões de anos atrás, a primeira espécie de símios antropóides do sul evoluiu em várias espécies mais solidamente constituídas. Estas incluíam duas das primeiras espécies humanas que coexistiram com os símios antropóides do sul na África por várias centenas de milhares de anos, até que estes últimos se extinguiram.

Uma importante diferença entre os seres humanos e os outros primatas está no fato de que as crianças humanas precisam de muito mais tempo para passar na infância; clas demoram mais tempo para atingir a puberdade e a vida adulta do que qualquer um dos símios antropóides. Enquanto os filhos de outros mamíferos se desenvolvem plenamente

Evolução Humana

Anos Atrás	Estágios de Evolução
4 milhões	*Australopithecus afarensis*
3,2 milhões	"Lucy" (*Australopithecus afarensis*)
2,5 milhões	*Australopithecus* de várias espécies
2 milhões	*Homo habilis*
1,6 milhão	*Homo erectus*
1,4 milhão	os *Australopithecines* se extinguem
1 milhão	o *Homo erectus* se estabelece na Ásia
400.000	o *Homo erectus* se estabelece na Europa
	o *Homo sapiens* começa a evoluir
250.000	formas arcaicas do *Homo sapiens*
	o *Homo erectus* se extingue
125.000	*Homo Neandertalensis*
100.000	o *Homo sapiens* se desenvolve plenamente na África e na Ásia
40.000	o *Homo sapiens* (Cro-Magnon) se desenvolve
35.000	os Neandertais se extinguem; o *Homo sapiens permanece a única espécie humana sobrevivente*

no útero, de onde já saem prontos para o mundo exterior, nossos filhos ainda não estão completamente formados por ocasião do nascimento e se encontram totalmente desamparados. Em comparação com outros animais, as crianças humanas pequenas parecem ter nascido prematuramente.

Essa observação é a base da hipótese amplamente aceita segundo a qual os nascimentos prematuros de alguns símios antropóides podem ter sido decisivos para desencadear a evolução humana.[48] Devido a mudanças genéticas no *timing* do desenvolvimento, os símios antropóides nascidos prematuramente podem ter retido seus traços juvenis por mais tempo que os outros. Casais de símios antropóides com essas características, conhecidas como *neotenia* ("extensão do novo"), teriam dado nascimento a mais crianças nascidas prematuramente, que reteriam um número ainda maior de traços juvenis. Desse modo, pode ter-se iniciado uma tendência evolutiva que finalmente resultou numa espécie relativamente desprovida de pêlo, cujos adultos, de muitas maneiras, assemelham-se a embriões de macacos.

De acordo com essa hipótese, o desamparo dos filhotes nascidos prematuramente desempenhou um papel de importância crucial na transição dos símios antropóides para os seres humanos. Esses recém-nascidos exigiam famílias capazes de lhes dar sustentação, as quais podem ter formado as comunidades, as tribos nômades e as aldeias que se tornaram os fundamentos da civilização humana. As fêmeas selecionavam machos que tomariam conta delas enquanto estivessem cuidando de seus filhos e que lhes dariam proteção. Finalmente, as fêmeas não entrariam no cio em épocas específicas, e, uma vez que então podiam ser sexualmente receptivas em qualquer época, os machos que cuidavam de suas famílias também podem ter mudado seus hábitos sexuais, reduzindo sua promiscuidade em favor de novos arranjos sociais.

Ao mesmo tempo, a liberdade das mãos para fazer ferramentas, manejar armas e atirar pedras estimulou o contínuo crescimento do cérebro, o que é uma característica da evolução humana e pode mesmo ter contribuído para o desenvolvimento da linguagem. Como descrevem Margulis e Sagan:

> Atirando pedras e espantando ou matando pequenos animais de presa, os primeiros seres humanos foram projetados num novo nicho evolutivo. As habilidades necessárias para planejar as trajetórias de projéteis, para matar a uma certa distância, dependiam de um aumento de tamanho do hemisfério esquerdo do cérebro. As habilidades de linguagem (que têm sido associadas com o lado esquerdo do cérebro...) podem ter acompanhado fortuitamente esse aumento de tamanho do cérebro.[49]

Os primeiros descendentes humanos dos símios antropóides do sul emergiram na África Oriental por volta de 2 milhões de anos atrás. Eles constituíam uma espécie de indivíduos pequenos e magros, com cérebros acentuadamente desenvolvidos, o que lhes permitia desenvolver habilidades de construção de ferramentas muito superiores às de qualquer um de seus ancestrais símios antropóides. Por isso, foi dado à primeira espécie humana o nome *Homo habilis* ("ser humano habilidoso"). Por volta de 1,6 milhão de anos atrás, o *Homo habilis* evoluiu numa espécie de indivíduos maiores e mais robustos, cujo cérebro expandiu-se ainda mais. Conhecida como *Homo erectus* ("ser humano ereto"), essa espécie persistiu por mais de um milhão de anos e se tornou muito mais versátil que suas predecessoras, adaptando suas tecnologias e modos de vida a uma ampla faixa de condições ambientais. Há indicações de que esses primeiros seres humanos podem ter conquistado o controle do fogo por volta de 1,4 milhão de anos atrás.

O *Homo erectus* foi a primeira espécie a deixar o confortável trópico africano e a migrar para a Ásia, a Indonésia e a Europa, estabelecendo-se na Ásia há cerca de 1 milhão de anos, e na Europa, por volta de 400.000 anos atrás. Muito longe de sua terra natal africana, os primeiros seres humanos tiveram de sofrer condições climáticas extremamente severas, que exerceram um forte impacto sobre sua evolução posterior. Toda a história evolutiva da espécie humana, desde a emergência do *Homo habilis* até a revolução agrícola, quase 2 milhões de anos mais tarde, coincidiu com as famosas eras glaciais.

Durante os períodos mais frios, lençóis de gelo cobriam grande parte da Europa e das Américas, bem como pequenas áreas da Ásia. Essas glaciações extremas eram repetidamente interrompidas por períodos durante os quais o gelo se retirava e abria espaço a climas relativamente amenos. No entanto, inundações em grande escala, causadas pelo derretimento das calotas de gelo durante os períodos interglaciários, constituíram ameaças suplementares tanto para os animais como para os seres humanos.

Muitas espécies animais de origem tropical se extinguiram, e foram substituídas por espécies mais robustas e mais peludas — bois, mamutes, bisões e animais semelhantes — que podiam suportar as severas condições das eras glaciais.

Os primeiros seres humanos caçavam esses animais com machados de pedra e lanças pontudas, banqueteavam-se com eles junto às fogueiras em suas cavernas, e usavam as peles dos animais para se proteger do frio penetrante. Caçando juntos, também partilhavam seus alimentos, e essa partilha dos alimentos tornou-se outro catalisador para a civilização e a cultura humanas, originando finalmente as dimensões míticas, espirituais e artísticas da consciência humana.

Entre 400.000 e 250.000 anos atrás, o *Homo erectus* começou a evoluir no *Homo sapiens* ("ser humano sábio"), a espécie a que nós, seres humanos modernos, pertencemos. Essa evolução ocorreu gradualmente e incluiu várias espécies transitórias, às quais nos referimos como o *Homo sapiens* arcaico. Há cerca de 250.000 anos, o *Homo erectus* se extinguiu; a transição para o *Homo sapiens* completou-se por volta de 100.000 anos atrás, na África e na Ásia, e por volta de 35.000 anos atrás, na Europa. A partir dessa época, seres humanos plenamente modernos permaneceram como a única espécie humana sobrevivente.

Embora o *Homo erectus* evoluísse gradualmente para o *Homo sapiens*, uma linhagem diferente ramificou-se na Europa e evoluiu para a forma Neandertal clássica por volta de 125.000 anos atrás. Batizado em homenagem ao Vale de Neander, na Alemanha, onde foi encontrado o primeiro espécime, essa espécie distinta permaneceu até 35.000 anos atrás. As características anatômicas singulares dos Neandertais — eles tinham constituição sólida e robusta, com ossos maciços, testas de baixa declividade, maxilares espessos e dentes frontais longos e ressaltados — deviam-se provavelmente ao fato de terem sido os primeiros seres humanos a passar longos períodos em ambientes extremamente frios, tendo emergido no início da era glacial mais recente. Os Neandertais estabeleceram-se no sul da Europa e na Ásia, onde deixaram para trás marcas de funerais ritualizados em cavernas decoradas com toda uma variedade de símbolos e de cultos envolvendo os animais que caçavam. Por volta de 35.000 anos atrás, eles se extinguiram ou se misturaram com a espécie em evolução dos seres humanos modernos.

A aventura da evolução humana é a fase mais recente do desdobramento da vida na Terra, e para nós, naturalmente, tem um fascínio especial. No entanto, da perspectiva de Gaia, o planeta vivo como um todo, a evolução dos seres humanos tem sido, até agora, um episódio muito breve, e pode mesmo chegar a um fim abrupto em futuro próximo. Para demonstrar quão tardiamente a espécie humana chegou ao planeta, o ambientalista californiano David Brower concebeu uma narrativa engenhosa, comprimindo a idade da Terra nos seis dias da história bíblica da criação.[50]

No cenário de Brower, a Terra é criada no domingo à zero hora. A vida, na forma das primeiras células bacterianas, aparece na terça-feira de manhã, por volta das 8 horas. Durante os dois dias e meio seguintes, o microcosmo evolui, e por volta da quinta-feira à meia-noite, está plenamente estabelecido, regulando todo o sistema planetário. Na sexta-feira, por volta das dezesseis horas, os microorganismos inventam a reprodução sexual, e no sábado, o último dia da criação, todas as formas de vida visíveis se desenvolvem.

Por volta de 1:30 da madrugada do sábado, os primeiros animais marinhos são formados, e, por volta das 9:30 da manhã, as primeiras plantas chegam às praias, seguidas, duas horas mais tarde, por anfíbios e por insetos. Dez minutos antes das dezessete horas, surgem os grandes répteis, perambulam pela Terra em luxuriantes florestas tropicais durante cinco horas, e então, subitamente, morrem por volta das 21:45. Enquanto isso, os mamíferos chegam à Terra no final da tarde, por volta das 17:30, e os pássaros já à noitinha, cerca das 19:15 horas.

Pouco antes das 22 horas, alguns mamíferos tropicais que habitavam árvores evoluem nos primeiros primatas; uma hora depois, alguns destes evoluem em macacos; e por volta das 23:40 aparecem os grandes símios antropóides. Oito minutos antes da meia-noite, os primeiros símios antropóides do sul se erguem e caminham sobre duas pernas. Cinco minutos mais tarde, desaparecem novamente. A primeira espécie humana, o *Homo habilis*, surge quatro minutos antes da meia-noite, evolui no *Homo erectus* meio minuto mais tarde e, nas formas arcaicas do *Homo sapiens*, trinta segundos antes da meia-noite. Os Neandertais comandam a Europa e a Ásia de quinze a quatro segundos antes da meia-noite. Finalmente, a espécie humana moderna aparece na África e na Ásia onze segundos antes da meia-noite, e na Europa, cinco segundos antes da meia-noite. A história humana escrita começa por volta de dois terços de segundo antes da meia-noite.

Por volta de 35.000 anos atrás, a espécie moderna de *Homo sapiens* substituiu os Neandertais na Europa e evoluiu numa subespécie conhecida como Cro-Magnon — batizada em homenagem a uma caverna do sul da França —, à qual pertencem todos os modernos seres humanos. Os Cro-Magnons eram anatomicamente idênticos a nós, tinham uma linguagem plenamente desenvolvida e criaram uma verdadeira explosão de inovações tecnológicas e de atividades artísticas. Ferramentas de pedra e de ossos primorosamente trabalhadas, jóias de conchas e de marfim, e magníficas pinturas nas paredes de cavernas úmidas e inacessíveis são testemunhos vívidos da sofisticação cultural desses membros primitivos da raça humana moderna.

Até recentemente, os arqueologistas acreditavam que os Cro-Magnons desenvolveram gradualmente suas pinturas rupestres, começando com desenhos desajeitados e grosseiros e atingindo seu apogeu com as famosas pinturas em Lascaux, há cerca de 16.000 anos. No entanto, a sensacional descoberta da caverna Chauvet, em dezembro de 1994, forçou os cientistas a revisar radicalmente suas idéias. Essa ampla caverna da região de Ardèche, no sul da França, consiste num labirinto de câmaras subterrâneas repletas com mais de trezentas pinturas extramamente bem-acabadas. O estilo é semelhante à arte de Lascaux, mas cuidadosas datações com carbono radioativo mostraram que as pinturas de Chauvet têm, pelo menos, 30.000 anos.[51]

As figuras, pintadas em ocre, em matizes de carvão vegetal e em hematita vermelha, são imagens simbólicas de leões, de mamutes e de outros animais perigosos, muitos deles saltando ou correndo ao longo de largos painéis. Especialistas nas velhas pinturas em rocha ficaram perplexos pelas técnicas sofisticadas — sombreamento, ângulos especiais, cambaleio das figuras em movimento, e assim por diante — utilizadas pelos artistas rupestres para representar movimento e perspectiva. Além das pinturas, a caverna Chauvet também contém uma profusão de ferramentas de pedra e de objetos rituais, inclusive uma laje de pedra semelhante a um altar com um crânio de urso colocado sobre ela. Talvez a descoberta mais intrigante seja um desenho em preto de uma criatura xamânica, metade ser humano e metade bisão, encontrado na parte mais profunda e mais escura da caverna.

A data inesperadamente antiga dessas pinturas magníficas significa que a grande arte fazia parte integral da evolução dos modernos seres humanos desde o princípio. Como assinalam Margulis e Sagan:

> Essas pinturas, por si sós, marcam claramente a presença do moderno *Homo sapiens* sobre a Terra. Somente as pessoas pintam, somente as pessoas planejam expedições até as extremidades mais fundas de cavernas úmidas e escuras em cerimônias. Somente as pessoas enterram os seus mortos com pompa. A procura pelo ancestral histórico do homem é a procura pelo contador de histórias e pelo artista.[52]

Isto significa que um entendimento adequado da evolução humana é impossível sem um entendimento da evolução da linguagem, da arte e da cultura. Em outras palavras, agora devemos voltar nossa atenção para a mente e para a consciência, a terceira dimensão conceitual da visão sistêmica da vida.

11

Criando um Mundo

Na emergente teoria dos sistemas vivos, a mente não é uma coisa, mas um processo. É a cognição, o processo do conhecer, e é identificada com o processo da própria vida. É esta a essência da teoria da cognição de Santiago, proposta por Humberto Maturana e Francisco Varela.[1]

A identificação da mente, ou cognição, com o processo da vida é uma idéia radicalmente nova na ciência, mas é também uma das intuições mais profundas e mais arcaicas da humanidade. Nos velhos tempos, a mente humana racional era vista como um mero aspecto da alma imaterial, ou espírito. A distinção básica não era entre corpo e mente, mas entre corpo e alma, ou corpo e espírito. Embora a diferenciação entre alma e espírito fosse fluida, e flutuasse ao longo do tempo, ambos originalmente unificavam em si mesmos duas concepções — a da força da vida e a da atividade da consciência.[2]

Nas línguas dos velhos tempos, essas duas idéias são expressas por meio da metáfora do sopro da vida. De fato, as raízes etimológicas de "alma" e "espírito" significam "sopro", "alento", em muitas línguas antigas. As palavras para "alma" em sânscrito (*atman*), em grego (*pneuma*) e em latim (*anima*) significam, todas elas, "alento". O mesmo é verdadeiro para a palavra que designa "espírito" em latim (*spiritus*), em grego (*psyche*) e em hebraico (*ruah*). Todas essas palavras também significam "alento".

A antiga intuição comum que está por trás de todas essas palavras é a da alma ou espírito como o sopro da vida. De maneira semelhante, a concepção de cognição na teoria de Santiago vai muito além da mente racional, pois inclui todo o processo da vida. Descrevê-la como o sopro da vida é uma perfeita metáfora.

Ciência Cognitiva

Assim como a concepção de "processo mental", formulada independentemente por Gregory Bateson[3], a teoria da cognição, de Santiago, tem suas raízes na cibernética. Foi desenvolvida no âmbito de um movimento intelectual que aborda o estudo científico da mente e do conhecimento a partir de uma perspectiva interdisciplinar sistêmica que se situa além dos arcabouços tradicionais da psicologia e da epistemologia. Essa nova abordagem, que ainda não se cristalizou num campo científico maduro, é cada vez mais conhecida como "ciência cognitiva".[4]

A cibernética proporcionou à ciência cognitiva o primeiro modelo de cognição. Sua premissa era a de que a inteligência humana assemelha-se à "inteligência" do computador em tal medida que a cognição pode ser definida como processamento de informações — isto é, como uma manipulação de símbolos baseada num conjunto de regras.[5] De acordo com esse modelo, o processo de cognição envolve *representação mental*. Assim como um computador, pensa-se que a mente opera manipulando símbolos que representam certas características do mundo.[6] Esse modelo do computador para a atividade mental foi tão convincente e poderoso que dominou todas as pesquisas em ciência cognitiva por mais de trinta anos.

Desde a década de 40, quase tudo na neurobiologia foi modelado por essa idéia de que o cérebro é um dispositivo de processamento de informações. Por exemplo, quando estudos sobre o córtex visual mostraram que certos neurônios respondem a certas características dos objetos percebidos — velocidade, cor, contraste, e assim por diante — acreditava-se que esses neurônios com características específicas captassem informações visuais vindas da retina e as transferissem a outras áreas do cérebro para processamento posterior. No entanto, estudos subseqüentes com animais tornaram claro que a associação entre neurônios e características específicas só pode ser feita com animais anestesiados, em ambientes internos e externos rigidamente controlados. Quando um animal é estudado enquanto está desperto e exercendo seu comportamento em circunvizinhanças mais normais, suas respostas neurais tornam-se sensíveis a todo o contexto dos estímulos visuais, e não podem mais ser interpretadas em termos de processamento de informações realizado etapa por etapa.[7]

O modelo do computador para a cognição foi finalmente submetido a sério questionamento na década de 70, quando surgiu a concepção de auto-organização. A motivação para submeter a hipótese dominante a uma revisão proveio de duas deficiências amplamente reconhecidas da visão computacional. A primeira é a de que o processamento de informações baseia-se em regras seqüenciais, aplicadas uma de cada vez; a segunda é a de que ele é localizado, de modo que um dano em qualquer parte do sistema resulta numa séria anormalidade de funcionamento do todo. Ambas as características estão em patente contradição com as observações biológicas. As tarefas visuais mais comuns, até mesmo as que ocorrem em insetos minúsculos, são executadas mais depressa do que é fisicamente possível fazê-lo simulando-as seqüencialmente; e é bem conhecida a elasticidade do cérebro, que pode sofrer lesões sem que isso comprometa todo o seu funcionamento.

Essas observações sugeriram uma mudança de foco — de símbolos para conexidade, de regras locais para coerência global, de processamento de informações para as propriedades emergentes das redes neurais. Com o desenvolvimento concorrente da matemática não-linear e de modelos de sistemas auto-organizadores, essa mudança de foco prometia abrir novos e intelectualmente instigantes caminhos para as pesquisas. De fato, no início da década de 80, modelos "conexionistas" de redes neurais tornaram-se muito populares.[8] Estes são modelos de elementos densamente interconexos planejados para executar simultaneamente milhões de operações que geram interessantes propriedades globais, ou emergentes. Como Francisco Varela explica: "O cérebro é ... um sistema altamente cooperativo: as densas interações entre seus componentes requerem que, no final, tudo o que esteja ocorrendo seja uma função daquilo que todos os componentes estão fazendo. ... Em conseqüência disso, todo o sistema adquire uma coerência interna em padrões intrincados, mesmo que não possamos dizer exatamente como isso acontece."[9]

A Teoria de Santiago

A teoria da cognição de Santiago originou-se do estudo das redes neurais e, desde o princípio, esteve ligada com a concepção de autopoiese de Maturana.[10] A cognição, de acordo com Maturana, é a atividade envolvida na autogeração e na autoperpetuação de redes autopoiéticas. Em outras palavras, a cognição é o próprio processo da vida. "Sistemas vivos são sistemas cognitivos", escreve Maturana, "e a vida como processo é um processo de cognição."[11] Em termos de nossos três critérios fundamentais para os sistemas vivos — estrutura, padrão e processo — podemos dizer que o processo da vida consiste em todas as atividades envolvidas na contínua incorporação do padrão de organização (autopoiético) do sistema numa estrutura (dissipativa) física.

Uma vez que a cognição é tradicionalmente definida como o processo do conhecer, devemos ser capazes de descrevê-la pelas interações de um organismo com seu meio ambiente. De fato, é isso o que a teoria de Santiago faz. O fenômeno específico subjacente ao processo de cognição é o acoplamento estrutural.

Como vimos, um sistema autopoiético passa por contínuas mudanças estruturais enquanto preserva seu padrão de organização semelhante a uma teia. Em outras palavras, ele se acopla ao seu meio ambiente *de maneira estrutural*, por intermédio de interações recorrentes, cada uma das quais desencadeia mudanças estruturais no sistema.[12] No entanto, o sistema vivo é autônomo. O meio ambiente apenas desencadeia as mudanças estruturais; ele não as especifica nem as dirige.

Ora, o sistema vivo não só especifica essas mudanças estruturais mas também especifica *quais as perturbações que, vindas do meio ambiente, as desencadeiam.* Esta é a chave da teoria da cognição de Santiago. As mudanças estruturais no sistema constituem atos de cognição. Ao especificar quais perturbações vindas do meio ambiente desencadeiam suas mudanças, o sistema "gera um mundo", como Maturana e Varela se expressam. Desse modo, a cognição não é a representação de um mundo que existe de maneira independente, mas, em vez disso, é uma contínua atividade de *criar um mundo* por meio do processo de viver. As interações de um sistema vivo com seu meio ambiente são interações cognitivas, e o próprio processo da vida é um processo de cognição. Nas palavras de Maturana e de Varela: "Viver é conhecer."[13]

É óbvio que estamos lidando aqui com uma expansão radical da concepção de cognição e, de maneira implícita, da concepção de mente. Nessa nova visão, a cognição envolve todo o processo da vida — incluindo a percepção, a emoção e o comportamento — e não requer necessariamente um cérebro e um sistema nervoso. Até mesmo as bactérias percebem certas características do seu meio ambiente. Elas sentem diferenças químicas em suas vizinhanças e, conseqüentemente, nadam em direção ao açúcar e se afastam do ácido; sentem e evitam o calor, se afastam da luz ou se aproximam dela, e algumas bactérias podem até mesmo detectar campos magnéticos.[14] Desse modo, até mesmo uma bactéria cria um mundo — um mundo de calor e de frio, de campos magnéticos e de gradientes químicos. Em todos esses processos cognitivos, a percepção e a ação são inseparáveis, e, uma vez que as mudanças estruturais e as ações associadas que se desencadeiam no organismo dependem da estrutura do organismo, Francisco Varela descreve a cognição como "ação incorporada".[15]

De fato, a cognição envolve dois tipos de atividades que estão inextricavelmente ligadas: a manutenção e a persistência da autopoiese e a criação de um mundo. Um sistema vivo é uma rede multiplamente interconexa cujos componentes estão mudando constantemente e sendo transformados e repostos por outros componentes. Há grande fluidez e flexibilidade nessa rede, que permite ao sistema responder, de uma maneira muito especial, a perturbações, ou "estímulos", provenientes do meio ambiente. Certas perturbações desencadeiam mudanças estruturais específicas — em outras palavras, mudanças na conexidade através de toda a rede. Este é um fenômeno distributivo. Toda a rede responde a uma perturbação determinada rearranjando seus padrões de conexidade.

Cada organismo muda de uma maneira diferente, e, ao longo do tempo, cada organismo forma seu caminho individual, único, de mudanças estruturais no processo de desenvolvimento. Uma vez que essas mudanças estruturais são atos de cognição, o desenvolvimento está sempre associado com a aprendizagem. De fato, desenvolvimento e aprendizagem são dois lados da mesma moeda. Ambos são expressões de acoplamento estrutural.

Nem todas as mudanças físicas num organismo são atos de cognição. Quando uma parte de um dente-de-leão é comida por um coelho, ou quando um animal é machucado num acidente, essas mudanças estruturais não são especificadas e dirigidas pelo organismo; elas não são mudanças de escolha, e portanto não são atos de cognição. No entanto, essas mudanças físicas impostas são acompanhadas por outras mudanças estruturais (percepção, resposta do sistema imunológico, e assim por diante) que são atos de cognição.

Por outro lado, nem todas as perturbações vindas do meio ambiente causam mudanças estruturais. Os organismos vivos respondem a apenas uma pequena fração dos estímulos que se imprimem sobre eles. Todos nós sabemos que podemos ver ou ouvir fenômenos somente no âmbito de uma certa faixa de freqüências; em geral, no nosso ambiente, não percebemos coisas nem eventos que não nos dizem respeito, e também sabemos que aquilo que percebemos é, em grande medida, condicionado pelo nosso arcabouço conceitual e pelo nosso contexto cultural.

Em outras palavras, há muitas perturbações que não causam mudanças estruturais porque são "estranhas" ao sistema. Dessa maneira, cada sistema vivo constrói seu próprio mundo, de acordo com sua própria estrutura. Como se expressa Varela: "A mente e o mundo surgem juntos."[16] No entanto, por meio de acoplamentos estruturais mútuos, os sistemas vivos individuais são parte dos mundos uns dos outros. Eles se comunicam uns com os outros e coordenam seus comportamentos.[17] Há uma ecologia de mundos criados por atos de cognição mutuamente coerentes.

Na teoria de Santiago, a cognição é parte integrante da maneira como um organismo vivo interage com seu meio ambiente. Ela não *reage* aos estímulos ambientais por meio de uma cadeia linear de causa e efeito, mas *responde* com mudanças estruturais em sua rede autopoiética não-linear, organizacionalmente fechada. Esse tipo de resposta permite que o organismo continue sua organização autopoiética e, desse modo, continue a viver em seu meio ambiente. Em outras palavras, a interação cognitiva do organismo com seu meio ambiente é interação inteligente. A partir da perspectiva da teoria de Santiago, a inteligência se manifesta na riqueza e na flexibilidade do acoplamento estrutural de um organismo.

A gama de interações que um sistema vivo pode ter com seu meio ambiente define seu "domínio cognitivo". As emoções são parte integrante desse domínio. Por exemplo, quando respondemos a um insulto ficando zangados, todo esse padrão de processos fisiológicos — um rosto vermelho, a respiração acelerada, tremores, e assim por diante — é parte da cognição. De fato, pesquisas recentes indicam vigorosamente que há uma coloração emocional para cada ato cognitivo.[18]

À medida que a complexidade de um organismo vivo aumenta, seu domínio cognitivo também aumenta. O cérebro e o sistema nervoso, em particular, representam uma expansão significativa do domínio cognitivo de um organismo, uma vez que eles aumentam em grande medida a gama e a diferenciação de seus acoplamentos estruturais. Num certo nível de complexidade, um organismo vivo acopla-se estruturalmente não apenas ao seu meio ambiente mas também a si mesmo, e, desse modo, cria não apenas um mundo exterior, mas um mundo interior. Nos seres humanos, a criação desse mundo interior está intimamente ligada com a linguagem, com o pensamento e com a consciência.[19]

Ausência de Representação, Ausência de Informação

Sendo parte de uma concepção unificadora da vida, da mente e da consciência, a teoria da cognição de Santiago tem profundas implicações para a biologia, para a psicologia e para a filosofia. Entre essas implicações, sua contribuição à epistemologia, o ramo da filosofia que trata da natureza do nosso conhecimento a respeito do mundo, é talvez o seu aspecto mais radical e controvertido.

A característica singular da epistemologia implicada pela teoria de Santiago está no fato de que ela se opõe a uma idéia que é comum à maior parte das epistemologias, mas só raras vezes é explicitamente mencionada — a idéia de que a cognição é uma *representação* de um mundo que existe independentemente. O modelo do computador para a cognição como processamento de informações foi apenas uma formulação específica, baseada numa anologia errônea, da idéia mais geral de que o mundo é pré-dado e independente do observador, e que a cognição envolve representações mentais de suas características objetivas no âmbito do sistema cognitivo. A imagem principal, de acordo com Varela, é a de "um agente cognitivo que desceu de pára-quedas num mundo pré-dado" e que extrai suas características essenciais por intermédio de um processo de representação.[20]

De acordo com a teoria de Santiago, a cognição não é a representação de um mundo pré-dado, independente, mas, em vez disso, é a criação de um mundo. O que é criado por um determinado organismo no processo de viver não é *o* mundo mas sim *um* mundo, um mundo que é sempre dependente da estrutura do organismo. Uma vez que os organismos no âmbito de uma espécie têm mais ou menos a mesma estrutura, eles criam mundos semelhantes. Além disso, nós, seres humanos, partilhamos um mundo abstrato de linguagem e de pensamento por meio do qual criamos juntos o nosso mundo.[21]

Maturana e Varela não sustentam que há um vazio lá fora, a partir do qual criamos matéria. Há um mundo material, mas ele não tem nenhuma característica predeterminada. Os autores da teoria de Santiago não afirmam que "nada existe" (*nothing exists*); eles afirmam que "não existem coisas" (*no things exist*) que sejam independentes do processo de cognição. Não há estruturas que existam objetivamente; não há um território pré-dado do qual podemos fazer um mapa — a própria construção do mapa cria as características do território.

Por exemplo, sabemos que gatos ou pássaros vêem árvores de maneira muito diferente daquela como nós vemos, pois eles percebem a luz em diferentes faixas de freqüências. Dessa maneira, as formas e as texturas das "árvores" que eles criam serão diferentes das nossas. Quando vemos uma árvore, não estamos inventando a realidade. Mas as maneiras pelas quais delineamos objetos e identificamos padrões a partir da multidão de entradas (*inputs*) sensoriais que recebemos depende da nossa constituição física. Como diriam

Maturana e Varela, as maneiras pelas quais podemos nos acoplar estruturalmente ao nosso meio ambiente, e portanto o mundo que criamos, dependem da nossa própria estrutura.

Junto com a idéia de representações mentais de um mundo independente, a teoria de Santiago também rejeita a idéia de que as informações são características objetivas desse mundo que existe independentemente. Nas palavras de Varela:

> Devemos pôr em questão a idéia de que o mundo é pré-dado e de que cognição é representação. Na ciência cognitiva, isso significa que devemos pôr em questão a idéia de que as informações existem já feitas no mundo e de que elas são extraídas por um sistema cognitivo.[22]

A rejeição da representação e da informação como sendo relevantes para o processo do conhecer são ambas difíceis de se aceitar, porque usamos constantemente ambos os conceitos. Os símbolos da nossa linguagem, tanto a falada como a escrita, são representações de coisas e de idéias; e na nossa vida diária consideramos fatos tais como a hora do dia, a data, o boletim meteorológico, o número do telefone de um amigo como pedaços de informação que são relevantes para nós. De fato, toda a nossa época tem sido, muitas vezes, chamada de a "era da informação". Portanto, como podem Maturana e Varela alegar que não existe informação no processo da cognição?

Para entender essa afirmação aparentemente enigmática, devemos nos lembrar de que, para os seres humanos, a cognição envolve a linguagem, o pensamento abstrato e conceitos simbólicos que não estão disponíveis para outras espécies. A capacidade de abstrair é uma característica fundamental da consciência humana, como veremos, e, devido a essa capacidade, podemos, e realmente o fazemos, usar representações mentais, símbolos e informações. No entanto, estas não são características do processo geral de cognição que é comum a todos os sistemas vivos. Embora os seres humanos usem freqüentemente representações mentais e informações, nosso processo cognitivo não se baseia nelas.

Para adquirir uma perspectiva adequada a respeito dessas idéias, é muito instrutivo olhar mais de perto para o que se entende por "informação". A visão convencional é a de que a informação, de alguma maneira, está "situada lá fora", pronta para ser colhida pelo cérebro. No entanto, esse pedaço de informação é uma quantidade, um nome ou uma breve afirmação que nós abstraímos de toda uma rede de relações, de um contexto no qual ela está encaixada e que lhe dá significado. Sempre que tal "fato" estiver encaixado num contexto estável que encontramos com grande regularidade, podemos abstraí-lo desse contexto, associá-lo com o significado inerente no contexto e chamá-lo de "informação". Estamos tão acostumados com essas abstrações que tendemos a acreditar que o significado reside no pedaço de informação, e não no contexto do qual ele foi abstraído.

Por exemplo, não há nada de "informativo" na cor vermelha, exceto o fato de que, por exemplo, quando encaixada numa rede cultural de convenções e na rede tecnológica do tráfego da cidade, ela está associada com o ato de parar num cruzamento. Se pessoas vindas de uma cultura muito diferente chegam a uma de nossas cidades e vêem uma luz vermelha de tráfego, isso pode não significar nada para elas. Não haveria informação alguma transmitida. De maneira semelhante, a hora do dia e a data são abstraídas de um complexo contexto de conceitos e de idéias, inclusive de um modelo do Sistema Solar, de observações astronômicas e de convenções culturais.

As mesmas considerações se aplicam às informações genéticas codificadas no ADN. Como explica Varela, a noção de um código genético foi abstraída de uma rede metabólica subjacente na qual o significado do código está incorporado:

> Durante muitos anos, os biólogos consideraram as seqüências de proteínas como sendo instruções codificadas no ADN. No entanto, é claro que tripletos de ADN são capazes de especificar previsivelmente um aminoácido numa proteína se e somente se eles estiverem incorporados no metabolismo da célula, isto é, nas milhares de regulações enzimáticas numa rede química complexa. É apenas devido às regularidades que emergem dessa rede como um todo que podemos destacar esse *background* metabólico e, dessa maneira, tratar os tripletos como códigos para aminoácidos.[23]

Maturana e Bateson

A rejeição, por parte de Maturana, da idéia de que a cognição envolve uma representação mental de um mundo independente é a diferença-chave entre sua concepção do processo do conhecimento e a de Gregory Bateson. Maturana e Bateson, por volta da mesma época, toparam independentemente com a idéia revolucionária de identificar o processo de conhecer com o processo da vida.[24] Mas a abordaram de maneiras muito diferentes — Bateson a partir de uma intuição profunda da natureza da mente e da vida, aguçada por cuidadosas observações sobre o mundo vivo; Maturana a partir de suas tentativas, baseadas em suas pesquisas em neurociência, para definir um padrão de organização que seja característico de todos os sistemas vivos.

Bateson, trabalhando sozinho, aprimorou, ao longo dos anos, seus "critérios de processo mental", mas nunca os desenvolveu numa teoria dos sistemas vivos. Maturana, ao contrário, colaborou com outros cientistas para desenvolver uma teoria da "organização da vida" que fornece o arcabouço teórico para se entender o processo da cognição como o processo da vida. Como se expressa o cientista social Paul Dell, em seu extenso artigo "Understanding Bateson and Maturana", Bateson se concentrou exclusivamente na epistemologia (a natureza do conhecimento) em detrimento de lidar com a ontologia (a natureza da existência):

> A ontologia constitui "a estrada não trafegada" no pensamento de Bateson. ... A epistemologia de Bateson não tem ontologia sobre a qual se alicerçar. ... É meu argumento que o trabalho de Maturana contém a ontologia que Bateson nunca desenvolveu.[25]

Um exame dos critérios de processo mental de Bateson mostra que eles abrangem tanto o aspecto estrutura como o aspecto padrão dos sistemas vivos, o que pode ser a razão pela qual muitos dos alunos de Bateson acharam que eles eram um tanto confusos. Uma leitura atenta dos critérios também revela a crença subjacente no fato de que a cognição envolve representações mentais das características objetivas do mundo dentro do sistema cognitivo.[26]

Bateson e Maturana, independentemente um do outro, criaram uma concepção revolucionária de mente, uma concepção que está arraigada na cibernética, tradição que Bateson ajudou a desenvolver na década de 40. Talvez fosse devido ao seu envolvimento íntimo com idéias cibernéticas durante o tempo de sua gênese que Bateson nunca transcendeu o modelo do computador para a cognição. Maturana, ao contrário, deixou esse modelo para trás e desenvolveu uma teoria que vê a cognição como o ato de "criar um mundo" e a consciência como estando estreitamente associada com a linguagem e com a abstração.

Computadores Revisitados

Nas páginas anteriores, enfatizei repetidas vezes as diferenças entre a teoria de Santiago e o modelo computacional de cognição desenvolvido em cibernética. Poderia agora ser útil olhar novamente para os computadores à luz do nosso novo entendimento da cognição, a fim de dissipar uma parte das confusões que cercam a "inteligência do computador".

Um computador processa informações, e isso significa que ele manipula símbolos com base em certas regras. Os símbolos são elementos distintos introduzidos no computador vindos de fora, e durante o processamento de informações não ocorrem mudanças na estrutura da máquina. A estrutura física do computador é fixa, determinada pelo seu planejamento e por sua construção.

O sistema nervoso de um organismo vivo funciona de maneira muito diferente. Como temos visto, ele reage a seu meio ambiente modulando continuamente sua estrutura, de modo que em qualquer momento sua estrutura física é um registro de mudanças estruturais anteriores. O sistema nervoso não processa informações provenientes do mundo exterior mas, pelo contrário, *cria* um mundo no processo da cognição.

A cognição humana envolve linguagem e pensamento abstrato, e, portanto, símbolos e representações mentais, mas o pensamento abstrato é apenas uma pequena parcela da cognição humana, e geralmente não é a base para as nossas decisões e as nossas ações. As decisões humanas nunca são completamente racionais, estando sempre coloridas por emoções, e o pensamento humano está sempre encaixado nas sensações e nos processos corporais que contribuem para o pleno espectro da cognição.

Como os cientistas especializados em computadores Terry Winograd e Fernando Flores assinalam em seu livro *Understanding Computers and Cognition*, o pensamento racional filtra a maior parte desse espectro cognitivo e, ao fazê-lo, cria uma "cegueira de abstração". Como antolhos, os termos que adotamos para nos expressar limitam o âmbito da nossa visão. Num programa de computador, explicam Winograd e Flores, diversos objetivos e tarefas são formulados sob a forma de uma coleção limitada de objetos, de propriedades e de operações, coleção essa que incorpora a cegueira que surge com as abstrações envolvidas na criação do programa. No entanto:

> Há restritos domínios de tarefas nos quais essa cegueira não impede um comportamento que se mostra inteligente. Por exemplo, muitos jogos são acessíveis a uma aplicação de ... técnicas [capazes de] produzir um programa que derrota os oponentes humanos. ... São áreas nas quais a identificação das características relevantes é direta e a natureza das soluções é clara.[27]

Uma boa dose de confusão é causada pelo fato de os cientistas do computador usarem palavras tais como "inteligência", "memória" e "linguagem" para descrever computadores, implicando com isso que essas expressões se referem aos fenômenos humanos que conhecemos bem a partir da experiência. Trata-se de um grave equívoco. Por exemplo, a essência mesma da inteligência consiste em agir de maneira adequada quando um problema não é claramente definido e as soluções não são evidentes. Nessas situações, o comportamento humano inteligente baseia-se no senso comum, acumulado pelas experiências vividas. No entanto, o senso comum não está disponível aos computadores devido à cegueira destes à abstração e às limitações intrínsecas das operações formais, e, portanto, é impossível programar computadores para serem inteligentes.[28]

Desde os primeiros dias da inteligência artificial, um dos maiores desafios tem sido o de programar um computador para entender a linguagem humana. Porém, depois de várias décadas de trabalhos frustrantes sobre esse problema, pesquisadores em inteligência artificial estão começando a entender que seus esforços estão fadados a continuar inúteis, que os computadores não podem entender a linguagem humana num sentido significativo.[29] A razão disso é que a linguagem humana está embutida numa teia de convenções sociais e culturais, a qual fornece um contexto de significados não expresso em palavras. Nós entendemos esse contexto porque é senso comum para nós, mas um computador não pode ser programado com senso comum e, portanto, não entende a linguagem.

Esse ponto pode ser ilustrado com muitos exemplos simples, tais como este texto utilizado por Terry Winograd: "Tommy tinha acabado de receber um novo conjunto de blocos de montar. Ele estava abrindo a caixa quando viu Jimmy chegando." Como Winograd explica, um computador não teria uma pista a respeito do que existe dentro da caixa, mas supomos imediatamente que ela contém os novos blocos de Tommy. E supomos isso porque sabemos que os presentes freqüentemente vêm em caixas e que abrir a caixa é a coisa adequada a fazer. E o mais importante: nós supomos que as duas sentenças no texto estão ligadas, ao passo que o computador não vê razão para vincular a caixa com os blocos de armar. Em outras palavras, nossa interpretação desse simples texto baseia-se em várias suposições de senso comum e em várias expectativas que não estão disponíveis ao computador.[30]

O fato de que um computador não pode entender a linguagem não significa que ele não pode ser programado para reconhecer e para manipular estruturas lingüísticas simples. De fato, muitos progressos têm sido feitos nessa área em anos recentes. Os computadores hoje podem reconhecer algumas centenas de palavras e de frases, e esse vocabulário básico continua se expandindo. Desse modo, as máquinas são utilizadas, cada vez mais, para interagir com as pessoas por meio das estruturas da linguagem humana, a fim de executar tarefas limitadas. Por exemplo, posso discar para o meu banco pedindo informações sobre a minha conta bancária, e um computador, incitado por uma seqüência de códigos, dará o meu saldo, o número e as quantias dos cheques e dos depósitos recentes, e assim por diante. Essa interação, que envolve uma combinação de palavras faladas simples e de números perfurados, é muito conveniente e muito útil, sem que isso implique, de qualquer maneira, que o computador do banco entenda a linguagem humana.

Infelizmente, há uma notável dissonância entre avaliações críticas sérias da inteligência artificial e as projeções otimistas da indústria do computador, que são fortemente motivadas por interesses comerciais. A onda mais recente de pronunciamentos entusiásticos provém do projeto de quinta geração lançado no Japão. No entanto, uma análise dos seus grandiosos objetivos sugere que eles são tão irrealistas quanto projeções anteriores semelhantes, mesmo que o programa venha provavelmente a produzir numerosos subprodutos úteis.[31]

A peça principal do projeto de quinta geração e de outros projetos de pesquisa semelhantes é o desenvolvimento dos assim chamados sistemas *expert*, que serão planejados para rivalizar com o desempenho de especialistas humanos em certas tarefas. Este é, mais uma vez, um uso infeliz da terminologia, como assinalam Winograd e Flores:

> Chamar um programa de "*expert*" é tão enganador quanto chamá-lo de "inteligente" ou dizer que ele "entende". Essa imagem falsa pode ser útil para aqueles que estão tentando obter fundos para pesquisa ou vender esses programas, mas pode levar a expectativas inadequadas por parte daqueles que tentam utilizá-los.[32]

Em meados da década de 80, o filósofo Hubert Dreyfus e o cientista do computador Stuart Dreyfus empreenderam um estudo exaustivo da perícia humana, contrastando-a com os sistemas *expert* de computadores. Eles descobriram que

> ... temos de abandonar a visão tradicional segundo a qual um iniciante começa com casos específicos e, à medida que se torna mais habilidoso, abstrai e interioriza um número cada vez maior de regras sofisticadas. ... A aquisição de habilidades move-se no sentido exatamente oposto — de regras abstratas para casos particulares. Parece que um principiante faz inferências usando regras e fatos, assim como um computador heuristicamente programado, mas com talento e com uma grande dose de experiências envolvidas, o principiante evolui tornando-se um especialista que, intuitivamente, vê o que fazer sem precisar aplicar regras.[33]

Essa observação explica por que os sistemas *expert* nunca têm um desempenho tão bom quanto o de especialistas humanos experientes, que não operam aplicando uma seqüência de regras, mas atuam com base em sua apreensão intuitiva de toda uma constelação de fatos. Dreyfus e Dreyfus também notaram que, na prática, sistemas *expert* são planejados perguntando-se a especialistas humanos a respeito das regras relevantes. Quando isso é feito, os especialistas tendem a mencionar as regras de que se lembram desde o tempo em que eram principiantes, mas que deixaram de usar quando se tornaram especialistas. Se essas regras são programadas num computador, o sistema *expert* resultante desempenhará suas tarefas melhor que um principiante humano usando as mesmas regras, mas nunca poderá rivalizar com um verdadeiro especialista.

Imunologia Cognitiva

Algumas das mais importantes aplicações práticas da teoria de Santiago serão aquelas que, provavelmente, emergirão de seu impacto na neurociência e na imunologia. Como foi previamente mencionado anteriormente, a nova visão da cognição esclarece, em grande medida, o velho enigma a respeito da relação entre mente e cérebro. A mente não é uma coisa, mas um processo — o processo da cognição, que é identificado com o processo da vida. O cérebro é uma estrutura específica por cujo intermédio esse processo opera. Desse modo, a relação entre mente e cérebro é uma relação entre processo e estrutura.

O cérebro não é, de maneira alguma, a única estrutura envolvida no processo da cognição. No organismo humano, assim como nos organismos de todos os vertebrados, o sistema imunológico está sendo cada vez mais reconhecido como uma rede tão complexa e tão interconexa quanto o sistema nervoso, e cumpre funções coordenadoras igualmente importantes. A imunologia clássica concebe o sistema imunológico como o sistema de defesa do corpo, dirigido para fora e, com freqüência, descrito por metáforas militares —

exércitos de glóbulos brancos do sangue, generais, soldados, e assim por diante. Recentes descobertas feitas por Francisco Varela e por seus colaboradores na Universidade de Paris têm desafiado seriamente essa concepção.[34] De fato, alguns pesquisadores acreditam hoje que a visão clássica, com suas metáforas militares, tem sido um dos principais obstáculos à nossa compreensão de doenças auto-imunológicas tais como a AIDS.

Em vez de se concentrar e de se interligar por meio de estruturas anatômicas tais como o sistema nervoso, o sistema imunológico está disperso no fluido linfático, permeando cada um dos tecidos isolados. Seus componentes — uma classe de células denominadas linfócitos, conhecidas popularmente como células brancas do sangue — se movimentam muito depressa e se ligam quimicamente uns aos outros. Os linfócitos constituem um grupo de células extremamente diversificadas. Cada tipo é distinguido por marcadores moleculares específicos denominados "anticorpos", que se salientam de suas superfícies. O corpo humano contém bilhões de diferentes tipos de glóbulos brancos, com uma enorme capacidade para se ligar quimicamente a qualquer perfil molecular de seus meios ambientes.

De acordo com a imunologia tradicional, os linfócitos identificam um agente intruso, os anticorpos se prendem a ele e, ao fazê-lo, o neutralizam. Esta seqüência implica o fato de que os glóbulos brancos reconhecem perfis moleculares estranhos. Um exame mais pormenorizado mostra que ela também implica alguma forma de aprendizagem e de memória. No entanto, na imunologia clássica, esses termos são utilizados de maneira puramente metafórica, sem levar em consideração quaisquer processos cognitivos efetivos.

Recentes pesquisas têm mostrado que, em condições normais, os anticorpos que circulam pelo corpo se ligam a muitos (se não a todos) tipos de células, inclusive a si mesmos. Todo o sistema se parece muito mais com uma rede, mais com pessoas falando umas com as outras, do que com soldados lá fora procurando um inimigo. Pouco a pouco, os imunologistas têm sido forçados a mudar sua percepção de um *sistema* imunológico para uma *rede* imunológica.

Essa mudança de percepção apresenta um grande problema para a visão clássica. Se o sistema imunológico é uma rede cujos componentes se ligam uns aos outros, e se entendemos que os anticorpos eliminam qualquer coisa a que se liguem, deveríamos todos estar nos destruindo. Obviamente, não o estamos. O sistema imunológico parece capaz de distinguir entre as células de seu próprio corpo e agentes estranhos, entre eu e não-eu. Mas, uma vez que, na visão clássica, o fato de um anticorpo reconhecer um agente estranho significa ligá-lo quimicamente e, por isso, neutralizá-lo, continua um mistério o fato de como o sistema imunológico pode reconhecer suas próprias células sem neutralizá-las (isto é, sem destruí-las funcionalmente).

Além disso, do ponto de vista tradicional, um sistema imunológico só se desenvolverá quando houver perturbações externas às quais ele possa responder. Se não houver ataque, nenhum anticorpo se desenvolverá. Experimentos recentes têm mostrado, no entanto, que até mesmo animais que estão completamente blindados contra agentes causadores de doenças ainda assim desenvolverão sistemas imunológicos plenamente maduros. Com base no novo ponto de vista, isto é natural, pois a principal função do sistema imunológico não é responder a desafios externos, mas sim relacionar-se consigo mesmo.[35]

Varela e seus colaboradores argumentam que o sistema imunológico precisa ser entendido como uma rede cognitiva autônoma, responsável pela "identidade molecular" do corpo. Interagindo uns com os outros e com outras células do corpo, os linfócitos regulam continuamente o número de células e seus perfis moleculares. Em vez de simplesmente reagir contra agentes estranhos, o sistema imunológico desempenha a importante função de regular o repertório celular e molecular do organismo. Como explicam Francisco Varela e o imunologista Antonio Coutinho, "a dança mútua entre sistema imunológico e corpo ... permite que o corpo tenha uma identidade mutável e plástica ao longo de toda a sua vida e seus múltiplos encontros".[36]

A partir da perspectiva da teoria de Santiago, a atividade cognitiva do sistema imunológico resulta de seu acoplamento estrutural com seu meio ambiente. Quando moléculas estranhas entram no corpo, elas perturbam a rede imunológica, desencadeando mudanças estruturais. A resposta resultante não é a destruição automática das moléculas estranhas, mas a regulação de seus níveis dentro do contexto das outras atividades reguladoras do sistema. A resposta variará e dependerá de todo o contexto da rede.

Quando os imunologistas injetam grandes quantidades de um agente estranho no corpo, como o fazem em experimentos-padrão com animais, o sistema imunológico reage com a resposta defensiva maciça descrita na teoria clássica. No entanto, como assinalam Varela e Coutinho, essa é uma situação de laboratório altamente artificiosa. Em seu *habitat*, o animal não recebe grandes quantidades de substâncias nocivas. As pequenas quantidades que entram em seu corpo são incorporadas de maneira natural no andamento das atividades reguladoras de sua rede imunológica.

Com esse entendimento do sistema imunológico como uma rede cognitiva, auto-organizadora e auto-reguladora, o enigma da distinção eu/não-eu é facilmente resolvido. O sistema imunológico não distingue, e não precisa distinguir, entre células do corpo e agentes estranhos, pois ambos estão sujeitos aos mesmos processos reguladores. No entanto, quando os agentes estranhos invasores são tão generalizados que não podem ser incorporados à rede reguladora, como por exemplo no caso de infecções, eles desencadearão no sistema imunológico mecanismos específicos que equivalem a uma resposta defensiva.

Pesquisas têm mostrado que essa resposta imunológica bem conhecida envolve mecanismos quase automáticos que são, em grande medida, independentes das atividades cognitivas da rede.[37] Tradicionalmente, a imunologia tem-se preocupado quase que exclusivamente com essa atividade imunológica "reflexiva". Limitar-nos a esses estudos corresponderia a limitar as pesquisas sobre o cérebro ao estudo dos reflexos. A atividade imunológica defensiva é muito importante, mas na nova visão é um efeito secundário da atividade cognitiva do sistema imunológico, a qual é muito mais fundamental, mantendo a identidade molecular do corpo.

O campo da imunologia cognitiva ainda está em sua infância, e as propriedades auto-organizadoras das redes imunológicas não são, em absoluto, bem entendidas. No entanto, alguns dos cientistas em atividade nesse campo de pesquisas em crescimento já começaram a especular a respeito de instigantes aplicações clínicas para o tratamento de doenças auto-imunológicas.[38] É provável que futuras estratégias terapêuticas venham a se basear no entendimento de que doenças auto-imunológicas refletem uma falha na operação cognitiva da rede imunológica e podem envolver várias técnicas novas planejadas para reforçar a rede intensificando sua conexidade.

No entanto, essas técnicas requerem um entendimento muito mais profundo da rica dinâmica das redes imunológicas antes de poderem ser aplicadas de maneira efetiva. A longo prazo, as descobertas da imunologia cognitiva prometem ser tremendamente importantes para todo o campo da saúde e da cura. Na opinião de Varela, uma concepção psicossomática ("mente-corpo") sofisticada da saúde não será desenvolvida até que entendamos o sistema nervoso e o sistema imunológico como dois sistemas cognitivos em interação, dois "cérebros" em conversas contínuas.[39]

Uma Rede Psicossomática

Um elo crucial nesse quadro foi proporcionado, em meados da década de 80, pela neurocientista Candace Pert e seus colaboradores no National Institute of Mental Health, em Maryland. Esses pesquisadores identificaram um grupo de moléculas, denominadas peptídios, como os mensageiros moleculares que facilitam o diálogo entre o sistema nervoso e o sistema imunológico. De fato, Pert e seus colaboradores descobriram que esses mensageiros interligam três sistemas distintos — o sistema nervoso, o sistema imunológico e o sistema endócrino — numa única rede.

Na visão tradicional, esses três sistemas são separados e executam diferentes funções. O *sistema nervoso*, que consiste no cérebro e numa rede de células nervosas por todo o corpo, é a sede da memória, do pensamento e da emoção. O *sistema endócrino*, que consiste nas glândulas e nos hormônios, é o principal sistema regulador do corpo, controlando e integrando várias funções somáticas. O *sistema imunológico*, que consiste no baço, na medula óssea, nos nodos linfáticos e nas células imunológicas que circulam pelo corpo, é o sistema de defesa do corpo, responsável pela integridade dos tecidos e controlando a cura das feridas e os mecanismos de restauração dos tecidos.

De acordo com essa separação, os três sistemas são estudados em três disciplinas separadas — neurociência, endocrinologia e imunologia. No entanto, a recente pesquisa sobre peptídios tem mostrado, de maneira dramática, que essas separações conceituais são artefatos meramente históricos que não podem mais ser mantidos. De acordo com Candace Pert, os três sistemas devem ser vistos como formando uma única rede psicossomática.[40]

Os peptídios, uma família de sessenta a setenta macromoléculas, foram originalmente estudados em outros contextos e receberam outros nomes — hormônios, neurotransmissores, endorfinas, fatores de crescimento, e assim por diante. Demorou muitos anos para se reconhecer que eles constituem uma única família de mensageiros moleculares. Esses mensageiros consistem numa curta cadeia de aminoácidos, que se prendem a receptores específicos, os quais existem em abundância na superfície de todas as células do corpo. Interligando células imunológicas, glândulas e células do cérebro, os peptídios formam uma rede psicossomática que se estende por todo o organismo. Eles constituem a manifestação bioquímica das emoções, desempenham um papel de importância crucial nas atividades coordenadoras do sistema imunológico e interligam e integram atividades mentais, emocionais e biológicas.

Uma dramática mudança de percepção começou no início da década de 80, com a descoberta controvertida de que certos hormônios, que se supunha serem produzidos por glândulas, são peptídios e também são produzidos e armazenados no cérebro. Por outro lado, cientistas descobriram que um tipo de neurotransmissores denominados endorfinas, que se pensava serem produzidas somente no cérebro, são igualmente produzidas em células imunológicas. À medida que um número cada vez maior de receptores de peptídios eram identificados, foi-se verificando que praticamente qualquer peptídio conhecido é produzido no cérebro *e* em várias partes do corpo. Desse modo, Candace Pert declara: "Não posso mais fazer uma distinção nítida entre cérebro e corpo."[41]

No sistema nervoso, os peptídios são produzidos nas células nervosas, descendo em seguida pelos axônios (os longos ramos de células nervosas) para serem armazenados em pequenas bolas no fundo, onde esperam pelos sinais corretos para liberá-los. Esses peptídios desempenham um papel vital nas comunicações por todo o sistema nervoso. Tradicionalmente, pensava-se que a transferência de todos os impulsos nervosos ocorresse através das lacunas, denominadas "sinapses", entre células nervosas adjacentes. Mas esse mecanismo mostrou-se de importância limitada, sendo utilizado principalmente para a contração muscular. Em sua maior parte, os sinais vindos do cérebro são transmitidos através dos peptídios emitidos por células nervosas. Ao se prenderem a receptores afastados das células nervosas onde se originaram, esses peptídios atuam não apenas por toda a parte em todo o sistema nervoso, mas também em outras partes do corpo.

No sistema imunológico, as células brancas do sangue não só têm receptores para todos os peptídios como também *fabricam* peptídios. Os peptídios controlam os padrões de migração de células imunológicas e todas as suas funções vitais. É provável que essa descoberta, assim como aquelas em imunologia cognitiva, gerem instigantes aplicações terapêuticas. De fato, Pert e sua equipe descobriram recentemente um novo tratamento para a AIDS, denominado Peptídio T, que criou grandes expectativas.[42] Os cientistas têm por hipótese que a AIDS está arraigada numa ruptura da comunicação entre peptídios. Eles descobriram que o HIV entra nas células por meio de receptores de peptídios particulares, interferindo nas funções de toda a rede, e planejaram um peptídio protetor que se prende a esses receptores e, desse modo, bloqueia a ação do HIV. (Os peptídios ocorrem naturalmente no corpo, mas também podem ser planejados e sintetizados.) O Peptídio T imita a ação de um peptídio que ocorre naturalmente e é, portanto, completamente não-tóxico, ao contrário de todos os outros medicamentos contra a AIDS. Atualmente, essa droga está passando por uma série de testes clínicos. Se for comprovado que é eficiente, poderá exercer um impacto revolucionário no tratamento da AIDS.

Outro aspecto fascinante da recém-reconhecida rede psicossomática é a descoberta de que os peptídios são a manifestação bioquímica das emoções. A maior parte dos peptídios, talvez todos eles, altera o comportamento e os estados de humor, e atualmente os cientistas têm por hipótese que cada peptídio pode evocar um "tom" emocional único. Todo o grupo de sessenta a setenta peptídios pode constituir uma linguagem bioquímica universal das emoções.

Tradicionalmente, os neurocientistas têm associado emoções com áreas específicas no cérebro, principalmente com o sistema límbico. Isso, de fato, está correto. O sistema límbico evidencia-se extremamente rico em peptídios. No entanto, esta não é a única parte do corpo onde se concentram os receptores de peptídios. Por exemplo, todo o intestino está revestido com receptores de peptídios. É por isso que temos "sensações na barriga". Nós, literalmente falando, sentimos nossas emoções na barriga.

Se é verdade que cada peptídio é mediador de um determinado estado emocional, isso significaria que todas as percepções sensoriais, todos os pensamentos e, na verdade, todas as funções corporais estão coloridas emocionalmente, pois todas elas envolvem peptídios. Na verdade, os cientistas têm observado que os pontos nodais do sistema nervoso central, que ligam os órgãos sensoriais com o cérebro, são ricos em receptores de peptídios que filtram e dão prioridade a certas percepções sensoriais. Em outras palavras, todas as nossas percepções e os nossos pensamentos são coloridos por emoções. Isso, naturalmente, é também a nossa experiência comum.

A descoberta dessa rede psicossomática implica o fato de que o sistema nervoso não está estruturado de maneira hierárquica, como se acreditava antes. Como se expressa Candace Pert: "Células brancas do sangue são pedacinhos do cérebro flutuando pelo corpo."[43] Em última análise, decorre disso que a cognição é um fenômeno que se expande por todo o organismo, operando por intermédio de uma intrincada rede química de peptídios que integra nossas atividades mentais, emocionais e biológicas.

12

Saber que Sabemos

Identificar a cognição com o pleno processo da vida — incluindo percepções, emoções e comportamento — e entendê-la como um processo que não envolve uma transferência de informações nem representações mentais de um mundo exterior é algo que requer uma expansão radical de nossos arcabouços científicos e filosóficos. Uma das razões pelas quais essa concepção de mente e de cognição é tão difícil de ser aceita está no fato de que ela se opõe à nossa intuição e à nossa experiência do dia-a-dia. Enquanto seres humanos, usamos com freqüência o conceito de informação e fazemos constantemente representações mentais das pessoas e dos objetos no nosso meio ambiente.

Estas, no entanto, são características específicas da cognição humana, que resultam da nossa capacidade para abstrair, o que é uma das características-chave da consciência humana. Para uma compreensão plena do processo geral de cognição nos sistemas vivos é, pois, importante entender como a consciência humana, com seu pensamento abstrato e suas concepções simbólicas, surge do processo cognitivo comum a todos os organismos vivos.

Nas páginas seguintes, usarei o termo "consciência" para descrever o nível da mente, ou cognição, que é caracterizado pela autopercepção. A percepção do meio ambiente, de acordo com a teoria de Santiago, é uma propriedade da cognição em todos os níveis da vida. A autopercepção, até onde sabemos, manifesta-se apenas em animais superiores, e só se desdobra de maneira plena na mente humana. Enquanto seres humanos, não estamos apenas cientes de nosso meio ambiente; também estamos cientes de nós mesmos e do nosso mundo interior. Em outras palavras, estamos cientes de que estamos cientes. Não somente sabemos; também sabemos que sabemos. É a essa faculdade especial de autopercepção que me refiro quando utilizo o termo "consciência".

Linguagem e Comunicação

Na teoria de Santiago, a autopercepção é concebida como estreitamente enlaçada à linguagem, e o entendimento da linguagem é abordado por meio de uma cuidadosa análise da comunicação. Essa maneira de abordar o entendimento da consciência teve como pioneiro Humberto Maturana.[1]

A comunicação, de acordo com Maturana, não é uma transmissão de informações mas, em vez disso, é uma *coordenação de comportamento* entre os organismos vivos por meio de um acoplamento estrutural mútuo. Essa coordenação mútua de comportamento é a característica-chave da comunicação para todos os organismos vivos, com ou sem sistemas nervosos, e se torna mais e mais sutil e elaborada em sistemas nervosos de complexidade crescente.

O canto dos pássaros está entre os mais belos tipos de comunicação não-humana, que Maturana ilustra com o espantoso exemplo de um determinado canto de acasalamento usado pelos papagaios africanos. Esses pássaros vivem freqüentemente em florestas densas, onde é difícil qualquer possibilidade de contacto visual. Nesse meio ambiente, casais de papagaios formam e coordenam seu ritual de acasalamento produzindo um canto comum. Para o ouvinte casual, parece que cada pássaro está cantando um melodia inteira, mas um exame mais pormenorizado mostra que essa melodia é, na verdade, um dueto, no qual os dois pássaros, alternadamente, se expandem sobre as frases um do outro.

A melodia toda é única para cada casal, e não é transferida para a sua prole. Em cada geração, novos casais produzirão suas próprias melodias características em seus rituais de acasalamento. Nas palavras de Maturana:

> Neste caso (diferentemente de muitos outros pássaros), a coordenação vocal de comportamento no casal cantor é um fenômeno ontogênico [isto é, do desenvolvimento]. ... A melodia particular de cada casal nessa espécie de pássaro é única na sua história de acasalamento.[2]

Este é um claro e belo exemplo da observação de Maturana segundo a qual a comunicação é essencialmente uma coordenação de comportamento. Em outros casos, podemos ser mais tentados a descrever a comunicação em termos semânticos — isto é, em termos de um intercâmbio de informações que transmite algum significado. No entanto, de acordo com Maturana, essas descrições semânticas são projeções feitas pelo observador humano. Na realidade, a coordenação de comportamento é determinada não pelo significado mas pela dinâmica do acoplamento estrutural.

O comportamento animal pode ser inato ("instintivo") ou aprendido, e, conseqüentemente, podemos distinguir entre comunicação instintiva e aprendida. Maturana chama o comportamento comunicativo aprendido de "lingüístico". Embora ainda não seja linguagem, ele partilha com a linguagem o aspecto característico de que a mesma coordenação de comportamento pode ser obtida por meio de diferentes tipos de interações. Assim como acontece com as linguagens na comunicação humana, diferentes tipos de acoplamentos estruturais, aprendidos ao longo de diferentes caminhos de desenvolvimento, podem resultar na mesma coordenação de comportamento. De fato, na visão de Maturana, esse comportamento lingüístico é a base para a linguagem.

A comunicação lingüística requer um sistema nervoso de considerável complexidade, pois envolve uma boa porção de aprendizagem complexa. Por exemplo, quando abelhas de mel indicam para suas companheiras a localização de flores específicas, dançando segundo intrincados padrões, essas danças em parte são baseadas num comportamento instintivo e em parte são aprendidas. Os aspectos lingüísticos (ou aprendidos) da dança são específicos do contexto e da história social da colmeia. Abelhas provenientes de outras colmeias dançam, por assim dizer, em outros "dialetos".

Até mesmo formas muito intrincadas de comunicação lingüística, tais como a chamada linguagem das abelhas, ainda não são linguagem. De acordo com Maturana, a linguagem surge quando há *comunicação a respeito de comunicação*. Em outras palavras, o processo do "linguageamento" (*languaging*), como Maturana o chama, ocorre quando há uma coordenação de coordenações de comportamento. Maturana gosta de ilustrar esse significado da linguagem com uma comunicação hipotética entre uma gata e o seu dono.[3]

Suponha que a cada manhã minha gata mia e corre até a geladeira. Eu a sigo, apanho um pouco de leite e o derramo na tigela, e a gata começa a bebê-lo. Isto é comunicação — uma coordenação de comportamento por meio de interações mútuas recorrentes, ou de acoplamento estrutural mútuo. Agora, suponha que numa determinada manhã eu não siga a gata miando porque sei que o leite acabou. Se a gata, de alguma maneira, fosse capaz de me comunicar algo do tipo: "Ei, miei três vezes! Onde está o meu leite?", isto seria linguagem. A referência da gata ao seu miado anterior constituiria uma comunicação sobre uma comunicação e, desse modo, de acordo com a definição de Maturana, se qualificaria como linguagem.

Gatos não são capazes de usar a linguagem nesse sentido, porém macacos superiores podem ser capazes de fazê-lo. Numa série de experimentos bastante divulgados, psicólogos norte-americanos mostraram que chimpanzés são capazes não só de aprender muitos signos padronizados de uma linguagem de signos mas também de criar novas expressões combinando vários signos.[4] Desse modo, uma das chimpanzés, de nome Lucy, inventou várias combinações de signos: "fruta-bebida" para melancia, "comida-chorar-forte" para rabanete, e "abrir-bebida-comida" para geladeira.

Certo dia, quando Lucy ficou muito perturbada ao ver que seus "pais" humanos estavam se aprontando para deixá-la, ela se voltou para eles e sinalizou "Lucy chorar". Ao fazer essa afirmação sobre o seu choro, ela evidentemente comunicou algo sobre uma comunicação. "Parece-nos", escrevem Maturana e Varela, "que, a essa altura, Lucy está linguageando."[5]

Embora alguns primatas pareçam ter potencial para se comunicar em linguagem de signos, seu domínio lingüístico é extremamente limitado e não se aproxima, em absoluto, da riqueza da linguagem humana. Na linguagem humana, é aberto um vasto espaço no qual as palavras servem como indicações para a coordenação lingüística de ações e também são usadas para criar a noção de objetos. Por exemplo, num piquenique, podemos usar palavras como distinções lingüísticas para coordenar a ação de estender uma toalha e distribuir os alimentos sobre um toco de árvore. Além disso, também podemos nos referir a essas distinções lingüísticas (em outras palavras, fazer uma distinção de distinções) ao usar a palavra "mesa" e, desse modo, criar um objeto.

Assim, os objetos, na visão de Maturana, são distinções lingüísticas de distinções lingüísticas, e, uma vez que temos objetos, podemos criar conceitos abstratos — por exemplo, a altura da nossa mesa — ao fazer distinções de distinções de distinções, e assim por diante. Lançando mão da terminologia de Bateson, poderíamos dizer que uma hierarquia de tipos lógicos emerge com a linguagem humana.[6]

Linguageamento

Além disso, nossas distinções lingüísticas não são isoladas, mas existem "na rede de acoplamentos estruturais que continuamente tecemos por meio do [linguageamento]".[7] O significado surge como um padrão de relações entre essas distinções lingüísticas, e, desse modo, existimos num "domínio semântico" criado pelo nosso linguageamento. Finalmente, a autopercepção surge quando usamos a noção de um objeto e os conceitos abstratos associados para descrever a nós mesmos. Desse modo, o domínio lingüístico dos seres humanos se expande mais, de modo a incluir a reflexão e a consciência.

A unicidade do ser humano reside na nossa capacidade para tecer continuamente a rede lingüística na qual estamos embutidos. Ser humano é existir na linguagem. Na linguagem, coordenamos nosso comportamento, e juntos, na linguagem, criamos o nosso mundo. "O mundo que todos vêem", escrevem Maturana e Varela, "não é *o* mundo, mas *um* mundo, que nós criamos com os outros". [8] Esse mundo humano inclui fundamentalmente o nosso mundo interior de pensamentos abstratos, de conceitos, de símbolos, de representações mentais e de autopercepção. Ser humano é ser dotado de consciência reflexiva: "Na medida em que sabemos como sabemos, criamos a nós mesmos." [9]

Numa conversa humana, nosso mundo interior de conceitos e de idéias, nossas emoções e nossos movimentos corporais tornam-se estreitamente ligados numa complexa coreografia de coordenação comportamental. Análises de filmes têm mostrado que toda a conversa envolve uma dança sutil e, em grande medida, inconsciente, na qual a seqüência detalhada de padrões da fala é sincronizada com precisão não apenas com movimentos diminutos do corpo de quem fala, mas também com movimentos correspondentes de quem ouve. Ambos os parceiros estão articulados nessa seqüência de movimentos rítmicos sincronizados com precisão, e a coordenação lingüística de seus gestos, mutuamente desencadeados, dura enquanto eles continuam envolvidos em sua conversa.[10]

A teoria da consciência de Maturana difere fundamentalmente da maior parte das outras devido à sua ênfase na linguagem e na comunicação. A partir da perspectiva da teoria de Santiago, as tentativas, atualmente em moda, para explicar a consciência humana em termos dos efeitos quânticos no cérebro ou de outros processos neurofisiológicos estão todas fadadas ao malogro. A autopercepção e o desdobramento do nosso mundo interior de conceitos e de idéias não são apenas inacessíveis a explicações em termos de física e de química; não podem nem sequer ser entendidos por meio da biologia ou da psicologia de um organismo isolado. De acordo com Maturana, só podemos entender a consciência humana por meio da linguagem e de todo o contexto social no qual ela está encaixada. Como sua raiz latina — *con-scire* ("conhecer juntos") — poderia indicar, consciência é essencialmente um fenômeno social.

É também instrutivo comparar a noção de criação de um mundo com a antiga concepção indiana de *maya*. O significado original de *maya* na primitiva mitologia indiana é o "poder criativo mágico" por cujo intermédio o mundo é criado no divino jogo de Brahman.[11] A multidão de formas que percebemos é, toda ela, criada pelo divino ator e mago, e a força dinâmica do jogo é o *karma*, que significa, literalmente, "ação".

Ao longo dos séculos, a palavra *maya* — um dos termos mais importantes da filosofia indiana — mudou seu significado. Se originalmente significava o poder criador de Brahman, depois passou a significar o estado psicológico de alguém que se acha sob o encantamento do jogo mágico. Enquanto confundirmos as formas materiais do jogo com a realidade objetiva, sem perceber a unidade de Brahman subjacente a todas essas formas, estaremos sob o encantamento de *maya*.

O hinduísmo nega a existência de uma realidade objetiva. Como na teoria de Santiago, os objetos que percebemos são criados por meio da ação. No entanto, o processo de criar o mundo ocorre numa escala cósmica e não no nível da cognição humana. O mundo criado na mitologia hinduísta não é *um* mundo para uma sociedade humana em particular, mantida ligada pela linguagem e pela cultura, mas é *o* mundo do mágico jogo divino que nos mantém a todos sob o seu encantamento.

Estados Primários de Consciência

Recentemente, Francisco Varela tem seguido outra abordagem da consciência, abordagem que, ele espera, poderá acrescentar uma dimensão adicional à teoria de Maturana. Sua hipótese básica é a de que há uma forma de consciência primária em todos os vertebrados superiores, a qual ainda não é auto-reflexiva, mas envolve a experiência de um "espaço mental unitário", ou "estado mental".

Numerosos experimentos recentes com animais e seres humanos têm mostrado que esse espaço mental compõe-se de muitas dimensões — em outras palavras, é criado por muitas diferentes funções cerebrais — e, não obstante, é uma única experiência coerente. Por exemplo, quando o cheiro de um perfume evoca uma sensação agradável ou desagradável, experimenta-se um único estado mental coerente composto de percepções sensoriais, de memórias e de emoções. A experiência não é constante, como bem sabemos, e pode ser extremamente breve. Os estados mentais são transitórios, surgindo e desaparecendo continuamente. No entanto, não é possível experimentá-los sem algum lapso de duração finita. Outra observação importante é a de que o estado vivencial é sempre "incorporado" — isto é, embutido em determinado campo de sensação. De fato, a maioria dos estados mentais parece ter uma sensação dominante que colore toda a experiência. Recentemente, Varela publicou um artigo no qual introduz sua hipótese básica e propõe um mecanismo neural específico para a constituição de estados primários de consciência em todos os vertebrados superiores.[12] A idéia-chave é a de que estados vivenciais transitórios são criados por um fenômeno de ressonância conhecido como "travamento de fase", no qual diferentes regiões do cérebro estão de tal maneira interligadas que todos os seus neurônios disparam em sincronia. Por meio dessa sincronização da atividade neural, são formadas "montagens de células" temporárias, que podem consistir em circuitos neurais amplamente dispersos.

De acordo com a hipótese de Varela, cada experiência cognitiva baseia-se numa montagem de células específica, na qual muitas atividades neurais diferentes — associadas com a percepção sensorial, com as emoções, a memória, os movimentos corporais, e assim por diante — são unificadas num conjunto transitório mas coerente de neurônios oscilantes. O fato de que circuitos neurais tendem a oscilar ritmicamente é bem conhecido dos neurocientistas, e pesquisas recentes têm mostrado que essas oscilações não estão restritas ao córtex cerebral mas ocorrem em vários níveis do sistema nervoso.

Os numerosos experimentos citados por Varela em apoio de sua hipótese indicam que estados vivenciais cognitivos são criados pela sincronização de oscilações rápidas na faixa gama e beta, as quais tendem a surgir e a desaparecer rapidamente. Cada travamento de fase está associado com um tempo característico de descontração, que responde pela duração mínima da experiência.

A hipótese de Varela estabelece uma base neurológica para a distinção entre cognição consciente e cognição inconsciente, que os neurocientistas têm procurado desde que Sigmund Freud descobriu o inconsciente humano.[13] De acordo com Varela, a experiência consciente primária, comum a todos os vertebrados superiores, não está localizada numa parte específica do cérebro, nem pode ser identificada por estruturas neurais específicas.

Ela é a manifestação de um processo cognitivo particular — uma sincronização transitória de circuitos neurais diversificados que oscilam ritmicamente.

A Condição Humana

Os seres humanos evoluíram a partir dos "macacos do sul" que caminhavam eretos (gênero *Australopithecus*) por volta de dois milhões de anos atrás. A transição de macacos para seres humanos, como aprendemos num capítulo anterior, foi acionada por dois desenvolvimentos distintos: o desamparo de bebês nascidos prematuramente, os quais requeriam famílias e comunidades que lhes dessem apoio, e a liberdade das mãos para fazer e para usar ferramentas, que estimularam o crescimento do cérebro e podem ter contribuído para a evolução da linguagem.[14]

A teoria da linguagem e da consciência de Maturana permite-nos interligar esses dois impulsos evolutivos. Uma vez que a linguagem resulta numa coordenação de comportamento muito sofisticada e eficiente, a evolução da linguagem permitiu que os primeiros seres humanos aumentassem em grande medida suas atividades cooperativas e desenvolvessem famílias, comunidades e tribos, o que lhes proporcionou enormes vantagens evolutivas. O papel crucial da linguagem na evolução humana não foi a capacidade de trocar idéias, mas o aumento da capacidade de cooperar.

À medida que a diversidade e a riqueza das nossas relações humanas aumentavam, nossa humanidade — nossa linguagem, nossa arte, nosso pensamento e nossa cultura — se desenvolviam. Ao mesmo tempo, desenvolvemos a capacidade do pensamento abstrato, a capacidade para criar um mundo interior de conceitos, de objetos e de imagens de nós mesmos. Gradualmente, à medida que esse mundo interior se tornava cada vez mais diversificado e complexo, começamos a perder contato com a natureza e a nos transformar em personalidades cada vez mais fragmentadas.

Desse modo, surgiu a tensão entre totalidade e fragmentação, entre corpo e alma, que tem sido identificada como a essência da condição humana por poetas, filósofos e místicos ao longo dos séculos. A consciência humana criou não apenas as pinturas rupestres de Chauvet, o Bhagavad Gita, os Concertos de Brandenburgo e a teoria da relatividade, mas também a escravidão, a queima das bruxas, o Holocausto e o bombardeamento de Hiroxima. Dentre todas as espécies, somos a única que mata seus semelhantes em nome da religião, do mercado livre, do patriotismo e de outras idéias abstratas.

A filosofia budista contém algumas das mais lúcidas exposições sobre a condição humana e suas raízes na linguagem e na consciência.[15] O sofrimento humano existencial surge, na visão budista, quando nos apegamos a formas e a categorias fixas criadas pela mente, em vez de aceitar a natureza impermanente e transitória de todas as coisas. Buda ensinou que todas as formas fixas — coisas, eventos, pessoas ou idéias — nada mais são que *maya*. Assim como os videntes e os sábios védicos, ele utilizou essa antiga concepção indiana, mas a fez descer do nível cósmico que ela ocupa no hinduísmo, e a ligou com o processo da cognição humana; deu-lhe, desse modo, uma interpretação revigorada, quase psicoterapêutica.[16] A partir da ignorância (*avidya*), dividimos o mundo percebido em objetos separados, que percebemos como sendo sólidos e permanentes, mas que, na verdade, são transitórios e estão em contínua mudança. Tentando nos apegar às nossas rígidas categorias em vez de compreender a fluidez da vida, estamos fadados a experimentar frustração após frustração.

A doutrina budista da impermanência inclui a noção de que o eu não existe — não existe o sujeito permanente de nossas diversificadas experiências. Ela sustenta que a idéia de um eu individual, separado, é uma ilusão, é apenas uma outra forma de *maya*, uma concepção intelectual destituída de realidade. O apego a essa idéia de um eu separado leva à mesma dor e ao mesmo sofrimento (*duhkha*) que a adesão a qualquer outra categoria fixa de pensamento.

A ciência cognitiva chegou exatamente à mesma posição.[17] De acordo com a teoria de Santiago, criamos o eu assim como criamos objetos. Nosso eu, ou ego, não tem nenhuma existência independente, mas é o resultado do nosso acoplamento estrutural interno. Uma análise detalhada da crença num eu independente e fixo, e a resultante "ansiedade cartesiana", levam Francisco Varela e seus colaboradores à seguinte conclusão:

Nosso impulso para nos agarrar a uma terra interior é a essência do ego-eu e é a fonte de contínua frustração. ... Esse agarrar-se a uma terra interior é, ele mesmo, um momento num padrão maior do agarrar que inclui nosso apego a uma terra exterior na forma da idéia de um mundo pré-dado e independente. Em outras palavras, nosso agarrar-se a uma terra, seja ela interior ou exterior, é a fonte profunda de frustração e de ansiedade.[18]

É esse, então, o ponto crucial da condição humana. Somos indivíduos autônomos, modelados pela nossa própria história de mudanças estruturais. Somos autoconscientes, cientes da nossa identidade individual — e, não obstante, quando procuramos por um eu independente no âmbito de nosso mundo de experiência, não conseguimos encontrar nenhuma entidade desse tipo.

A origem de nosso dilema reside na nossa tendência para criar as abstrações de objetos separados, inclusive de um eu separado, e em seguida acreditar que elas pertencem a uma realidade objetiva, que existe independentemente de nós. Para superar nossa ansiedade cartesiana, precisamos pensar sistemicamente, mudando nosso foco conceitual de objetos para relações. Somente então poderemos compreender que a identidade, a individualidade e a autonomia não implicam separatividade e independência. Como nos lembra Lynn Margulis: "Independência é um termo político, e não científico."[19]

O poder do pensamento abstrato nos tem levado a tratar o meio ambiente natural — a teia da vida — como se ele consistisse em partes separadas, a serem exploradas comercialmente, em benefício próprio, por diferentes grupos. Além disso, estendemos essa visão fragmentada à nossa sociedade humana, dividindo-a em outra tantas nações, raças, grupos religiosos e políticos. A crença segundo a qual todos esses fragmentos — em nós mesmos, no nosso meio ambiente e na nossa sociedade — são realmente separados alienou-nos da natureza e de nossos companheiros humanos, e, dessa maneira, nos diminuiu. Para recuperar nossa plena humanidade, temos de recuperar nossa experiência de conexidade com toda a teia da vida. Essa reconexão, ou religação, *religio* em latim, é a própria essência do alicerçamento espiritual da ecologia profunda.

Epílogo: Alfabetização Ecológica

Reconectar-se com a teia da vida significa construir, nutrir e educar comunidades sustentáveis, nas quais podemos satisfazer nossas aspirações e nossas necessidades sem diminuir as chances das gerações futuras. Para realizar essa tarefa, podemos aprender valiosas lições extraídas do estudo de ecossistemas, que *são* comunidades sustentáveis de plantas, de animais e de microorganismos. Para compreender essas lições, precisamos aprender os princípios básicos da ecologia. Precisamos nos tornar, por assim dizer, ecologicamente alfabetizados.[1] Ser ecologicamente alfabetizado, ou "eco-alfabetizado", significa entender os princípios de organização das comunidades ecológicas (ecossistemas) e usar esses princípios para criar comunidades humanas sustentáveis. Precisamos revitalizar nossas comunidades — inclusive nossas comunidades educativas, comerciais e políticas — de modo que os princípios da ecologia se manifestem nelas como princípios de educação, de administração e de política.[2]

A teoria dos sistemas vivos discutida neste livro fornece um arcabouço conceitual para o elo entre comunidades ecológicas e comunidades humanas. Ambas são sistemas vivos que exibem os mesmos princípios básicos de organização. Trata-se de redes que são organizacionalmente fechadas, mas abertas aos fluxos de energia e de recursos; suas estruturas são determinadas por suas histórias de mudanças estruturais; são inteligentes devido às dimensões cognitivas inerentes aos processos da vida.

Naturalmente, há muitas diferenças entre ecossistemas e comunidades humanas. Nos ecossistemas não existe autopercepção, nem linguagem, nem consciência e nem cultura; portanto, neles não há justiça nem democracia; mas também não há cobiça nem desonestidade. Não podemos aprender algo sobre valores e fraquezas humanas a partir de ecossistemas. Mas o que *podemos* aprender, e devemos aprender com eles é como viver de maneira sustentável. Durante mais de três bilhões de anos de evolução, os ecossistemas do planeta têm se organizado de maneiras sutis e complexas, a fim de maximizar a sustentabilidade. Essa sabedoria da natureza é a essência da eco-alfabetização.

Baseando-nos no entendimento dos ecossistemas como redes autopoiéticas e como estruturas dissipativas, podemos formular um conjunto de princípios de organização que podem ser identificados como os princípios básicos da ecologia e utilizá-los como diretrizes para construir comunidades humanas sustentáveis.

O primeiro desses princípios é a interdependência. Todos os membros de uma comunidade ecológica estão interligados numa vasta e intrincada rede de relações, a teia da vida. Eles derivam suas propriedades essenciais, e, na verdade, sua própria existência, de suas relações com outras coisas. A interdependência — a dependência mútua de todos os processos vitais dos organismos — é a natureza de todas as relações ecológicas. O comportamento de cada membro vivo do ecossistema depende do comportamento de muitos outros. O sucesso da comunidade toda depende do sucesso de cada um de seus membros, enquanto que o sucesso de cada membro depende do sucesso da comunidade como um todo.

Entender a interdependência ecológica significa entender relações. Isso determina as mudanças de percepção que são características do pensamento sistêmico — das partes para o todo, de objetos para relações, de conteúdo para padrão. Uma comunidade humana sustentável está ciente das múltiplas relações entre seus membros. Nutrir a comunidade significa nutrir essas relações.

O fato de que o padrão básico da vida é um padrão de rede significa que as relações entre os membros de uma comunidade ecológica são não-lineares, envolvendo múltiplos laços de realimentação. Cadeias lineares de causa e efeito existem muito raramente nos ecossistemas. Desse modo, uma perturbação não estará limitada a um único efeito, mas tem probabilidade de se espalhar em padrões cada vez mais amplos. Ela pode até mesmo ser amplificada por laços de realimentação interdependentes, capazes de obscurecer a fonte original da perturbação.

A natureza cíclica dos processos ecológicos é um importante princípio da ecologia. Os laços de realimentação dos ecossistemas são as vias ao longo das quais os nutrientes são continuamente reciclados. Sendo sistemas abertos, todos os organismos de um ecossistema produzem resíduos, mas o que é resíduo para uma espécie é alimento para outra, de modo que o ecossistema como um todo permanece livre de resíduos. As comunidades de organismos têm evoluído dessa maneira ao longo de bilhões de anos, usando e reciclando continuamente as mesmas moléculas de minerais, de água e de ar.

Aqui, a lição para as comunidades humanas é óbvia. Um dos principais desacordos entre a economia e a ecologia deriva do fato de que a natureza é cíclica, enquanto que nossos sistemas industriais são lineares. Nossas atividades comerciais extraem recursos, transformam-nos em produtos e em resíduos, e vendem os produtos a consumidores, que descartam ainda mais resíduos depois de ter consumido os produtos. Os padrões sustentáveis de produção e de consumo precisam ser cíclicos, imitando os processos cíclicos da natureza. Para conseguir esses padrões cíclicos, precisamos replanejar num nível fundamental nossas atividades comerciais e nossa economia.[3]

Os ecossistemas diferem dos organismos individuais pelo fato de que são, em grande medida (mas não completamente), sistemas fechados com relação ao fluxo de matéria, embora sejam abertos com relação ao fluxo de energia. A fonte básica desse fluxo de energia é o Sol. A energia solar, transformada em energia química pela fotossíntese das plantas verdes, aciona a maioria dos ciclos ecológicos.

As implicações para a manutenção de comunidades humanas sustentáveis são, mais uma vez, óbvias. A energia solar, em suas muitas formas — a luz do Sol para o aquecimento solar e para a obtenção de eletricidade fotovoltaica, o vento e a energia hidráulica, a biomassa, e assim por diante — é o único tipo de energia que é renovável, economicamente eficiente e ambientalmente benigna. Negligenciando esse fato ecológico, nossos líderes políticos e empresariais repetidas vezes ameaçam a saúde e o bem-estar de milhões de pessoas em todo o mundo. Por exemplo, a guerra de 1991 no Golfo Pérsico, que matou centenas de milhares de pessoas, empobreceu milhões e causou desastres ambientais sem precedentes, teve suas raízes, em grande medida, nas maldirecionadas ações políticas sobre questões de energia efetuadas pelas administrações Reagan e Bush.

A descrição da energia solar como economicamente eficiente presume que os custos da produção de energia sejam computados com honestidade. Não é esse o caso na maioria das economias de mercado da atualidade. O chamado mercado livre não fornece aos consumidores informações adequadas, pois os custos sociais e ambientais de produção não participam dos atuais modelos econômicos.[4] Esses custos são rotulados de variáveis "externas" pelos economistas do governo e das corporações, pois não se encaixam nos seus arcabouços teóricos.

Os economistas corporativos tratam como bens gratuitos não somente o ar, a água e o solo mas também a delicada teia das relações sociais, que é seriamente afetada pela expansão econômica contínua. Os lucros privados estão sendo obtidos com os custos públicos em detrimento do meio ambiente e da qualidade geral da vida, e às expensas das gerações futuras. O mercado, simplesmente, nos dá a informação errada. Há uma falta de realimentação, e a alfabetização ecológica básica nos ensina que esse sistema não é sustentável.

Uma das maneiras mais eficientes para se mudar essa situação seria uma reforma ecológica dos impostos. Essa reforma seria estritamente neutra do ponto de vista da renda, deslocando o fardo das taxas dos impostos de renda para os "eco-impostos". Isso significa que seriam acrescentados impostos aos produtos, às formas de energia, aos serviços e aos materiais existentes, de maneira que os preços refletissem melhor os custos reais.[5] Para ser bem-sucedida, uma reforma ecológica dos impostos precisaria ser um processo lento e a longo prazo para proporcionar às novas tecnologias e aos novos padrões de consumo tempo suficiente para se adaptar, e os eco-impostos precisam ser aplicados com previsibilidade para encorajar inovações industriais.

Essa reforma ecológica dos impostos, lenta e a longo prazo, empurraria gradualmente para fora do mercado tecnologias e padrões de consumo nocivas e geradoras de desperdício. À medida que os preços da energia aumentarem, com correspondentes reduções no imposto de renda para compensar o aumento, as pessoas, cada vez mais, trocarão carros por bicicletas, e recorrerão ao transporte público e às "lotações" na sua rotina diária para os locais de trabalho. À medida que os impostos sobre os produtos petroquímicos e sobre o combustível aumentarem, mais uma vez com reduções contrabalanceadoras nos impostos de renda, a agricultura orgânica se tornará não só um meio de produção de alimentos mais saudável como também mais barato.

Na atualidade, os eco-impostos estão sendo seriamente discutidos em vários países da Europa, e é provável que, mais cedo ou mais tarde, venham a ser adotados em todos os países. Para manter a competitividade nesse novo sistema, administradores e empresários precisarão tornar-se ecologicamente alfabetizados. Em particular, será essencial um conhecimento detalhado do fluxo de energia e de matéria que atravessa uma empresa, e é por isso que a prática recém-desenvolvida da "ecofiscalização" será de suprema importância.[6] A um ecofiscal interessam as conseqüências ambientais dos fluxos de materiais, de energia e de pessoas através de uma empresa e, portanto, os custos reais da produção.

A parceria é uma característica essencial das comunidades sustentáveis. Num ecossistema, os intercâmbios cíclicos de energia e de recursos são sustentados por uma cooperação generalizada. Na verdade, vimos que, desde a criação das primeiras células nucleadas há mais de dois bilhões de anos, a vida na Terra tem prosseguido por intermédio de arranjos cada vez mais intrincados de cooperação e de coevolução. A parceria — a tendência para formar associações, para estabelecer ligações, para viver dentro de outro organismo e para cooperar — é um dos "certificados de qualidade" da vida.

Nas comunidades humanas, parceria significa democracia e poder pessoal, pois cada membro da comunidade desempenha um papel importante. Combinando o princípio da parceria com a dinâmica da mudança e do desenvolvimento, também podemos utilizar o termo "coevolução" de maneira metafórica nas comunidades humanas. À medida que uma parceria se processa, cada parceiro passa a entender melhor as necessidades dos outros. Numa parceria verdadeira, confiante, ambos os parceiros aprendem e mudam — eles coevoluem. Aqui, mais uma vez, notamos a tensão básica entre o desafio da sustentabilidade ecológica e a maneira pela qual nossas sociedades atuais são estruturadas, a tensão entre economia e a ecologia. A economia enfatiza a competição, a expansão e a dominação; ecologia enfatiza a cooperação, a conservação e a parceria.

Os princípios da ecologia mencionados até agora — a interdependência, o fluxo cíclico de recursos, a cooperação e a parceria — são, todos eles, diferentes aspectos do mesmo padrão de organização. É desse modo que os ecossistemas se organizam para maximizar a sustentabilidade. Uma vez que entendemos esse padrão, podemos fazer perguntas mais detalhadas. Por exemplo, qual é a elasticidade dessas comunidades ecológicas? Como reagem a perturbações externas? Essas questões nos levam a mais dois princípios da ecologia — flexibilidade e diversidade — que permitem que os ecossistemas sobrevivam a perturbações e se adaptem a condições mutáveis.

A flexibilidade de um ecossistema é uma conseqüência de seus múltiplos laços de realimentação, que tendem a levar o sistema de volta ao equilíbrio sempre que houver um desvio com relação à norma, devido a condições ambientais mutáveis. Por exemplo, se um verão inusitadamente quente resultar num aumento de crescimento de algas num lago, algumas espécies de peixes que se alimentam dessas algas podem prosperar e se proliferar mais, de modo que seu número aumente e eles comecem a exaurir a população das algas. Quando sua principal fonte de alimentos for reduzida, os peixes começarão a desaparecer. Com a queda da população dos peixes, as algas se recuperarão e voltarão a se expandir. Desse modo, a perturbação original gera uma flutuação em torno de um laço de realimentação, o qual, finalmente, levará o sistema peixes/algas de volta ao equilíbrio.

Perturbações desse tipo acontecem durante o tempo todo, pois coisas no meio ambiente mudam durante o tempo todo, e, desse modo, o efeito resultante é a transformação contínua. Todas as variáveis que podemos observar num ecossistema — densidade populacional, disponibilidade de nutrientes, padrões meteorológicos, e assim por diante — sempre flutuam. É dessa maneira que os ecossistemas se mantêm num estado flexível, pronto para se adaptar a condições mutáveis. A teia da vida é uma rede flexível e sempre flutuante. Quanto mais variáveis forem mantidas flutuando, mais dinâmico será o sistema, maior será a sua flexibilidade e maior será sua capacidade para se adaptar a condições mutáveis.

Todas as flutuações ecológicas ocorrem entre limites de tolerância. Há sempre o perigo de que todo o sistema entre em colapso quando uma flutuação ultrapassar esses limites e o sistema não consiga mais compensá-la. O mesmo é verdadeiro para as comunidades humanas. A falta de flexibilidade se manifesta como tensão. Em particular, haverá tensão quando uma ou mais variáveis do sistema forem empurradas até seus valores extremos, o que induzirá uma rigidez intensificada em todo o sistema. A tensão temporária é um aspecto essencial da vida, mas a tensão prolongada é nociva e destrutiva para o sistema. Essas considerações levam à importante compreensão de que administrar um sistema social — uma empresa, uma cidade ou uma economia — significa encontrar os valores *ideais* para as variáveis do sistema. Se tentarmos maximizar qualquer variável isolada em vez de otimizá-la, isso levará, invariavelmente, à destruição do sistema como um todo.

O princípio da flexibilidade também sugere uma estratégia correspondente para a resolução de conflitos. Em toda comunidade haverá, invariavelmente, contradições e conflitos, que não podem ser resolvidos em favor de um ou do outro lado. Por exemplo, a comunidade precisará de estabilidade *e* de mudança, de ordem *e* de liberdade, de tradição *e* de inovação. Esses conflitos inevitáveis são muito mais bem-resolvidos estabelecendo-se um equilíbrio dinâmico, em vez de sê-lo por meio de decisões rígidas. A alfabetização ecológica inclui o conhecimento de que ambos os lados de um conflito podem ser importantes, dependendo do contexto, e que as contradições no âmbito de uma comunidade são sinais de sua diversidade e de sua vitalidade e, desse modo, contribuem para a viabilidade do sistema.

Nos ecossistemas, o papel da diversidade está estreitamente ligado com a estrutura de rede do sistema. Um ecossistema diversificado também será flexível, pois contém muitas espécies com funções ecológicas sobrepostas que podem, parcialmente, substituir umas às outras. Quando uma determinada espécie é destruída por uma perturbação séria, de modo que um elo da rede seja quebrado, uma comunidade diversificada será capaz de sobreviver e de se reorganizar, pois outros elos da rede podem, pelo menos parcialmente, preencher a função da espécie destruída. Em outras palavras, quanto mais complexa for a rede, quanto mais complexo for o seu padrão de interconexões, mais elástica ela será.

Nos ecossistemas, a complexidade da rede é uma conseqüência da sua biodiversidade e, desse modo, uma comunidade ecológica diversificada é uma comunidade elástica. Nas comunidades humanas, a diversidade étnica e cultural pode desempenhar o mesmo papel. Diversidade significa muitas relações diferentes, muitas abordagens diferentes do mesmo problema. Uma comunidade diversificada é uma comunidade elástica, capaz de se adaptar a situações mutáveis.

No entanto, a diversidade só será uma vantagem estratégica se houver uma comunidade realmente vibrante, sustentada por uma teia de relações. Se a comunidade estiver fragmentada em grupos e em indivíduos isolados, a diversidade poderá, facilmente, tornar-se uma fonte de preconceitos e de atrito. Porém, se a comunidade estiver ciente da interdependência de todos os seus membros, a diversidade enriquecerá todas as relações e, desse modo, enriquecerá a comunidade como um todo, bem como cada um dos seus membros. Nessa comunidade, as informações e as idéias fluem livremente por toda a rede, e a diversidade de interpretações e de estilos de aprendizagem — até mesmo a diversidade de erros — enriquecerá toda a comunidade.

São estes, então, alguns dos princípios básicos da ecologia — interdependência, reciclagem, parceria, flexibilidade, diversidade e, como conseqüência de todos estes, sustentabilidade. À medida que o nosso século se aproxima do seu término, e que nos aproximamos de um novo milênio, a sobrevivência da humanidade dependerá de nossa alfabetização ecológica, da nossa capacidade para entender esses princípios da ecologia e viver em conformidade com eles.

Apêndice: Bateson Revisitado

Neste apêndice, examinarei os seis critérios de Bateson de processo mental, comparando-os com a teoria da cognição de Santiago.[1]

1. *Uma mente é um agregado de partes ou de componentes em interação.*

Esse critério está implícito na concepção de uma rede autopoiética, que é uma rede de componentes em interação.

2. *A interação entre partes da mente é desencadeada pela diferença.*

De acordo com a teoria de Santiago, um organismo vivo cria um mundo ao fazer distinções. A cognição resulta de um padrão de distinções, e distinções são percepções de diferenças. Por exemplo, uma bactéria, como foi mencionado no Capítulo 11, percebe diferenças na concentração química e na temperatura.

Desse modo, tanto Maturana como Bateson enfatizam a diferença, mas para Maturana as características particulares de uma diferença são parte do mundo que é criado no processo da cognição, ao passo que Bateson, como Dell assinala, trata as diferenças como características objetivas do mundo. Isto é evidente na maneira como Bateson introduz sua noção de diferença em *Mind and Nature*:

> Toda receita de informação é, necessariamente, a receita de notícias de *diferença*, e toda percepção de diferença é limitada por um limiar. Diferenças muito pequenas ou que se apresentam muito lentamente não são perceptíveis.[2]

Desse modo, na visão de Bateson, as diferenças são características objetivas do mundo, mas nem todas as diferenças são perceptíveis. Ele dá a essas diferenças que não são percebidas o nome de "diferenças potenciais", e chama as que o são de "diferenças efetivas". As diferenças efetivas, explica Bateson, tornam-se itens de informação, e ele oferece esta definição: "A informação consiste em diferenças que fazem uma diferença."[3]

Com essa definição de informação como diferenças efetivas, Bateson se aproxima muito da noção de Maturana de que perturbações provenientes do meio ambiente desencadeiam mudanças estruturais nos organismos vivos. Bateson também enfatiza o fato de que cada organismo percebe um tipo de diferença e que não existe informação objetiva ou conhecimento objetivo. No entanto, ele sustenta a visão de que a objetividade existe "lá fora" no mundo físico, mesmo que não possamos conhecê-la. A idéia de diferenças como características objetivas do mundo torna-se mais explícita nos dois últimos critérios de processo mental de Bateson.

3. *O processo mental requer energia colateral.*

Com esse critério, Bateson enfatiza a diferença entre as maneiras pela quais sistemas vivos e não-vivos interagem com seu meio ambiente. Como Maturana, ele distingue claramente entre a reação de um objeto material e a resposta de um organismo vivo. Mas enquanto Maturana descreve a autonomia da resposta do organismo em termos de acoplamento estrutural e de padrões não-lineares de organização, Bateson a caracteriza em termos de energia. "Quando chuto uma pedra", afirma ele, "forneço energia à pedra, e ela se move com essa energia. ... Quando chuto um cão, ele responde com a energia [que recebe] do [seu] metabolismo." [4]

No entanto, Bateson estava bastante ciente de que padrões não-lineares de organização constituem uma das principais características dos sistemas vivos, como seu critério seguinte o demonstra.

4. *O processo mental requer cadeias circulares (ou mais complexas) de determinação.*

A caracterização dos sistemas vivos em termos de padrões não-lineares de causalidade foi a chave que levou Maturana à concepção de autopoiese, e a causalidade não-linear é também um ingrediente-chave na teoria das estruturas dissipativas de Prigogine.

Desse modo, os quatro primeiros critérios de Bateson para processo mental estão, todos eles, implícitos na teoria da cognição de Santiago. No entanto, em seus dois últimos critérios, a diferença crucial entre as visões de cognição de Bateson e de Maturana torna-se evidente.

5. *No processo mental, os efeitos da diferença devem ser considerados como* transforms *(isto é, versões codificadas) de eventos que os precederam.*

Aqui, Bateson presume explicitamente a existência de um mundo independente, consistindo em características objetivas tais como objetos, eventos e diferenças. Como essa realidade exterior existe independentemente, ela é "transformada" ou "codificada" numa realidade interior. Em outras palavras, Bateson adere à idéia de que a cognição envolve representações mentais de um mundo objetivo.

O último critério de Bateson elabora ainda mais a posição "representacionista".

6. *A descrição e a classificação desses processos de transformação revela uma hierarquia de tipos lógicos imanentes nos fenômenos.*

Para explicar esse critério, Bateson usa o exemplo de dois organismos que se comunicam um com o outro. Seguindo o modelo computacional de cognição, ele descreve a comunicação em termos de mensagens — isto é, de sinais físicos objetivos, tais como sons — que são enviadas de um organismo para o outro, e em seguida são codificadas (isto é, transformadas em representações mentais).

Nessas comunicações, argumenta Bateson, as informações trocadas consistirão não apenas de mensagens, mas também de mensagens sobre a codificação, o que constitui uma classe de informação diferente. Trata-se de mensagens a respeito de mensagens, ou "metamensagens", que Bateson caracteriza como sendo de um diferente "tipo lógico", tomando emprestado esse termo dos filósofos Bertrand Russell e Alfred North Whitehead. Desse modo, essa proposição leva Bateson, de maneira natural, a postular "mensagens a respeito de metamensagens", e assim por diante — em outras palavras, uma "hierarquia de tipos lógicos". A existência dessa hierarquia de tipos lógicos é o último critério de Bateson a respeito de processo mental.

A teoria de Santiago também fornece uma descrição de comunicação entre organismos vivos. Na visão de Maturana, a comunicação não envolve nenhuma troca de mensagens ou de informação, mas inclui "comunicação a respeito de comunicação" e, desse modo, aquilo que Bateson denomina hierarquia de tipos lógicos. No entanto, de acordo com Maturana, essa hierarquia emerge com a linguagem e com a autopercepção humanas, e não é uma característica do fenômeno geral da cognição.[5] Com a linguagem humana, surge o pensamento abstrato, conceitos, símbolos, representações mentais, autopercepção e todas as outras qualidades da consciência. Na visão de Maturana, os códigos de Bateson, os *transforms* e os tipos lógicos — seus dois últimos critérios, são característicos, não da cognição em geral, mas da consciência humana.

Durante os últimos anos de sua vida, Bateson esforçou-se para descobrir critérios adicionais que se aplicariam à consciência. Embora suspeitasse de que "o fenômeno está, de alguma maneira, relacionado com o assunto dos tipos lógicos" [6], ele não conseguiu reconhecer seus dois últimos critérios como critérios de consciência, em vez de critérios de processos mentais. Creio que esse erro pode ter impedido Bateson de obter introvisões ulteriores a respeito da natureza da mente humana.

Notas

Prefácio

1. Citado in Judson (1979), pp. 209, 220.

Capítulo 1

1. Uma das melhores fontes é *State of the World*, uma série de relatórios anuais editados pelo Worldwatch Institute, em Washington, D.C. [Esses relatórios estão sendo traduzidos pela Editora Globo sob o título de *Salve o Planeta!*] Outras avaliações excelentes podem ser encontradas em Hawken (1993) e em Gore (1992).
2. Brown (1981).
3. Veja Capra (1975).
4. Kuhn (1962).
5. Veja Capra (1982).
6. Capra (1986).
7. Veja Devall e Sessions (1985).
8. Veja Capra e Steindl-Rast (1991).
9. Arne Naess, citado in Devall e Sessions (1985), p. 74.
10. Veja Merchant (1994), Fox (1989).
11. Veja Bookchin (1981).
12. Eisler (1987).
13. Veja Merchant (1980).
14. Veja Spretnak (1978, 1993).
15. Veja Capra (1982), p. 43.
16. Veja p. 44 mais adiante.
17. Arne Naess, citado in Fox (1990), p. 217.
18. Veja Fox (1990), pp. 246-47.
19. Macy (1991).
20. Fox (1990).
21. Roszak (1992).
22. Citado in Capra (1982), p. 55.

Capítulo 2

1. Veja pp. 114-15 mais adiante.
2. Bateson (1972), p. 449.
3. Veja Windelband (1901), pp. 139ss.
4. Veja Capra (1982), pp. 53ss.
5. R. D. Laing, citado in Capra (1988), p. 133.
6. Veja Capra (1982), pp. 107-8.
7. Blake (1802).

8. Veja Capra (1983), p. 6.
9. Veja Haraway (1976), pp. 40-42.
10. Veja Windelband (1901), p. 565.
11. Veja Webster e Goodwin (1982).
12. Kant (1790, edição de 1987), p. 253.
13. Veja a p. 78 mais adiante.
14. Veja Spretnak (1981), pp. 30ss.
15. Veja Gimbutas (1982).
16. Veja pp. 79ss mais adiante.
17. Veja Sachs (1995).
18. Veja Webster e Goodwin (1982).
19. Veja Capra (1982), pp. 108ss.
20. Veja Haraway (1976), pp. 22ss.
21. Koestler (1967).
22. Veja Driesch (1908), pp. 76ss.
23. Sheldrake (1981).
24. Veja Haraway (1976), pp. 33ss.
25. Veja Lilienfeld (1978), p. 14.
26. Sou grato a Heinz von Foerster por essa observação.
27. Veja Haraway (1976), pp. 131, 194.
28. Citado ibid., p. 139.
29. Veja Checkland (1981), p. 78.
30. Veja Haraway (1976), pp. 147ss.
31. Citado in Capra (1975), p. 264.
32. Citado ibid., p. 139.
33. Infelizmente, os editores inglês e norte-americano de Heisenberg não entenderam a importância desse título, e reintitularam o livro como *Physics and Beyond* (Física e Além); veja Heisenberg (1971).
34. Veja Lilienfeld (1978), pp. 227ss.
35. Christian von Ehrenfels, "Über 'Gestaltqualitäten'", 1890; reimpresso in Weinhandl (1960).
36. Veja Capra (1982), p. 427.
37. Veja Heims (1991), p. 209.
38. Ernst Haeckel, citado in Maren-Grisebach (1982), p. 30.
39. Uexküll (1909).
40. Veja Ricklefs (1990), pp. 174ss.
41. Veja Lincoln et al. (1982).
42. Vernadsky (1926); veja também Margulis e Sagan (1995), pp. 44ss.
43. Veja pp. 90ss mais adiante.
44. Veja Thomas (1975), pp. 26ss., 102ss.
45. Ibid.
46. Veja Burns et al. (1991).
47. Patten (1991).

Capítulo 3

1. Devo esse *insight* ao meu irmão, Bernt Capra, que teve treinamento de arquiteto.
2. Citado in Capra (1988), p. 66.
3. Citado ibid.
4. Citado ibid.

5. Veja ibid., pp. 50ss.
6. Citado in Capra (1975), p. 126.
7. Citado in Capra (1982), p. 101.
8. Odum (1953).
9. Whitehead (1929).
10. Cannon (1932).
11. Sou grato a Vladimir Maikov e aos seus colegas da Academia Russa de Ciências por introduzir-me à obra de Bogdanov.
12. Citado in Gorelik (1975).
13. Para um resumo detalhado da tectologia, veja Gorelik (1975).
14. Veja pp. 56ss mais adiante.
15. Veja p. 133 mais adiante.
16. Veja pp. 80ss mais adiante.
17. Veja p. 115ss mais adiante.
18. Veja pp. 59ss mais adiante.
19. Veja pp. 96ss mais adiante.
20. Veja Mattessich (1983-84).
21. Citado in Gorelik (1975).
22. Veja Bertalanffy (1940) para sua primeira discussão sobre sistemas abertos, publicada em alemão, e Bertalanffy (1950) para o seu primeiro ensaio sobre sistemas abertos, em inglês, reimpresso in Emery (1969).
23. Veja pp. 73ss mais adiante.
24. Veja Davidson (1983); veja também Lilienfeld (1978), pp. 16-26, para uma breve resenha da obra de Bertalanffy.
25. Bertalanffy (1968), p. 37.
26. Veja Capra (1982), pp. 72ss.
27. A "primeira lei da termodinâmica" é a lei da conservação da energia.
28. O termo representa uma combinação de "energia" e *tropos*, a palavra grega para transformação, ou evolução.
29. Bertalanffy (1968), p. 121.
30. Veja pp. 152ss mais adiante.
31. Veja pp. 80ss mais adiante.
32. Bertalanffy (1968), p. 84.
33. Ibid., pp. 80-81.

Capítulo 4

1. Wiener (1948). A frase aparece no subtítulo do livro.
2. Wiener (1950), p. 96.
3. Veja Heims (1991).
4. Veja Varela et al. (1991), p. 38.
5. Veja Heims (1991).
6. Veja Heims (1980).
7. Citado ibid., p. 208.
8. Veja Capra (1988), pp. 73ss.
9. Veja pp. 144ss mais adiante.
10. Veja Heims (1991), pp. 19ss.
11. Wiener (1950), p. 24.
12. Veja Richardson (1991), pp. 17ss.
13. Citado ibid., p. 94.

14. Cannon (1932).
15. Veja Richardson (1991), pp. 5-7.
16. Em linguagem ligeiramente mais técnica, os rótulos "+" e "–" são denominados "polaridades", e a regra diz que a polaridade de um laço de realimentação é o produto das polaridades dos seus elos causais.
17. Wiener (1948), p. 24.
18. Veja Richardson (1991), pp. 59ss.
19. Veja ibid., pp. 79ss.
20. Maruyama (1963).
21. Veja Richardson (1991), p. 204.
22. Veja p. 134 mais adiante.
23. Heinz von Foerster, comunicação pessoal, janeiro de 1994.
24. Ashby (1952), p. 9.
25. Wiener (1950), p. 32.
26. Ashby (1956), p. 4.
27. Veja Varela et al. (1992), pp. 39ss.
28. Citado in Weizenbaum (1976), p. 138.
29. Veja ibid., pp. 23ss.
30. Citado in Capra (1982), p. 47.
31. Veja p. 216 mais adiante.
32. Veja p. 222 mais adiante.
33. Weizenbaum (1976), pp. 8, 226.
34. Wiener (1948), p. 38.
35. Wiener (1950), p. 162.
36. Postman (1992), Mander (1991).
37. Postman (1992), p. 19.
38. Veja Sloan (1985), Kane (1993), Bowers (1993), Roszak (1994).
39. Roszak (1994), pp. 87ss.
40. Bowers (1993), pp. 17ss.
41. Veja Douglas D. Noble, "The Regime of Technology in Education", in Kane (1993).
42. Veja Varela et al. (1992), pp. 85ss.

Capítulo 5

1. Veja Checkland (1981), pp. 123ss.
2. Veja ibid., p. 129.
3. Veja Dickson (1971).
4. Citado in Checkland (1981), p. 137.
5. Veja ibid.
6. Veja Richardson (1992), pp. 149ss. e pp. 170ss.
7. Ulrich (1984).
8. Veja Königswieser e Lutz (1992).
9. Veja Capra (1982), pp. 116ss.
10. Lilienfeld (1978), pp. 191-92.
11. Veja pp. 106-07 mais adiante.
12. Veja pp. 33-34 mais acima.
13. Veja p. 46 mais acima.
14. Veja pp. 136ss mais adiante.
15. Veja Varela et al. (1992), p. 94.
16. Veja pp. 59ss mais acima.

17. McCulloch e Pitts (1943).

18. Veja, por exemplo, Ashby (1947).

19. Veja Yovits e Cameron (1959); Foerster e Zopf (1962); e Yovits, Jacobi e Goldstein (1962).

20. A definição matemática para a redundância é $R = 1\ H/H_{max}$, onde H é a entropia do sistema num dado instante e H_{max} é a entropia máxima possível para esse sistema.

21. Para uma revisão detalhada da história desses projetos de pesquisa, veja Paslack (1991).

22. Citado ibid., p. 97n.

23. Veja Prigogine e Stengers (1984), p. 142.

24. Veja Laszlo (1987), p. 29.

25. Veja Prigogine e Stengers (1984), pp. 146ss.

26. Ibid., p. 143.

27. Prigogine (1967).

28. Prigogine e Glansdorff (1971).

29. Citado in Paslack (1991), p. 105.

30. Veja Graham (1987).

31. Veja Paslack (1991), pp. 106-7.

32. Citado ibid., p. 108; veja também Haken (1987).

33. Reimpresso in Haken (1983).

34. Graham (1987).

35. Citado in Paslack (1991), p. 111.

36. Eigen (1971).

37. Veja Prigogine e Stengers (1984), pp. 133ss.; veja também Laszlo (1987), pp. 31ss.

38. Veja Laszlo (1987), pp. 34-35.

39. Citado in Paslack (1991), p. 112.

40. Humberto Maturana in Maturana e Varela (1980), p. xii.

41. Maturana (1970).

42. Citado in Paslack (1991), p. 156.

43. Maturana (1970).

44. Citado in Paslack (1991), p. 155.

45. Maturana (1970); veja pp. 136ss. mais adiante para mais detalhes e exemplos.

46. Veja pp. 209ss. mais adiante.

47. Humberto Maturana in Maturana e Varela (1980), p. xvii.

48. Maturana e Varela (1972).

49. Varela, Maturana e Uribe (1974).

50. Maturana e Varela (1980), p. 75.

51. Veja p. 33 e p. 66 mais acima.

52. Maturana e Varela (1980), p. 82.

53. Veja Capra (1985).

54. Geoffrey Chew, citado in Capra (1975), p. 296.

55. Veja mais adiante, pp. 133ss.

56. Veja pp. 36-37 e 43 mais acima.

57. Veja Kelley (1988).

58. Veja Lovelock (1979), pp. 1ss.

59. Lovelock (1991), pp. 21-22.

60. Ibid., p. 12.

61. Veja Lovelock (1979), p. 11.

62. Lovelock (1972).

63. Margulis (1989).

64. Veja Lovelock (1991), pp. 108-11; veja também Harding (1994).

65. Margulis (1989).
66. Veja Lovelock e Margulis (1974).
67. Lovelock (1991), p. 11.
68. Veja pp. 38ss. mais acima.
69. Veja pp. 177, 185 mais adiante.
70. Veja Lovelock (1991), p. 62.
71. Veja ibid., pp. 62ss.; veja também Harding (1994).
72. Harding (1994).
73. Veja Lovelock (1991), pp. 70-72.
74. Veja Schneider e Boston (1991).
75. Jantsch (1980).

Capítulo 6

1. Citado in Capra (1982), p. 55.
2. Citado in Capra (1982), p. 63.
3. Stewart (1989), p. 38.
4. Citado ibid., p. 51.
5. De modo mais preciso, a pressão é a força dividida pela área sobre a qual atua essa força, que é exercida pelo gás.

6. Talvez devamos assinalar aqui um aspecto técnico. Os matemáticos distinguem entre variáveis dependentes e independentes. Na função y = f(x), *y* é a variável dependente e *x* é a variável independente. Equações diferenciais são chamadas de "lineares" quando todas as variáveis *dependentes* aparecem na primeira potência, embora as variáveis independentes possam aparecer em potências mais altas, e "não-lineares" quando as variáveis *dependentes* aparecem em potências mais altas. Veja também pp. 101-02 mais acima.

7. Veja Stewart (1989), p. 83.
8. Veja Briggs e Peat (1989), pp. 52ss.
9. Veja Stewart (1989), pp. 155ss.
10. Veja Stewart (1989), pp. 95-96.
11. Veja p. 105 mais acima.
12. Citado in Stuart (1989), p. 71.
13. Ibid., p. 72. Veja pp. 111ss. mais adiante para uma discussão detalhada sobre atratores estranhos.
14. Veja Capra (1982), pp. 75ss.
15. Veja Prigogine e Stengers (1984), p. 247.
16. Veja Mosekilde et al. (1988).
17. Veja Gleick (1987), pp. 11ss.
18. Citado in Gleick (1987), p. 18.
19. Veja Stewart (1989), pp. 106ss.
20. Veja pp. 80ss. mais acima.
21. Veja Briggs e Peat (1989), pp. 84ss.
22. Abraham e Shaw (1982-88).
23. Mandelbrot (1983).
24. Veja Peitgen et al. (1990). Essa fita de vídeo, que contém uma estonteante animação por computador e cativantes entrevistas com Benoît Mandelbrot e Edward Lorenz, é uma das melhores introduções à geometria fractal.
25. Veja ibid.
26. Ibid.
27. Veja Mandelbrot (1983), pp. 34ss.

28. Veja Dantzig (1954), pp. 181ss.
29. Citado in Dantzig (1954), p. 204.
30. Citado ibid., p. 189.
31. Citado ibid., p. 190.
32. Veja Gleick (1987), pp. 221ss.
33. Para números reais, é fácil ver que qualquer número maior que 1 continuará aumentando quando for repetidamente elevado ao quadrado, embora qualquer número menor que 1 continue diminuindo. Acrescentar uma constante em cada passo da iteração antes de elevar novamente ao quadrado adicionará mais variedade, e para números complexos a situação toda se torna ainda mais complicada.
34. Citado in Gleick (1987), pp. 221-22.
35. Veja Peitgen et al. (1990).
36. Veja Peitgen et al. (1990).
37. Veja Peitgen e Richter (1986).
38. Veja Grof (1976).
39. Citado in Peitgen et al. (1990).
40. Citado in Gleick (1987), p. 52.

Capítulo 7

1. Maturana e Varela (1987), p. 47. Em vez de "padrão de organização", os autores simplesmente utilizam o termo "organização".
2. Veja pp. 33-34 mais acima.
3. Veja pp. 87ss mais acima.
4. Veja pp. 80ss. mais acima.
5. Veja acima, pp. 80-82.
6. Veja acima, pp. 77-78.
7. Maturana e Varela (1980), p. 49.
8. Veja Capra (1982), p. 119.
9. Veja p. 193 mais adiante.
10. Para fazer isso, as enzimas usam o outro cordão de ADN, complementar, como um molde para a secção a ser reposta. A dupla hélice de ADN é, pois, essencial para esses processos de reparo.
11. Sou grato a William Holloway pela assistência na pesquisa sobre fenômenos de vórtices.
12. Tecnicamente falando, esse efeito é uma conseqüência da conservação do momento angular.
13. Veja pp. 117-18 mais acima.
14. Veja pp. 156-57 mais adiante.
15. Veja pp. 58-9 mais acima.
16. As primeiras discussões publicadas de Bateson sobre esses critérios, inicialmente denominados "características mentais", podem ser encontradas em dois ensaios, "The Cybernetics of 'Self': A Theory of Alcoholism" (A Cibernética do 'Eu': Uma Teoria do Alcoolismo) e "Pathologies of Epistemology" (Patologias da Epistemologia), ambos reimpressos in Bateson (1972). Para uma discussão mais abrangente, veja Bateson (1979), pp. 89ss. Veja Apêndice, pp. 236ss. mais adiante, para uma discussão detalhada sobre os critérios de processo mental de Bateson.
17. Veja Bateson (1972), p. 478.
18. Veja p. 87 mais acima.
19. Bateson (1979), p. 8.
20. Citado in Capra (1988), p. 88.
21. Veja pp. 86-7 mais acima.

22. Veja pp. 209ss. mais adiante.
23. Revonsuo e Kamppinen (1994), p. 5.
24. Veja pp. 221ss. mais adiante.

Capítulo 8

1. Veja p. 54 mais acima.
2. Odum (1953).
3. Prigogine e Stengers (1984), p. 156.
4. Veja pp. 80ss. mais acima.
5. Prigogine e Stengers (1984), pp. 22-23.
6. Ibid., pp. 143-44.
7. Veja pp. 99ss. mais acima.
8. Prigogine e Stengers (1984), p. 140.
9. Veja p. 109 mais acima.
10. Prigogine (1989).
11. Citado in Capra (1975), p. 45.
12. Utilizei o termo geral "laços catalíticos" para me referir a muitas relações não-lineares complexas entre catalisadores, inclusive a autocatálise, a catálise cruzada e a auto-inibição. Para mais detalhes, veja Prigogine e Stengers (1984), p. 153.
13. Prigogine e Stengers (1984), p. 292.
14. Veja pp. 29 mais acima.
15. Veja p. 53 mais acima.
16. Prigogine e Stengers (1984), pp. 129.
17. Veja pp. 106-7 mais acima.
18. Veja Prigogine e Stengers (1984), pp. 123-24.
19. Se N é o número total de partículas, e se N_1 partículas estão em um dos lados e N_2 no outro, o número de possibilidades diferentes é dado por $P = N! / N_1! N_2!$, onde N! é uma notação abreviada para 1 x 2 x 3 ... x N.
20. Prigogine (1989).
21. Veja Briggs e Peat (1989), pp. 45ss.
22. Veja Prigogine e Stengers (1984), pp. 144ss.
23. Veja Prigogine (1980), pp. 104ss.
24. Goodwin (1994), pp. 89ss.
25. Veja p. 177 mais adiante.
26. Prigogine e Stengers (1984), p. 176.
27. Prigogine (1989).

Capítulo 9

1. Veja p. 82 mais acima.
2. Veja p. 88 mais acima.
3. Veja pp. 95ss mais acima.
4. Veja p. 78 mais acima.
5. Von Neumann (1966).
6. Veja Gardner (1971).
7. Em cada área três-por-três há uma célula central circundada por oito vizinhas. Se três células vizinhas são pretas, o centro se torna preto no passo seguinte ("nascimento"); se duas vizinhas são pretas, a célula central é deixada imutável ("sobrevivência"); em todos os outros casos, o centro torna-se branco ("morte").

8. Veja Gardner (1970).

9. Para um excelente relato sobre a história e aplicações dos autômatos celulares, veja Farmer, Toffoli e Wolfram (1984), especialmente o prefácio de Stephen Wolfram. Para uma coleção de artigos mais recentes e mais técnicos, veja Gutowitz (1991).

10. Varela, Maturana e Uribe (1974).

11. Esses movimentos e interações podem ser formalmente expressos como regras de transição matemáticas que se aplicam simultaneamente a todas as células.

12. Algumas das probabilidades matemáticas correspondentes servem como parâmetros variáveis do modelo.

13. A probabilidade de desintegração deve ser menor do que 0,01 por intervalo de tempo para que se obtenha, de qualquer modo, alguma estrutura viável, e a fronteira deve conter, pelo menos, dez elos; veja Varela, Maturana e Uribe (1974) para mais detalhes.

14. Veja Kauffman (1993), pp. 182ss.; veja também Kauffman (1991) para um curto resumo.

15. Veja pp. 110ss. mais acima. No entanto, observe que, como os valores das variáveis binárias variam descontinuamente, seu espaço de fase também é descontínuo.

16. Veja Kauffman (1993), p. 183.

17. Veja ibid., p. 191.

18. Ibid., pp. 441ss.

19. Veja pp. 66ss. mais acima.

20. Varela et al. (1992), p. 188.

21. Kauffman (1991).

22. Veja Kauffman (1993), p. 479.

23. Kauffman (1991).

24. Veja Luisi e Varela (1989), Bachmann et al. (1990), Walde et al. (1994).

25. Veja Fleischaker (1990).

26. Veja Fleischaker (1992) para um debate recente sobre muitas das questões discutidas nas páginas seguintes; veja também Mingers (1995).

27. Maturana e Varela (1987), p. 89.

28. Veja pp. 224ss. mais adiante.

29. Maturana e Varela (1987), p. 199.

30. Veja Fleischaker (1992); Mingers (1995), pp. 119ss.

31. Mingers (1995), p. 127.

32. Veja Fleischaker (1992); pp. 131-41; Mingers (1995), pp. 125-26.

33. Maturana (1988); veja também pp. 226-27 mais adiante.

34. Varela (1981).

35. Luhmann (1990).

36. Veja p. 93 mais acima.

37. Veja pp. 90ss. mais acima.

38. Lovelock (1991), pp. 31ss.

39. Veja p. 169 mais acima.

40. Veja p. 86 mais acima.

41. Veja Lovelock (1991), pp. 135-36.

42. Harding (1994).

43. Veja Margulis e Sagan (1986), p. 66.

44. Margulis (1993); Margulis e Sagan (1986).

45. Veja pp. 188ss. mais adiante.

46. Margulis e Sagan (1986), pp. 14, 21.

47. Ibid., p. 271.

48. Citado in Capra (1975), p. 183.

49. Veja pp. 179ss. mais adiante.

50. Veja Lovelock (1991), p. 127.
51. Veja Maturana e Varela (1987), pp. 75ss.
52. Ibid., p. 95.

Capítulo 10

1. Veja Capra (1982), pp. 116ss.
2. Citado ibid., p. 114.
3. Margulis (1995).
4. Veja pp. 183ss. mais adiante.
5. Veja pp. 166-7 mais acima.
6. Veja Gould (1994).
7. Kauffman (1993), pp. 173, 408 e 644.
8. Veja Jantsch (1980) e Laszlo (1987) para tentativas prévias de uma síntese de alguns desses elementos.
9. Lovelock (1991), p. 99.
10. Veja Margulis e Sagan (1986), pp. 15ss.
11. Veja Capra (1982), pp. 118-19.
12. Veja Margulis e Sagan (1986), p. 75.
13. Ibid., p. 16.
14. Ibid., p. 89.
15. Veja ibid.
16. Veja ibid.
17. Margulis (1995).
18. Veja pp. 138 mais acima.
19. Margulis e Sagan (1986), p. 17.
20. Ibid., p. 15.
21. Margulis e Sagan (1986); veja também Margulis e Sagan (1995) e Calder (1983).
22. Margulis e Sagan (1986), p. 51.
23. Veja pp. 86-87 mais acima; veja também Kauffman (1993), pp. 287ss.
24. Veja p. 169 mais acima.
25. Margulis e Sagan (1986), p. 64.
26. Veja p. 138 mais acima.
27. Margulis e Sagan (1986), p. 78.
28. Veja Lovelock (1991), pp. 80ss.
29. Veja Margulis (1993), pp. 160ss.
30. Veja pp. 139-40 mais acima.
31. Margulis e Sagan (1986), p. 93.
32. Ibid., p. 191.
33. Ibid., p. 103.
34. Ibid., p. 109.
35. Veja Lovelock (1991), pp. 113ss.
36. Veja pp. 136ss. mais acima.
37. Veja pp. 184ss. mais acima.
38. Margulis e Sagan (1986), p. 119.
39. Veja p. 139 mais acima.
40. Veja Margulis e Sagan (1986), p. 133.
41. Veja Thomas (1975), pp. 141ss.
42. Margulis e Sagan (1986), pp. 155ss.
43. Veja Margulis, Schwartz e Dolan (1994).

44. Margulis e Sagan (1986), p. 174.
45. Ibid., p. 73.
46. Veja Margulis e Sagan (1995), pp. 140ss.
47. Margulis e Sagan (1986), p. 214.
48. Veja ibid., pp. 208ss.
49. Ibid., p. 210.
50. Brower (1995), p. 18.
51. Veja *New York Times*, 8 de junho de 1995; Chauvet et al. (1995).
52. Margulis e Sagan (1986), pp. 223-24.

Capítulo 11

1. Veja pp. 145-46 mais acima.
2. Veja Windelband (1901), pp. 232-33.
3. Veja pp. 144ss. mais acima.
4. Veja Varela et al. (1991), pp. 4ss.
5. Veja pp. 66ss. mais acima.
6. Veja Varela et al. (1991), pp. 8, 41.
7. Ibid., pp. 93-94.
8. Veja Gluck e Rumelhart (1990).
9. Varela et al. (1991), p. 94.
10. Veja p. 88 mais acima.
11. Veja ibid.
12. Veja pp. 176-77 mais acima.
13. Maturana e Varela (1987), p. 174.
14. Veja Margulis e Sagan (1995), p. 179.
15. Varela et al. (1991), p. 200.
16. Ibid., p. 177.
17. Veja pp. 224ss. mais adiante.
18. Veja p. 222 mais adiante.
19. Veja p. 226-27 mais adiante.
20. Varela et al. (1991), p. 135.
21. Veja p. 226-27 mais adiante.
22. Varela et al. (1991), p. 140.
23. Ibid., p. 101.
24. Veja p. 144 mais acima.
25. Dell (1985).
26. Veja Apêndice, pp. 236ss. mais adiante.
27. Winograd e Flores (1991), p. 97.
28. Veja ibid., pp. 93ss.
29. Ibid., pp. 107ss.
30. Ibid., p. 113.
31. Ibid., pp. 133ss.
32. Ibid., p. 132.
33. Dreyfus e Dreyfus (1986), p. 108.
34. Veja Varela e Coutinho (1991a).
35. Veja Varela e Coutinho (1991b).
36. Varela e Coutinho (1991a).
37. Ibid.
38. Veja Varela e Coutinho (1991b).

39. Francisco Varela, comunicação pessoal, abril de 1991.
40. Pert et al. (1985), Pert (1993).
41. Pert (1989).
42. Veja Pert (1992), Pert (1995).
43. Pert (1989).

Capítulo 12

1. Maturana (1970), Maturana e Varela (1987), Maturana (1988).
2. Maturana e Varela (1987), pp. 193-94.
3. Humberto Maturana, comunicação pessoal, 1985.
4. Veja Maturana e Varela (1987), pp. 212ss.
5. Ibid., p. 215.
6. Veja Apêndice, pp. 307-8 mais adiante.
7. Maturana e Varela (1987), p. 234.
8. Ibid., p. 245.
9. Ibid., p. 244.
10. Veja Capra (1982), p. 302.
11. Veja Capra (1975), p. 88.
12. Varela (1995).
13. Veja Capra (1982), p. 178.
14. Veja p. 204-5 mais acima.
15. Veja Varela et al. (1991), pp. 217ss.
16. Veja Capra (1975), pp. 93ss.
17. Veja Varela et al. (1991), pp. 59ss.
18. Ibid., p. 143.
19. Margulis e Sagan (1995), p. 26.

Epílogo

1. Veja Orr (1992).
2. Para aplicações dos princípios da ecologia na educação, veja Capra (1993); para aplicações nas atividades comerciais, veja Callenbach et al. (1993), Capra e Pauli (1995).
3. Veja Hawken (1993).
4. Veja ibid., pp. 75ss.
5. Veja Hawken (1993), pp. 177ss.; Daly (1995).
6. Veja Callenbach et al. (1993).

Apêndice

1. Bateson (1979), pp. 89ss. Veja pp. 173ss. mais acima e pp. 273ss. mais acima para os contextos histórico e filosófico da concepção de processo mental de Bateson.
2. Bateson (1979), p. 29.
3. Ibid., p. 99.
4. Ibid., p. 101.
5. Veja p. 226-27 mais acima.
6. Bateson (1979), p. 128.

Bibliografia

ABRAHAM, RALPH H. e CHRISTOPHER D. SHAW, *Dynamics: The Geometry of Behavior*, vols. 1-4, Aerial Press, Santa Cruz, Calif., 1982-88.

ASHBY, ROSS, "Principles of the Self-Organizing Dynamic System", *Journal of General Psychology*, vol. 37, p. 125, 1947.

ASHBY, ROSS, *Design for a Brain*, John Wiley, Nova York, 1952.

ASHBY, ROSS, *Introduction to Cybernetics*, John Wiley, Nova York, 1956.

BACHMANN, PASCALE ANGELICA, PETER WALDE, PIER LUIGI LUISI e JACQUES LANG, "Self-Replicating Reverse Micelles and Chemical Autopoiesis", *Journal of the American Chemical Society*, 112, 8200-8201, 1990.

BATESON, GREGORY, *Steps to an Ecology of Mind*, Ballantine, Nova York, 1972.

BATESON, GREGORY, *Mind and Nature: A Necessary Unity*, Dutton, Nova York, 1979.

BERGÉ, P., "Rayleigh-Bénard Convection in High Prandtl Number Fluid", in H. Haken, *Chaos and Order in Nature*, Springer, Nova York, 1981; pp. 14-24.

BERTALANFFY, LUDWIG VON, "Der Organismus als physikalisches System betrachtet", *Die Naturwissenschaften*, vol. 28, pp. 521-31, 1940.

BERTALANFFY, LUDWIG VON, "The Theory of Open Systems in Physics and Biology", *Science*, vol. 111, pp. 23-29, 1950.

BERTALANFFY, LUDWIG VON, *General System Theory*, Braziller, Nova York, 1968.

BLAKE, WILLIAM, carta a Thomas Butts, 22 de novembro de 1802; in Alicia Ostriker (org.), *William Blake: The Complete Poems*, Penguin, Nova York, 1977.

BOOKCHIN, MURRAY, *The Ecology of Freedom*, Cheshire Books, Palo Alto, Calif., 1981.

BOWERS, C. A., *Critical Essays on Education, Modernity, and the Recovery of the Ecological Imperative*, Teachers College Press, Nova York, 1993.

BRIGGS, JOHN e F. DAVID PEAT, *Turbulent Mirror*, Harper & Row, Nova York, 1989.

BROWER, DAVID, *Let the Mountains Talk, Let the Rivers Run*, HarperCollins, Nova York, 1995.

BROWN, LESTER R., *Building a Sustainable Society*, Norton, Nova York, 1981.

BROWN, LESTER R., *State of the World*, Norton, Nova York, 1984-94.

BURNS, T. P., B. C. PATTEN e H. HIGASHI, "Hierarchical Evolution in Ecological Networks", in Higashi, M. e T. P. Burns, *Theoretical Studies of Ecosystems: The Network Perspective*, Cambridge University Press, Nova York, 1991.

BUTTS, ROBERT e JAMES BROWN (orgs.), *Constructivism and Science*, Kluwer, Dordrecht, Holanda, 1989.

CALDER, NIGEL, *Timescale*, Viking, Nova York, 1983.

CALLENBACH, ERNEST, FRITJOF CAPRA, LENORE GOLDMAN, SANDRA MARBURG e RÜDIGER LUTZ, *EcoManagement*, Berrett-Koehler, San Francisco, 1993. [*Gerenciamento Ecológico,* publicado pela Editora Cultrix, São Paulo, 1995.]

CANNON, WALTER B., *The Wisdom of the Body*, Norton, Nova York, 1932; ed. rev., 1939.

CAPRA, FRITJOF, *The Tao of Physics*, Shambhala, Boston, 1975; 3ª ed. atualizada, 1991. [*O Tao da Física*, publicado pela Editora Cultrix, São Paulo, 1980.]

CAPRA, FRITJOF, *The Turning Point*, Simon & Schuster, Nova York, 1982. [*O Ponto de Mutação*, publicado pela Editora Cultrix, São Paulo, 1980.]

CAPRA, FRITJOF, *Wendezeit* (edição alemã de *The Turning Point*), Scherz, 1983.

CAPRA, FRITJOF, "Bootstrap Physics: A Conversation with Geoffrey Chew", in Carleton deTar, Jerry Finkelstein e Chung-I Tan (orgs.), *A Passion for Physics*, World Scientific, Singapura, 1985; pp. 247-86.

CAPRA, FRITJOF, "The Concept of Paradigm and Paradigm Shift", *Re-Vision*, vol. 9, nº 1, p. 3, 1986.

CAPRA, FRITJOF, *Uncommon Wisdom*, Simon & Schuster, Nova York, 1988. [*Sabedoria Incomum*, publicado pela Editora Cultrix, São Paulo, 1980.]

CAPRA, FRITJOF e DAVID STEINDL-RAST, com Thomas Matus, *Belonging to the Universe*, Harper & Row, San Francisco, 1991. [*Pertencendo ao Universo*, publicado pela Editora Cultrix, São Paulo, 1993.]

CAPRA, FRITJOF (org.), *Guide to Ecoliteracy*, 1993; disponível junto ao Center for Ecoliteracy, 2522 San Pablo Ave., Berkeley, Calif. 94702.

CAPRA, FRITJOF e GUNTER PAULI (orgs.), *Steering Business toward Sustainability*, United Nations University Press, Tóquio, 1995.

CHAUVET, JEAN-MARIE, ÉLIETTE BRUNEL DESCHAMPS e CHRISTIAN HILLAIRE, *La Grotte Chauvet à Vallon-Pont-d'Arc*, Seuil, Paris, 1995.

CHECKLAND, PETER, *Systems Thinking, Systems Practice*, John Wiley, Nova York, 1981.

DANTZIG, TOBIAS, *Number: The Language of Science*, 4ª ed., Macmillan, Nova York, 1954.

DALY, HERMAN, "Ecological Tax Reform", in Capra e Pauli (1995), pp. 108-24.

DAVIDSON, MARK, *Uncommon Sense: The Life and Thought of Ludwig von Bertalanffy*, Tarcher, Los Angeles, 1983.

DELL, PAUL, "Understanding Maturana and Bateson", *Journal of Marital and Family Therapy*, vol. 11, nº 1, pp. 1-20, 1985.

DEVALL, BILL e GEORGE SESSIONS, *Deep Ecology*, Peregrine Smith, Salt Lake City, Utah, 1985.

DICKSON, PAUL, *Think Tanks*, Atheneum, Nova York, 1971.

DREYFUS, HUBERT e STUART DREYFUS, *Mind over Machine*, Free Press, Nova York, 1986.

DRIESCH, HANS, *The Science and Philosophy of the Organism*, Aberdeen University Press, Aberdeen, 1908.

EIGEN, MANFRED, "Molecular Self-Organization and the Early Stages of Evolution", *Quarterly Reviews of Biophysics*, 4, 2&3, 149, 1971.

EISLER, RIANE, *The Chalice and the Blade*, Harper & Row, San Francisco, 1987.

EMERY, F. E. (org.), *Systems Thinking: Selected Readings*, Penguin, Nova York, 1969.

FARMER, DOYNE, TOMMASO TOFFOLI e STEPHEN WOLFRAM (orgs.), *Cellular Automata*, North-Holland, 1984.

FLEISCHAKER, GAIL RANEY, "Origins of Life: An Operational Definition", *Origins of Life and Evolution of the Biosphere* 20, 127-37, 1990.

FLEISCHAKER, GAIL RANEY (org.), "Autopoiesis in Systems Analysis: A Debate", *International Journal of General Systems*, vol. 21, nº 2, 1992.

FOERSTER, HEINZ VON e GEORGE W. ZOPF (orgs.), *Principles of Self-Organization*, Pergamon, Nova York, 1962.

FOX, WARWICK, "The Deep Ecology — Ecofeminism Debate and Its Parallels", *Environmental Ethics* 11, 5-25, 1989.

FOX, WARWICK, *Toward a Transpersonal Ecology*, Shambhala, Boston, 1990.

GARCIA, LINDA, *The Fractal Explorer*, Dynamic Press, Santa Cruz, Calif., 1991.

GARDNER, MARTIN, "The Fantastic Combinations of John Conway's New Solitaire Game 'Life'", *Scientific American*, 223, 4, pp. 120-23, 1970.

GARDNER, MARTIN, "On Cellular Automata, Self-Reproduction, the Garden of Eden, and the Game 'Life'", *Scientific American*, 224, 2, pp. 112-17, 1971.

GIMBUTAS, MARIJA, "Women and Culture in Goddess-Oriented Old Europe", in Charlene Spretnak (org.), *The Politics of Women's Spirituality*, Anchor, Nova York, 1982.

GLEICK, JAMES, *Chaos*, Penguin, Nova York, 1987.

GLUCK, MARK e DAVID RUMELHART, *Neuroscience and Connectionist Theory*, Lawrence Erlbaum, Hillsdale, N.J., 1990.

GOODWIN, BRIAN, *How the Leopard Changed Its Spots*, Scribner, Nova York, 1994.

GORE, AL, *Earth in the Balance*, Houghton Mifflin, Nova York, 1992.

GORELIK, GEORGE, "Principal Ideas of Bogdanov's 'Tektology': The Universal Science of Organization", *General Systems*, vol. XX, pp. 3-13, 1975.

GOULD, STEPHEN JAY, "Lucy on the Earth in Stasis", *Natural History*, nº 9, 1994.

GRAHAM, ROBERT, "Contributions of Hermann Haken to Our Understanding of Coherence and Self-organization in Nature", in R. Graham e A. Wunderlin (orgs.), *Lasers and Synergetics*, Springer, Berlim, 1987.

GROF, STANISLAV, *Realms of the Human Unconscious*, Dutton, Nova York, 1976.

GUTOWITZ, HOWARD (org.), *Cellular Automata: Theory and Experiment*, MIT Press, Cambridge, Mass., 1991.

HAKEN, HERMANN, *Laser Theory*, Springer, Berlim, 1983.

HAKEN, HERMANN, "Synergetics: An Approach to Self-Organization", in F. Eugene Yates (org.), *Self-Organizing Systems*, Plenum, Nova York, 1987.

HARAWAY, DONNA JEANNE, *Crystals, Fabrics and Fields: Metaphors of Organicism in Twentieth-Century Developmental Biology*, Yale University Press, New Haven, 1976.

HARDING, STEPHAN, "Gaia Theory", notas de palestra não-publicada, Schumacher College, Dartington, Devon, Inglaterra, 1994.

HAWKEN, PAUL, *The Ecology of Commerce*, HarperCollins, Nova York, 1993.

HEIMS, STEVE J., *John von Neumann and Norbert Wiener*, MIT Press, Cambridge, Mass., 1980.

HEIMS, STEVE J., *The Cybernetics Group*, MIT Press, Cambridge, Mass., 1991.

HEISENBERG, WERNER, *Physics and Beyond*, Harper & Row, Nova York, 1971.

JANTSCH, ERICH, *The Self-Organizing Universe*, Pergamon, Nova York, 1980.

JUDSON, HORACE FREELAND, *The Eighth Day of Creation*, Simon & Schuster, Nova York, 1979.

KANE, JEFFREY (org.), *Holistic Education Review*, Special Issue: Technology and Childhood [Edição Especial: Tecnologia e Infância], verão de 1993.

KANT, IMMANUEL, *Critique of Judgment*, 1790, trad. Werer S. Pluhar, Hackett, Indianapolis, Ind., 1987.

KAUFFMAN, STUART, "Antichaos and Adaptation", *Scientific American*, agosto de 1991.

KAUFFMAN, STUART, *The Origins of Order*, Oxford University Press, Nova York, 1993.

KELLEY, KEVIN (org.), *The Home Planet*, Addison-Wesley, Nova York, 1988.

KOESTLER, ARTHUR, *The Ghost in the Machine*, Hutchinson, Londres, 1967.

KÖNIGSWIESER, ROSWITA e CHRISTIAN LUTZ (orgs.), *Das Systemisch Evolutionäre Management*, Orac., Viena, 1992.

KUHN, THOMAS S., *The Structure of Scientific Revolutions*, University of Chicago Press, Chicago, 1962.

LASZLO, ERWIN, *Evolution*, Shambhala, Boston, 1987.

LILIENFELD, ROBERT, *The Rise of Systems Theory*, John Wiley, Nova York, 1978.

LINCOLN, R. J. et al., *A Dictionary of Ecology*, Cambridge University Press, Nova York, 1982.

LORENZ, EDWARD N., "Deterministic Nonperiodic Flow", *Journal of the Atmospheric Sciences*, vol. 20, pp. 130-41, 1963.

LOVELOCK, JAMES, "Gaia As Seen through the Atmosphere", *Atmospheric Environment*, vol. 6, p. 579, 1972.

LOVELOCK, JAMES, *Gaia*, Oxford University Press, Nova York, 1979.

LOVELOCK, JAMES, *Healing Gaia*, Harmony Books, Nova York, 1991.

LOVELOCK, JAMES e LYNN MARGULIS, "Biological Modulation of the Earth's Atmosphere", *Icarus*, vol. 21, 1974.

LUHMANN, NIKLAS, "The Autopoiesis of Social Systems", in Niklas Luhmann, *Essays on Self-Reference*, Columbia University Press, Nova York, 1990.

LUISI, PIER LUIGI e FRANCISCO J. VARELA, "Self-Replicating Micelles — A Chemical Version of a Minimal Autopoietic System", *Origins of Life and Evolution of the Biosphere*, 19, 633-43, 1989.

MACY, JOANNA, *World As Lover, World As Self*, Parallax Press, Berkeley, Calif., 1991.

MANDELBROT, BENOÎT, *The Fractal Geometry of Nature*, Freeman, Nova York, 1983; primeira edição francesa publicada em 1975.

MANDER, JERRY, *In the Absence of the Sacred*. Sierra Club Books, San Francisco, 1991.

MAREN-GRISEBACH, MANON, *Philosophie der Grünen*, Olzog, Munique, 1982.

MARGULIS, LYNN, "Gaia: The Living Earth", diálogo com Fritjof Capra, *The Elmwood Newsletter*, Berkeley, Calif., vol. 5, nº 2, 1989.

MARGULIS, LYNN, *Symbiosis in Cell Evolution*, 2ª ed., Freeman, San Francisco, 1993.

MARGULIS, LYNN, "Gaia Is a Tough Bitch", in John Brockman, *The Third Culture*, Simon & Schuster, Nova York, 1995.

MARGULIS, LYNN e DORION SAGAN, *Microcosmos*, Summit, Nova York, 1986.

MARGULIS, LYNN e DORION SAGAN, *What Is Life?*, Simon & Schuster, Nova York, 1995.

MARGULIS, LYNN, KARLENE SCHWARTZ e MICHAEL DOLAN, *The Illustrated Five Kingdoms*, HarperCollins, Nova York, 1994.

MARUYAMA, MAGOROH, "The Second Cybernetics", *American Scientist*, vol. 51, pp. 164-79, 1963.

MATTESSICH, RICHARD, "The Systems Approach: Its Variety of Aspects", *General Systems*, vol. 28, pp. 29-40, 1983-84.

MATURANA, HUMBERTO, "Biology of Cognition", originalmente publicado em 1970; reimpresso in Maturana e Varela (1980).

MATURANA, HUMBERTO, "Reality: The Search for Objectivity or the Quest for a Compelling Argument", *Irish Journal of Psychology*, vol. 9, nº 1, pp. 25-82, 1988.

MATURANA, HUMBERTO e FRANCISCO VARELA, "Autopoiesis: The Organization of the Living", originalmente publicado sob o título *De Maquinas y Seres Vivos*, Editorial Universitaria, Santiago, Chile, 1972; reimpresso in Maturana e Varela (1980).

MATURANA, HUMBERTO e FRANCISCO VARELA, *Autopoiesis and Cognition*, D. Reidel, Dordrecht, Holanda, 1980.

MATURANA, HUMBERTO e FRANCISCO VARELA, *The Tree of Knowledge*, Shambhala, Boston, 1987.

McCULLOCH, WARREN S. e WALTER H. PITTS, "A Logical Calculus of the Ideas Immanent in Nervous Activity", *Bull. of Math. Biophysics*, vol. 5, p. 115, 1943.

MINGERS, JOHN, *Self-Producing Systems*, Plenum, Nova York, 1995.

MERCHANT, CAROLYN, *The Death of Nature*, Harper & Row, Nova York, 1980.

MERCHANT, CAROLYN (org.), *Ecology*, Humanities Press, Atlantic Highlands, N.J., 1994.

MOSEKILDE, ERIK, JAVIER ARACIL e PETER M. ALLEN, "Instabilities and Chaos in Nonlinear Dynamic Systems", *System Dynamics Review*, vol. 4, pp. 14-55, 1988.

MOSEKILDE, ERIK e RASMUS FELDBERG, *Nonlinear Dynamics and Chaos* (em dinamarquês), *Polyteknisk Forlag, Lyngby, 1994.*

NEUMANN, JOHN VON, *Theory of Self-Reproducing Automata*, editado e completado por Arthur W. Burks, University of Illinois Press, Champaign, Ill., 1966.

ODUM, EUGENE, *Fundamentals of Ecology*, Saunders, Filadélfia, 1953.

ORR, DAVID, *Ecological Literacy*, State University of New York Press, Albany, N.Y., 1992.

PASLACK, RAINER, *Urgeschichte der Selbstorganisation*, Vieweg, Braunschweig, Alemanha, 1991.

PATTEN, B. C., "Network Ecology", in Higashi, M., e T. P. Burns, *Theoretical Studies of Ecosystems: The Network Perspective*, Cambridge University Press, Nova York, 1991.

PEITGEN, HEINZ-OTTO e PETER RICHTER, *The Beauty of Fractals*, Springer, Nova York, 1986.

PEITGEN, HEINZ-OTTO, HARTMUT JÜRGENS, DIETMAR SAUPE e C. ZAHLTEN, "Fractals: An Animated Discussion", VHS/colorido/63 minutos, Freeman, Nova York, 1990.

PERT, CANDACE, MICHAEL RUFF, RICHARD WEBER e MILES HERKENHAM, "Neuropeptides and Their Receptors: A Psychosomatic Network", *The Journal of Immunology*, vol. 135, nº 2, pp. 820-26, 1985.

PERT, CANDACE, "Healing Ourselves and Our Society", apresentado no Elmwood Symposium, Boston, 9 de dezembro de 1989 (não-publicado).

PERT, CANDACE, "Peptide T: A New Therapy for AIDS", Elmwood Symposium com Candace Pert, San Francisco, 5 de novembro de 1992 (não-publicado); fitas de áudio disponíveis junto a Advanced Peptides Inc., 25 East Loop Road, Stony Brook, N.Y. 11790.

PERT, CANDACE, "The Chemical Communicators", entrevista in Bill Moyers, *Healing and the Mind*, Doubleday, Nova York, 1993.

PERT, CANDACE, "Neuropeptides, AIDS, and the Science of Mind-Body Healing", entrevista in *Alternative Therapies*, vol. 1, nº 3, 1995.

POSTMAN, NEIL, *Technopoly*, Knopf, Nova York, 1992.

PRIGOGINE, ILYA, "Dissipative Structures in Chemical Systems", in Stig Claesson (org.), *Fast Reactions and Primary Processes in Chemical Kinetics*, Interscience, Nova York, 1967.

PRIGOGINE, ILYA, *From Being to Becoming*, Freeman, San Francisco, 1980.

PRIGOGINE, ILYA, "The Philosophy of Instability", *Futures*, 21, 4, pp. 396-400 (1989).

PRIGOGINE, ILYA e PAUL GLANSDORFF, *Thermodynamic Theory of Structure, Stability and Fluctuations*, Wiley, Nova York, 1971.

PRIGOGINE, ILYA e ISABELLE STENGERS, *Order out of Chaos*, Bantam, Nova York, 1984.

REVONSUO, ANTTI e MATTI KAMPPINEN (orgs.), *Consciousness in Philosophy and Cognitive Neuroscience*, Lawrence Erlbaum, Hillsdale, N.J., 1994.

RICHARDSON, GEORGE P., *Feedback Thought in Social Science and Systems Theory*, University of Pennsylvania Press, Filadélfia, 1992.

RICKLEFS, ROBERT E., *Ecology*, 3ª ed., Freeman, Nova York, 1990.

ROSZAK, THEODORE, *The Voice of the Earth*, Simon & Schuster, Nova York, 1992.

ROSZAK, THEODORE, *The Cult of Information*, U.C. Press, Berkeley, Calif., 1994.

SACHS, AARON, "Humboldt's Legacy and the Restoration of Science", *World Watch*, março/abril de 1995.

SCHMIDT, SIEGFRIED (org.), *Der Diskurs des Radikalen Konstruktivismus*, Suhrkamp, Frankfurt, Alemanha, 1987.

SCHNEIDER, STEPHEN e PENELOPE BOSTON (orgs.), *Scientists on Gaia*, MIT Press, Cambridge, Mass., 1991.

SHELDRAKE, RUPERT, *A New Science of Life*, Tarcher, Los Angeles, 1981.

SLOAN, DOUGLAS (org.), *The Computer in Education: A Critical Perspective*, Teachers College Press, Nova York, 1985.

SPRETNAK, CHARLENE, *Lost Goddesses of Early Greece*, Beacon Press, Boston, 1981.

SPRETNAK, CHARLENE, "An Introduction to Ecofeminism", *Bucknell Review*, Lewisburg, Pensilvânia, 1993.

STEWART, IAN, *Does God Play Dice?*, Blackwell, Cambridge, Mass., 1989.

THOMAS, LEWIS, *The Lives of a Cell*, Bantam, Nova York, 1975.

UEDA, Y., J. S. THOMSEN, J. RASMUSSEN e E. MOSEKILDE, "Behavior of the Soliton to Duffing's Equation for Large Forcing Amplitudes", *Mathematical Research* 72, 149-166, 1993.

UEXKÜLL, JAKOB VON, *Umwelt und Innenwelt der Tiere*, Springer, Berlim, 1909.

ULRICH, HANS, *Management*, Haupt, Berna, Suíça, 1984.

VARELA, FRANCISCO, "Describing the Logic of the Living: The Adequacy and Limitations of the Idea of Autopoiesis", in Milan Zeleny (org.), *Autopoiesis: A Theory of Living Organization*, North Holland, Nova York, 1981; pp. 36-48.

VARELA, FRANCISCO, HUMBERTO MATURANA e RICARDO URIBE, "Autopoiesis: The Organization of Living Systems, Its Characterization and a Model", *BioSystems* 5, 187-96, 1974.

VARELA, FRANCISCO e ANTONIO COUTINHO, "Immuno-knowledge", in J. Brockman (org.), *Doing Science*, Prentice-Hall, Nova York, 1991a.

VARELA, FRANCISCO e ANTONIO COUTINHO, "Second Generation Immune Networks", *Immunology Today*, vol. 12, nº 5, pp. 159-166, 1991b.

VARELA, FRANCISCO, EVAN THOMPSON e ELEANOR ROSCH, *The Embodied Mind*, MIT Press, Cambridge, Mass., 1991.

VARELA, FRANCISCO, "Resonant Cell Assemblies", *Biological Research*, 28, 81-95, 1995.

VERNADSKY, VLADIMIR, *The Biosphere*, originalmente publicado em 1926; reimpresso em edição norte-americana por Synergetic Press, Oracle, Ariz., 1986.

WALDE, PETER, ROGER WICK, MASSIMO FRESTA, ANNAROSA MANGONE e PIER LUIGI LUISI, "Autopoietic Self-Reproduction of Fatty Acid Vesicles", *Journal of the American Chemical Society*, 116, 11649-54, 1994.

WEBSTER, G. e B. C. GOODWIN, "The Origin of Species: A Structuralist Approach", *Journal of Social and Biological Structures*, vol. 5, pp. 15-47, 1982.

WEIZENBAUM, JOSEPH, *Computer Power and Human Reason*, Freeman, Nova York, 1976.

WEINHANDL, FERDINAND (org.), *Gestalthaftes Sehen*, Wissenschaftliche Buchgesellschaft, Darmstadt, 1960.

WHITEHEAD, ALFRED NORTH, *Process and Reality*, Macmillan, Nova York, 1929.

WIENER, NORBERT, *Cybernetics*, MIT Press, Cambridge, Mass., 1948; reimpresso em 1961.

WIENER, NORBERT, *Human Use of Human Beings*, Houghton Mifflin, Nova York, 1950.

WINDELBAND, WILHELM, *A History of Philosophy*, Macmillan, Nova York, 1901.

WINOGRAD, TERRY e FERNANDO FLORES, *Understanding Computers and Cognition*, Addison-Wesley, Nova York, 1991.

YOVITS, MARSHALL C. e SCOTT CAMERON (orgs.), *Self-Organizing Systems*, Pergamon, Nova York, 1959.

YOVITS, MARSHALL C., GEORGE JACOBI e GORDON GOLDSTEIN (orgs.), *Self-Organizing Systems*, Spartan Books, 1962.